智慧水利系列丛书

智慧防汛关键
技术研究与实践

黄河勘测规划设计研究院有限公司　编

中国水利水电出版社
www.waterpub.com.cn

·北京·

内 容 提 要

本书系《智慧水利系列丛书》之一，重点阐述了智慧防汛关键技术。书中介绍了防汛信息化建设现状及智慧防汛需求，详细阐述了分布式水文模型、雨洪沙相似分析模型、水库群联合调度模型等防汛模型，论述了防汛知识图谱构建技术和防汛语音智能问答技术，以及三维数字孪生仿真平台、智慧防汛系统研发及应用，形成了一套技术相对全面的智慧防汛技术体系。

本书可为水利信息化相关专业的科研工作者和工程技术人员提供借鉴，也可供相关专业的高校和科研院所的师生使用和参考。

图书在版编目（CIP）数据

智慧防汛关键技术研究与实践 / 黄河勘测规划设计研究院有限公司编. -- 北京 : 中国水利水电出版社, 2024. 11. -- ISBN 978-7-5226-2682-6

Ⅰ. TV87

中国国家版本馆CIP数据核字第20246LP342号

书　　名	**智慧防汛关键技术研究与实践** ZHIHUI FANGXUN GUANJIAN JISHU YANJIU YU SHIJIAN
作　　者	黄河勘测规划设计研究院有限公司　编
出版发行	中国水利水电出版社 （北京市海淀区玉渊潭南路1号D座　100038） 网址：www. waterpub. com. cn E - mail：sales@mwr. gov. cn 电话：（010）68545888（营销中心）
经　　售	北京科水图书销售有限公司 电话：（010）68545874、63202643 全国各地新华书店和相关出版物销售网点
排　　版	中国水利水电出版社微机排版中心
印　　刷	北京印匠彩色印刷有限公司
规　　格	184mm×260mm　16开本　19.75印张　475千字
版　　次	2024年11月第1版　2024年11月第1次印刷
印　　数	0001—1000册
定　　价	**118.00元**

《智慧水利系列丛书》
编 委 会

《智慧防汛关键技术研究与实践》
编 委 会

主 编 安新代

副 主 编 李荣容 侯红雨

编写人员（以姓氏笔画为序）

王军良 王 鹏 史玉龙 李阿龙 吴 迪

张冬青 张军珲 罗 毅 胡笑妍 姜成桢

常恩浩 程 冀

　　智慧，《说文解字》曰："智"从日从知，每日有所知，积累而成厚知；"慧"从彗从心，以彗除尘，心保清明。智慧，是快速、灵活、正确理解与解决问题的能力，是辨析判断与创造发明的有机统一。当前我国正处于产业数字化、网络化、智能化转型升级加速阶段，倡导通过物联网、云计算、大数据等技术推动行业智慧化，以信息化驱动现代化已成为各行业的必经之路。这一理念延展至智慧水利，成为新阶段水利高质量发展的重要标志。智慧水利是运用物联网、云计算、大数据等新一代信息通信技术，促进水利规划、工程建设、运行管理和社会服务的智慧化，提升水资源的利用效率和水旱灾害防御能力，改善水环境和水生态，保障国家水安全和经济社会的可持续发展。加快建造具有"四预"（预报、预警、预演、预案）功能的智慧水利体系，加快发展水利新质生产力，赋能江河保护治理开发，是大势所趋、发展所需。

　　1996年，我应邀参加"国家防汛抗旱指挥系统工程"的设计和建设，主持了项目的总体设计，之后又参与了一期工程的建设。该工程是为国家各级防汛抗旱部门防洪抗旱调度决策和指挥抢险救灾提供有力技术支持和科学依据的巨型信息系统工程。经历一期、二期建设，现已建成较为完善的业务平台，在历次防汛抗旱中发挥了巨大作用。当下，全球信息化已进入全面渗透、跨界融合、加速创新、引领发展的新阶段，水利部提出了以水利信息化带动水利现代化的总体要求，把智慧水利建设作为推进水利现代化的着力点和突破口，与智慧社会的需求相比，水利信息化在透彻感知能力建设、数据治理与深度挖掘、业务应用智能化构建、数据安全防护等方向仍有不少难题需要攻克。要加强信息源及信息系统基础设施建设，高度重视全要素和全过程信息的收集、监测和分析，注重人工智能算法等新技术应用，加强信息的挖掘、提取和知识的积累，重视模型体系和知识体系建设，着重提升各类水利治理管理活动的监测感知能力、预测预报能力、调度决策能力和运行管理能力。我深信，信息技术的快速发展和跨界融合将成为推动水利现代化的重要引擎，为江河安澜和民生福祉提供强有力的保障。

黄河勘测规划设计研究院有限公司长期致力于智慧水利的探索与实践，近年来围绕防汛调度、水资源管理、水工程管理和河湖管理等业务需求，在水利工程智能感知、智慧防汛、智慧水资源、智慧灌区、智慧工程等方向均取得了丰硕成果，成功研发了云河数字地球、智慧防汛机器人、堤防渗漏智能监测、数字设计、基于 BIM＋GIS 的工程全周期智慧管理等一批实用产品技术，应用前景广阔。近期，黄河勘测规划设计研究院有限公司对上述工作研究成果、关键技术问题、经验与认识等进行了系统总结，编著出版《智慧水利系列丛书》，这套丛书将为从事相关工作的技术人员和院校师生提供很好的理论指导和实践参考价值。

从大数据到人工智能，从物联网到云计算，信息技术的迅猛发展为智慧水利建设开辟了广阔前景。希望编著者继续开拓创新，深化研究与实践，破解技术难题，为智慧水利建设提供更多解决方案。相信智慧水利必将为国家水利高质量发展和江河安澜作出更大贡献。

中国工程院院士：张建云

2024 年 11 月 26 日

治水强国，防汛为基。当前，我国极端暴雨洪涝灾害日益突出，多灾并发链式风险显著增加，洪涝灾害仍然是我国发生最频繁、危害最大、造成损失最严重的自然灾害之一。气候变化和人类活动双重作用不断加剧，给我国传统防汛经验与人力调度带来了巨大挑战。人民至上、生命至上，面对洪涝灾害，必须树牢底线思维与极限思维，主动出击、超前部署、精细调度、精准防控，持续升级智慧化、数字化科技手段，为提升防汛决策科学性与应急响应能力赋能增效。

从水文测报系统建设到如今智慧水利的深入推进，我们见证了信息技术为防汛工作注入的全新活力。智慧的本质是创新，是复杂系统中灵活、高效解决问题的一种能力。智慧防汛以此为核心，通过物联网、云计算、大数据、人工智能等新一代信息技术，与水利专业知识深度融合，为精准预报、科学调度和高效管理提供了强大支持。信息传输从数小时缩短至数分钟，洪水预警的准确性与时效性大幅提升，这不仅是技术的进步，更是治水理念的转变。智慧化赋能防汛，是从"看得见"到"算得准"、再到"调得动"的全面跃升，也是培育发展水利新质生产力、推动水利高质量发展从传统模式迈向现代化的必经之路。

构建全面、立体、智能的水灾害防御体系，一是以雨水情监测预报体系为基础，打通数据采集、传输、处理的全链条，推进遥感、激光雷达等观测技术应用，加快构建"三道防线"，提高各类水文测站的现代化测报能力，实现从河道到山洪沟全覆盖的动态监测和精准预报；二是依托数字孪生平台，完善"天空地水工"一体化监测感知体系，优化"四预"一体化平台，实现流域与工程的实时仿真、动态分析与智能决策，为风险评估和防洪演练等水利治理管理提供前瞻性、科学性、精准性、安全性支撑；三是推动核心技术和装备的国产化，摆脱对进口技术的依赖，确保系统安全可控。面对极端气候的频发与防汛工作的复杂性，如何进一步深化技术融合，提升系统智能化水平，增强防汛体系韧性，仍有很多技术堡垒亟待攻破，这也是未来水利高质量发展的努力方向。

近年来，黄河勘测规划设计研究院有限公司贯彻落实"需求牵引、应用至上、数字赋能、提升能力"的防汛工作新要求，立足防汛管理决策实战需要，以提升防汛"四预"能力为目标，探索新一代信息技术与防汛业务融合创新，在河防工程安全态势感知能力扩展、预报调度模型算法算力提升、国产化三维仿真技术构建等方面开展了系统研究，研发了小禹智慧防汛系列装备及软件，提供了从数据采集到决策支持的全链条、全周期智慧化管理服务产品，并进行了广泛应用实践。这些成果有效推动了黄河流域防汛工作向智能化、智慧化迈进，更为我国智慧防汛建设提供了重要示范。

《智慧防汛关键技术研究与实践》一书基于智慧防汛的理论研究和实践探索，聚焦智慧防汛技术框架、分布式预报调度模型、语音和图像识别等新技术应用、水利三维数字孪生仿真等关键技术问题及产品，深入探讨了传统水利技术与先进信息技术的融合，创新性、实践性强。雨洪沙相似分析模型提出了基于图像处理和机器学习的降雨图斑相似匹配算法，为实现雨水情势发展预测及防汛调度应对提供了一种新的解决途径；小禹智慧防汛系统构建了防汛语音智能问答技术，通过检索驱动数据知识和相关应用，可大幅提高防汛指挥决策效率。书中所述技术问题及产品源于实践又返回实践中不断应用，在实践中得到检验，可为我国智慧防汛建设提供技术支撑与经验参考。

智慧防汛建设是加快推动国家水利现代化的关键手段，智慧防汛正处于快速发展的阶段。希望编著者再接再厉，聚焦行业需求，加强关键技术攻关，不断丰富智慧防汛的理论体系和实践成果，为推进我国防洪安全体系和能力现代化不懈奋斗。

中国工程院院士：唐洪武

2024 年 11 月 30 日

我国是世界上受洪水灾害影响最严重的国家之一，洪水灾害不仅范围广、发生频繁、突发性强，而且造成的损失大。防洪安全是涉及国家长治久安的大事。新中国成立以来，党和政府高度重视洪水灾害防治，目前全国已初步形成工程措施与非工程措施相结合的洪水灾害防御体系，防灾减灾救灾成效显著。党的十八大以来，习近平总书记提出了"节水优先、空间均衡、系统治理、两手发力"治水思路，指导治水工作实现了历史性转变，国家水安全保障能力显著提升。

进入新发展阶段，信息化技术为洪水灾害防治提供了有力支撑。《中华人民共和国国民经济和社会发展第十四个五年规划和 2035 年远景目标纲要》明确指出"构建智慧水利体系，以流域为单元提升水情测报和智能调度能力"。《"十四五"水安全保障规划》为实现全面提升国家水安全保障能力的目标，确定了六条实施路径，其中之一就是推进智慧水利建设。2021 年 3 月，水利部部长李国英在听取水利部信息中心汇报时明确指出，智慧水利是水利高质量发展的显著标志，要建立物理水利及其影响区域的数字化映射，实现预报、预警、预演、预案"四预"功能；通过"大系统设计，分系统建设，模块化链接"，做到"数字化场景，智慧化模拟，精准化决策"；按照"全面覆盖、急用先行"的原则，建设"2＋N"结构（"2"是指流域防洪体系和水资源管理与调配体系）的智慧水利，构建数字孪生流域，在数字孪生流域中实现"四预"。李国英强调，智慧水利建设要先从水旱灾害防御开始，推进建立流域洪水"空天地"一体化监测系统，建设数字孪生流域，在此基础上开展防灾调度演练，为防灾调度指挥提供科学的决策支持。

近年来，随着国家防汛抗旱指挥系统一期、二期等工程的建设完成，防汛信息化体系已经初步形成，在防汛管理中发挥了十分重要的作用。但与实现智能模拟、精准决策、提升防汛"四预"能力的智慧防汛建设目标相比，当前我国防汛信息化建设运用中普遍存在自主时空孪生仿真技术薄弱、模型算法算力精度支撑不足、智能化智慧化程度不高等突出难题。孪生仿真平台是实现精细化模拟的基础，可为防汛管理提供可视化、沉浸式、全时空、多要素的决策支持环境，但是国产化孪生平台产品少、能力支撑不足，存在很大的安全隐患。数学模型是实现精准化决策、提升"四预"能力的核心，智能化、智慧化研发应用是为防汛管理现代化赋能的重要抓手，但模型算法算力支撑不足，影响防汛决策效率和精准度。防汛系统还普遍存在智能化、智慧化程度不高等问题。

全书共 11 章，第 1 章总结了我国洪涝灾害的特点和防汛相关工作的内容，讲述了智慧水利的发展背景和建设意义，本章由安新代、李荣容等编写。第 2 章阐述了智慧防汛的需求与技术框架，本章由李荣容、侯红雨等编写。第 3 章构建了两种分布式水文模型，丰富了预报模型库，并在伊洛河流域开展了应用示范，本章由王鹏、罗毅等编写。第 4 章提出了基于雨量图斑学习和降雨特征参数分析的两种雨洪沙相似性算法，本章由安新代、李荣容、吴迪等编写。第 5 章基于构建的单库和库群实时优化调度模型，研发了黄河上游、中游水库群防洪调度系统，本章由王鹏、胡笑妍等编写。第 6 章阐述了知识图谱构建的技术流程，提出了水利地理知识图谱和防汛预案知识图谱的构建方法，本章由姜成桢、张军珲等编写。第 7 章结合 AIUI 平台，提出了防汛语音智能问答技术，本章由程冀、姜成桢等编写。第 8 章通过构建多源异构数据融合技术、数字孪生模拟仿真引擎等技术，自主研发了三维数字孪生仿真平台云河地球，本章由王军良、史玉龙等编写。第 9 章讲述了小禹智慧防汛系统、雨洪沙相似分析系统、黄河流域"四预"系统的建设应用情况，本章由安新代、李阿龙、胡笑妍等编写。第 10 章简要阐述了黄河流域水工程防灾联合调度系统建设方案，本章由安新代、李阿龙等编写。第 11 章总结了研究所取得的主要成果并展望了未来防汛信息化建设方向，本章由安新代编写。

本书紧密围绕黄河流域防汛管理决策实战需要，依托黄河流域智慧管理平台构建关键技术及示范应用（2023YFC3209200）等国家重点研发计划项目，利用水利部黄河流域水治理与水安全重点实验室、河南省智慧黄河仿真模拟工程研究中心等，开展了水利时空孪生仿真技术构建、防汛模型算法算力提升，防汛智能化、智慧化研发应用等技术难题攻关。通过研究总结，取得了包括多源时空平台云河地球、预报调度模型及小禹智慧防汛系统等三个方面的创新成果，在黄河洪水防御、数字孪生流域及工程等方面进行了广泛应用实践。

独特的地理气候因素决定了我国洪水灾害将长期存在，防洪减灾任务艰巨。而随着数字孪生流域、数字孪生工程建设的不断推进，智慧防汛相关技术应用将迎来广阔前景。

在智慧防汛关键技术研究及本书编写过程中，得到许多专家、学者和技术人员的大力支持和帮助，在此一并表示感谢。由于技术研发与实践的阶段性和局限性，以及作者学识和水平有限，书中难免有疏漏和不足之处，恳请读者批评指正。

安新代

2024 年 8 月

目 录

CONTENTS

第1章

绪　论

1.1　我国的洪涝特点及防汛工作

1.1.1　我国洪涝灾害特点

洪水是由暴雨、急骤融冰化雪、风暴潮等自然因素引起的江河湖海水量迅速增加或水位迅猛上涨的水流现象。洪涝灾害就是由于降雨、融雪、冰凌、风暴潮等引起的洪流和积水造成的灾害，包括洪水灾害和涝渍灾害，泛称水灾。

我国地处欧亚大陆的东南部，东临太平洋，西部深入亚洲内陆，地势西高东低，呈三级阶梯状，南北则跨热带、亚热带和温带三个气候带，最基本、最突出的气候特征是大陆性季风气候，因此，降雨量有明显的季节性变化，决定了我国洪水发生的季节规律。春夏之交，我国华南地区暴雨开始增多，洪水发生概率随之加大，珠江流域的东江、北江，在5—6月易发生洪水，西江则迟至6月中旬至7月中旬。6—7月间主雨带北移，受其影响长江流域易发生洪水。四川盆地各水系和汉江流域洪水发生时间持续较长，一般为7—10月。7—8月为淮河流域、黄河流域、海河流域和辽河流域主要洪水期。松花江流域洪水则迟至8—9月。在季风活动影响下，我国江河洪水发生的季节变化规律大致如此。另外，浙江和福建由于受台风的影响，其雨期及易发生洪水期较长，为6—9月。这是我国暴雨洪水的一般规律。在正常年份，暴雨进退有序，在同一地区停滞时间有限，不致形成大范围的洪涝灾害，但在气候异常年份，雨区在某区停滞，则将形成某一流域或某几条河流的大洪水。我国主要江河全年径流总量中的 2/3 都是洪水径流，降雨和河川径流的年内分配也很不均匀。主要江河洪水不仅峰高，而且量大。长江及东南沿海河流最大7天洪量约占全年平均流量的 10%～20%，北方河流有时甚至高达 30%～40%。和地球上同纬度的其他地区相比，我国洪水的年际变化和年内分配差异之大，是少有的。常遇洪水与非常遇洪水量级差别悬殊。

我国是世界上洪水灾害频发且严重的国家之一，洪水灾害不仅范围广、发生频繁、突发性强，而且造成的损失大。洪水灾害以暴雨成因为主，而暴雨的形成和地区关系密切。除沙漠、极端干旱区和高寒区外，我国其余大约 2/3 的国土面积都存在不同程度和不同类型的洪水灾害。我国地貌组成中，山地、丘陵和高原约占国土总面积的 70%，山区洪水分布很广，并且发生频率很高；平原约占总面积的 20%，其中七大江河和滨海河流地区是我国洪水灾害最严重的地区，是防洪的重点地区。我国大陆海岸线长达 18000km，当江河洪峰入海时，如与天文大潮遭遇，将形成大洪水。这种洪水对长江、钱塘江和珠江河口区威胁很大。风暴潮带来的暴雨洪水灾害也主要威胁沿海地区。而在我国黄河上游宁蒙河段、辽河、伊犁河等北方的一些河流，还存在冰凌洪水。洪水的严重威胁，从古至今，对我国社会和经济的发展都有着重大的影响，大江大河的特大洪水灾害，甚至会造成全国范围的严重后果。据调查，20 世纪发生的特大洪水淹地数十万平方千米，受灾人口数百万至数千万，死亡人口数十万，导致生产力的巨大破坏。以 1931 年长江大水为例，洪灾遍及四川、湖北、湖南、江西、安徽、江苏等省，受灾面积达 15 万 km^2，淹没农田 330 多万 hm^2，灾民达 2800 万人，死亡人数达 14.5 万人。黄河的水灾更为频繁，由于含沙量大，黄河决口还将严重危害相邻流域，甚至造成水系的变迁等问题，引起严重的环境后果。据不完全统计，从公元前 602 年（周定王五年）至 1938 年的 2540 年间，黄河下游决口泛滥的年份有 543 年，决口达 1590 余次，经历了 5 次重大改道和迁徙。洪水泥沙灾害波及范围西起孟津，北抵天津，南达江淮，遍及河南、河北、山东、安徽和江苏等 5 省的黄淮海平原，纵横 25 万 km^2，给国家和人民带来了深重的灾难。近代有实测洪水资料的 1919—1938 年的 20 年间，就有 14 年发生决口灾害。1933 年 8 月，陕县站出现洪峰流量 22000m^3/s 的洪水，沙量高达 36 亿 t，下游两岸发生 50 多处决口，受灾地区有河南、山东、河北和江苏等 4 省 30 个县，受灾面积 6592km^2，灾民 273 万人。

1.1.2　我国的防汛工作

防汛是水利工作的第一要务，关系人民生命财产安全，关系粮食安全、经济安全、社会安全、国家安全，是一项保发展、保民生、保安全、守底线的极为重要的工作。防汛工作包括洪水预报、防洪调度、防洪工程运用、险情抢护、灾后救助等全过程多方面，涉及地学、气象学、水利学等多个学科领域，是自然与水利工程系统和人工干预相互作用的复杂巨系统。

我国早在西汉时期，黄河下游就设立了治河机构，负责治河和防汛方面的工作。明代对黄河防汛制定了"四防""二守"之法，"四防"是"昼防、夜防、风防、雨防"，"二守"是"官守、民守"。明末治河专家潘季驯曾指出"河防在堤，而守堤在人，有堤不守，守堤无人，与无堤同"，说明人防在防汛中的重要作用。明代还仿照军事上"飞报边情"的办法，创立了黄河防汛制度，上自潼关，下至宿迁，"每三十里为一节，一日夜驰五百里，其行速于水汛"（参见《治水筌蹄》），借以传递水情、工情，便于下游组织防守。新中国成立后，我国开启了对江河湖泊的大规模治理，建立了以防汛工作行政首长负责制为核心的防汛责任制体系。依靠工程措施和非工程措施相结合的防洪体系，依靠广大军民的顽强奋战，先后战胜了 1954 年长江洪水和淮河洪水、1957 年松花江洪水、1958 年黄河洪水、1963 年海河洪水，保住了大江大河干堤、大中城市、重要交通铁路干线的安全，大大减少了人员伤亡，减轻了灾害损失，保证了国民经济建设的顺利进行。1998年长江、松花江的抗洪斗争，是人类与自然灾害斗争历史上规模很大的一场战斗，广大军民发扬伟大的抗洪精神，与洪水展开了殊死搏斗，将洪灾损失减少到最低限度，夺取了防汛抗洪斗争的全面胜利。

根据《中华人民共和国防洪法》规定，我国的防汛抗洪工作实行各级人民政府行政首长负责制，统一指挥、分级分部门负责。国务院设立国家防汛指挥机构，负责领导、组织全国的防汛抗洪工作，其办事机构设在国务院水行政主管部门。在国家确定的重要江河、湖泊可以设立由有关省（自治区、直辖市）人民政府和该江河、湖泊的流域管理机构负责人等组成的防汛指挥机构，指挥所管辖范围内的防汛抗洪工作，其办事机构设在流域管理机构。有防汛抗洪任务的县级以上地方人民政府设立由有关部门、当地驻军、人民武装部负责人等组成的防汛指挥机构，在上级防汛指挥机构和本级人民政府的领导下，指挥本地区的防汛抗洪工作，其办事机构设在同级水行政主管部门；必要时，经城市人民政府决定，防汛指挥机构也可以在建设行政主管部门设城市市区办事机构，在防汛指挥机构的统一领导下，负责城市市区的防汛抗洪日常工作。

防汛工作总的目标和任务是：锚定"人员不伤亡、水库不垮坝、重要堤防不决口、重要基础设施不受冲击"目标，统筹高质量发展和高水平安全，加快构筑流域防洪工程体系、雨水情监测预报体系、洪涝灾害防御工作体系，推进我国防洪安全体系和能力现代化，全面提升我国洪涝灾害防御能力。

防汛工作分为汛前准备、汛期工作、汛后总结三个阶段。

1. 汛前准备

（1）组织准备。我国防汛工作实行各级人民政府行政首长负责制，统一指挥，分级分部门负责。汛前要建立健全各级防汛指挥机构和防汛抢险队伍，明确职责和分工。对指挥、技术和抢险人员及时进行培训。

（2）物资准备。做好防洪工程的维护管理、水毁修复和除险加固，河、湖、渠等清淤除障；完善气象、水文、通信设施，确保运行正常；准备充足的防汛抢险物资。

（3）措施准备。制订和完善防汛抢险预备方案，包括防洪工程洪水调度方案、抢险救灾方案、超标准洪水的紧急措施方案。有蓄滞洪区的地方，要做好区内人员转移迁安的准备。

（4）防汛检查。对上述各项准备工作按照分级负责的原则，由各级行政首长带队组织检查，发现问题，及时处理。

2. 汛期工作

（1）严密监视天气和江河、湖泊、水库以及沿海台风暴潮情况的变化，做好气象、水情预报，及时采取相应的抗洪对策。

（2）防洪工程防守。对防洪工程划分责任段进行防守。按照工作规程和防洪预案，组织防守队伍巡查防洪大堤、涵闸、水库闸坝等各类御水工程。发现险情，及时抢护，消除险情。遇危险情况，要采取紧急措施，广泛调动社会力量，全力以赴投入抗洪抢险。必要时，请求人民解放军和武警部队支援抗洪抢险工作。

（3）救灾工作。当蓄滞洪区必须实施蓄滞洪水方案时，应及时组织人员、财产转移。当堤防水库将发生溃决时，应及时组织抢救，保证人民生命安全，减少财产损失。灾后应妥善安置灾民，做好卫生防疫工作，维持好社会治安，组织水毁工程修复，开展生产自救、重建家园。

3. 汛后总结

汛期过后，要对防汛工作进行全面总结，内容包括：总结贯彻上级指示精神的情况、总结气象、水文、通信、洪水调度和抢险救灾的经验教训，提出水毁工程的修复计划和下一年度防汛工作的部署意见。

当前，我国发展已经进入全面建设社会主义现代化国家的新阶段。党中央提出，要坚持以防为主、防抗救相结合，坚持常态减灾和非常态救灾相统一，努力实现从注重灾后救助向注重灾前预防转变，从应对单一灾种向综合减灾转变，从减少灾害损失向减轻灾害风险转变；要牢固树立以人民为中心的思想，最大限度减少人员伤亡，最大程度降低灾害损失；要坚决克服麻痹思想和侥幸心理，绷紧安全这根弦，狠抓责任落实，排查消除隐患，准确监测预警，确保广大人民群众生命财产安全；要坚持人民至上、生命至上，统筹做好疫情防控和防汛救灾工作，坚决落实责任制，坚持预防预备和应急处突相结合；要压实责任、勇于担当，各级领导干部要深入一线、靠前指挥。党的二十大深刻指出，国家安全是民族复兴的根基，社会稳定是国家强盛的前提；必须坚定不移贯彻总体国家安全观，把维护国家安全贯穿党和国家工作各方面全过程；要坚持安全第一、预防为主，提高防灾减灾救灾能力。

深入贯彻党的二十大精神，全面落实习近平总书记关于防汛抗旱救灾工作的重要指示精神，积极践行"两个坚持、三个转变"防灾减灾救灾理念，水利部要求加快构建水旱灾害防御矩阵。强化"四预"措施，贯通"四情"防御，绷紧"四个链条"，构建纵向到底、横向到边的水旱灾害防御矩阵，实现"防"的关口前移，赢得防御先机。要遵循"降雨—产流—汇流—演进"规律，加强"流域—干流—支流—断面"水文监测，滚动更新洪水预报。要强化会商研判，及时向防汛责任人和社会公众发布江河洪水预警，预警信息、会商决策意见迅即直达防御一线、做到全覆盖。要遵循"总量—洪峰—过程—调度"规律，对调度过程和洪水演进情况进行动态模拟预演，为洪水防御提供科学决策支持。要根据洪水预演结果，迭代更新防汛预案，贯通"技术—料物—队伍—组织"链条，预置巡查人员、技术专家、抢险力量，确保防御措施跑赢水旱灾害发展速度，牢牢把握防御主动权。科学精准调度流域防洪工程体系。要坚持全流域一盘棋，遵循系统、统筹、科学、安全原则，以流域为单元，精准调度运用以水库、河道及堤防、蓄滞洪区为主要组成的流域防洪工程体系，综合采取"拦、分、蓄、滞、排"等措施，充分发挥流域防洪工程体系减灾效益。要精准对象、精准目标、精准措施，针对每一次降雨过程和洪水演进过程，逐流域、逐区域、逐河段分析研判防汛风险隐患，锁定洪水威胁区域，合理确定流域骨干水工程的运用次序、运用时机和运用规模，全力确保流域、重点区域和重要基础设施防洪安全。启动防洪运用必须提前通知下游地区，确保不因开闸泄洪造成人员伤亡，确保工程安全度汛。从责任落实、监测预警、工程调度、巡查防守、险情处置、转移避险等环节，全过程落实工程安全度汛措施。

1.2　智慧水利的内涵

1.2.1　"智慧水利"的提出

20 世纪末，全球掀起了"数字地球"的研究热潮。"数字地球"是一个无缝的覆盖全球的地球信息模型，它把分散在地球各地的从各种不同渠道获取的信息按地球的地理坐标组织起来，这既能体现出地球上各种信息（自然的、人文的、社会的）的内在有机联系，又便于按地理坐标进行检索和利用。2008 年，IBM 首席执行官彭明盛首次提出"智慧地球"的概念，提出要加强智慧型基础设施建设。"智慧地球"又称为"智能地球"，即将感应器嵌入电网、铁路、桥梁、供水系统等各种基础设施中，然后将其连接好，这推动了"物联网"的形成。IBM 公司在《智慧地球：下一代领导人议程》主题报告中提出，把新一代信息技术充分运用到各行各业之中。"智慧城市"源于智慧地球的理念，是运用物联网、云计算、大数据等新一代信息通信技术，促进城市规划、建设、管理和服务智慧化，以提升资源运用的效率，优化城市管理和服务，改善市民生活质量。2012 年，"智慧城市"被列为我国面向 2030 年的 30 个重大工程科技专项之一。2014 年，国家发展改革委等八部委联合印发的《关于促进智慧城市健康发展的指导意见》中明确指出，建设智慧城市对提升城市可持续发展能力具有重要意义。2015 年，国家发展改革委等 25 个相关部门成立了新型智慧城市建设部级协调工作组，共同加快推进新型智慧城市建设。2016 年，《国民经济和社会发展第十三个五年规划纲要》提出，要加强现代信息基础设施建设，推进大数据和物联网发展，建设智慧城市。

智慧水利是在以智慧城市为代表的智慧型社会建设中产生的相关先进理念和高新技术在水利行业的创新应用，是智慧社会建设的重要组成部分，旨在应用云计算、物联网、大数据、移动互联网和人工智能等新一代信息技术，实现对水利对象及活动的透彻感知、全面互联、智能应用与泛在服务，从而促进水治理体系和能力现代化。它利用物联网技术，泛在、自动、实时地感知水资源、水环境、水生态等水过程及各种水利工程的关键要素、关键点、关键位置和关键环节的数据；通过信息通信网络将数据传输到在线的数据库、数据仓库和云存储中；在虚拟水空间，利用云计算、数据挖掘、自然计算等智能计算技术进行数据处理、建模和推演，从而帮助人们作出科学优化的判断和决策，形成自主生存、自主思考、自主反馈、自主学习的水利信息生态系统，促进水利规划、工程建设、运行管理和社会服务的智慧化，提升水资源的利用效率和水旱灾害的防御能力，改善水环境和水生态，保障国家水安全和经济社会的可持续发展。

智慧水利总体框架（图 1.2-1）由数字孪生流域、业务应用、网络安全体系、保障体系等组成。其中，数字孪生流域是智慧水利建设的核心与关键，包括数字孪生平台和信息化基础设施，流域防洪、水资源管理与调配以及 N 项业务应用调用数字孪生流域提供的算据、算法、算力等资源。

1.2.2 智慧水利的发展背景

党的十九届五中全会对数字中国建设作出一系列重要部署，指出要加强数字社会、数字政府建设，提升公共服务、社会治理等数字化智能化水平。进入新发展阶段，我国产业数字化、网络化、智能化转型升级加速，智能化已成为行业发展水平的重要指标，以信息化驱动现代化已成为各行业的必经之路。智慧水利是水利信息化发展的新阶段。水利部历来重视水利信息化建设，"十五"期间就提出了以水利信息化带动水利现代化的总体要求。

2003 年，水利部印发了《全国水利信息化规划》，该规划成为第一部全国水利信息化

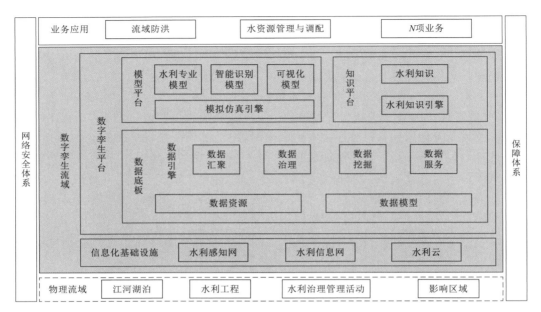

图 1.2－1　智慧水利总体框架

规划。从"十一五"规划开始，水利信息化发展五年规划成为全国水利改革发展五年规划重要的专项规划，对水利信息化建设进行统筹安排，解决为什么要做及做什么的问题。水利部还相继印发了《水利信息化顶层设计》《水利信息化资源整合共享顶层设计》《水利网络安全顶层设计》等文件，有效衔接规划与实施；并通过水利信息化标准规范从技术上支撑共享协同，通过项目建设与管理办法从机制体制上保障共享协同。此外，水利部还出台了有关防汛抗旱、水资源管理、水土保持、水利数据中心等信息系统建设的技术指导文件，指导各层级项目建设，解决不同层级间的共享协同。这些措施在系统互联互通、资源共享、业务协同方面发挥了积极作用。

2021 年 3 月，《中华人民共和国国民经济和社会发展第十四个五年规划和 2035 年远景目标纲要》明确指出：构建智慧水利体系，以流域为单元提升水情测报和智能调度能力。智慧水利是国家网信事业的重要组成，水利部党组高度重视智慧水利建设，明确提出智慧水利是新阶段水利高质量发展的显著标志，数字孪生流域建设是智慧水利的核心与关键，要加快构建具有"四预"（预报、预警、预演、预案）功能的智慧水利体系。通过"大系统设计，分系统建设，模块化链接"，做到"数字化场景，智慧化模拟，精准化决策"；按照"全面覆盖、急用先行"的原则，建设"2＋N"结构的智慧水利，构建数字孪生流域，在数字孪生流域中实现"四预"。李国英强调，智慧水利建设要先从水旱灾害防御开始，推进建立流域洪水"空天地"一体化监测系统，建设数字孪生流域，为智慧防汛提供科学的决策支持。2021 年 6 月，水利部党组作出"把智慧水利建设作为推动新阶段水利高质量发展的六条实施路径之一"的决策部署。2021 年 12 月，水利部党组提出以数字孪生流域建设带动智慧水利建设，通过数字化、网络化、智能化的思维、战略、资源、方法，提升水利决策与管理的科学化、精准化、高效化能力和水平。

经过多年建设，我国水利信息化建设取得了很大成就，为智慧水利建设奠定了坚实基础。

（1）水利数据资源开发利用取得较好成效。水利部按照"整合已建、统筹在建、规范新建"的思路，以全国水利一张图为抓手，以日常管理面对的水利和涉水对象为核心，对分散信息进行汇集、组织和关联，并按照统一数据模型、统一数据目录构建了水利信息资源体系。

（2）水利专业模型应用具有较好基础。服务于流域防洪的产汇流等水文模型已业务化运行，水资源评价、水量分配模型等在流域水资源调查评价、引调水工程水量分配等业务中广泛应用，水力学模型在平原河网地区积累了较为丰富的经验，研究水土流失等的水土保持模型得到初步应用，基于统计的大坝安全测值分析、混凝土坝变形等水利工程安全模型积累了一定的应用经验，泥沙动力学模型在北方多沙河流重点河段得到初步应用，基于湖库水华等的水生态环境模型、地域特色水土保持模型在典型区得到试点应用。此外，随着大数据、人工智能等新一代信息技术的快速发展，基于深度学习、机器学习和相似分析的数据挖掘模型发展迅速，在流域洪水预报等方面得到初步应用。

（3）水利知识建设试点应用。水利知识建设方面已逐步开展试点应用，历史场景、业务规则、预报调度方案等水利知识具有一定积累。截至 2022 年 7 月底，水利部构建了全国 65 条重要河流的 323 个重要断面洪水预报方案、河湖水系与水利工程关联关系，70 条跨省重要河流的水量分配方案，83 个重要河湖的 144 个断面生态流量管控规则等，建设了 140 余场历史大洪水资料数据库。

（4）水利监测感知体系基本构建。截至 2021 年底，全国县级以上水行政主管部门建成各类信息采集点约 42.95 万处，采集要素大幅扩展，卫星遥感、视频、无人机等先进技术得到推广应用，水利信息综合采集体系初步形成，覆盖重要防洪地区和县级以上水行政主管部门的较为完备的雨情、水情、工情、墒情、灾情采集体系，规模以上取水户取用水量、重要水源地水质、重要跨省河流省界断面水量水质监测等。完成了国家地下水监测工程（水利部分）建设，构建了 1 个国家地下水监测中心、7 个流域监测中心、32 个省级监测中心、280 个地市分中心和 10298 个地下水自动监测站。完善了全国水土保持信息管理系统，构建了由水利部监测中心、流域监测中心站、省级监测总站、地市监测分站、监测点组成的监测体系以及支撑监测、监督和治理的业务应用。

（5）水利网络通信和计算存储设施初具规模。水利部机关与所有部属单位、省级水行政主管部门实现全联通，流域管理机构与其直属单位和下属单位实现全联通，省级水行政主管部门与其市级水行政主管部门实现全联通、与区县级水行政主管部门联通率为 80.53%，骨干网带宽扩充至 100Mbps 以上。全国县级以上水利部门共配备各类卫星地面通信设备约 3018 台（套），卫星电话约 7574 部，北斗卫星报汛站约 8015 个，北斗卫星地面基站 397 套。初步建成水利部基础设施云，构建了本地备份、异地（郑州、贵阳）灾备的水利数据安全备份系统，全国省级以上水行政主管部门配备各类服务器达 9945 台（套），存储设备约 2129 台（套），存储能力达 36.26PB。

（6）水利业务应用全面推进。依托国家防汛抗旱指挥系统一期、二期建设项目，基本构建了覆盖我国大江大河、主要支流和重点防洪区的信息收集、预测预报、防洪调度体系。依托国家水资源监控能力建设项目，基本建立了支撑最严格水资源管理的三大监控体系和三级信息平台。依托高分一期项目建设，初步构建了河湖遥感巡查、详查、核查、复查（"四查"）平台。水土保持管理、水利工程建设、农村水利水电、水利督查、水利安全生产监督管理、水利部政务服务平台等重要信息系统也先后投入运行，应用覆盖面逐渐扩大。

1.3　智慧防汛建设的意义

我国是世界上水旱灾害影响最严重的国家之一，地域广阔，水系众多，水利工程点多、面广、量大，类型复杂，自然地理和气候特征决定了水旱灾害将长期存在，并伴有突发性、反常性、不确定性等特点，防汛技术智慧化是发展方向，是水利信息化的先行领域。新中国成立以来，党和政府高度重视水旱灾害防治，目前全国已初步形成工程措施与非工程措施相结合的水旱灾害防御体系，相继完成国家防汛抗旱指挥系统、中小河流水文监测系统等重大工程建设，水文监测预报预警服务迈上新台阶，同时也为智慧防汛提供了准确可靠的暴雨洪水监测和预警预报信息，防灾减灾救灾成效显著。

党的十八大以来，以习近平同志为核心的党中央高度重视防灾减灾工作，提出了"两个坚持、三个转变"的灾害风险管理和综合减灾新理念。当前，新一代信息技术的不断与经济社会各领域深度融合，有力促进了高新技术成果在传统行业的适配、升级、落地，大大提升了社会运行效率，深刻改变着政府管理服务模式和社会运行模式。新一代信息技术的不断成熟为流域信息化发展带来新的动力。从数字化来看，现代空间对地观测的新技术不断涌现，卫星遥感、航空遥感、无人机倾斜摄影、智能传感器、物联网等现代遥感和监测技术，为江河水系、水利工程、流域管理运行体系动态在线监测提供了先进感知手段。从网络化来看，信息网络技术的迅猛发展和移动智能终端的广泛应用，互联网特别是移动互联网以其泛在、连接、智能、普惠等突出优势，成为流域管理创新发展新领域、信息获取新渠道、决策支持新平台。从智能化来看，云计算、大数据与人工智能等技术创新发展、软硬件升级的整体推进正在引发链式突破，为实现流域智能分析研判和科学高效决策提供了技术驱动。随着信息化技术的突破性发展，防汛信息化将为防汛减灾赋予更多现代化"智慧"，更好地提升"四预"能力，实现科学减灾。

根据贯彻落实习近平总书记系列重要讲话精神和党中央关于黄河流域生态保护和高质量发展的决策部署要求，对照水利高质量发展、智慧水利建设、数字孪生流域建设等要求，围绕当前防汛信息化建设运用中存在的重要信息感知能力弱、模型算法算力精度支撑不足、智慧化程度不高、水利时空三维仿真技术薄弱等突出问题，开展智慧防汛关键技术研究与实践，加强新一代信息技术与流域水旱灾害防御业务融合创新，对促进流域管理理念和方式的变革、发展模式的升级扩展，提升流域治理体系和治理能力现代化水平具有重要意义。

第 2 章

智慧防汛需求与技术框架

2.1 智慧防汛需求分析

2.1.1 现状及问题分析

受季风气候及地形、地质自然条件的影响，我国降水时空分布不均，水旱灾害多发、影响范围大，且将长期存在，严重威胁人民生命财产安全，这一客观现实使得水旱灾害防御长期是我国防灾减灾工作的重点之一。

随着近些年的水旱灾害防御工作开展与不断完善，全国已初步形成工程措施与非工程措施相结合的水旱灾害防御体系，信息化方面围绕洪水业务建设了国家防汛抗旱指挥系统、全国重点地区洪水风险图编制与管理应用系统、全国山洪灾害防治非工程措施监测预警系统、全国中小河流水文监测系统，以及其他洪水监测预报预警相关系统，建成了覆盖重要防洪地区和县级以上水行政主管部门较完备的水情、雨情、工情、灾情采集体系，构建了主要江河湖库和重点断面的洪水预报体系，初步建立了七大流域和重点防洪区洪水调度体系，构建了省级以上应急抢险机动通信保障和避洪转移预案体系，实现了大江大河和主要支流水情预警信息的及时发布，为洪水预报调度防御各环节业务提供了较有力的数据和功能支撑。通过山洪灾害防治项目建设，统一进行了全国范围小流域划分，提取了基础属性，建立了全国统一的河流水系编码体系和拓扑关系，为精细化洪水预报预警打下了坚实的数据基础。随着洪水业务系统的建设，信息化问题也逐步凸显，存在系统换代缓慢、业务系统孤立化、资源碎片化、信息数据利益化等问题，形成了以地域、部门、专业等为界限的信息孤岛。"十三五"期间，水利网信建设全面推进，有力支撑了各项水利业务，带动传统水利向现代水利转变的作用显著，服务和支撑水利改革发展的能力提升，水利网信建设进入深度融合、全面提挡升级的新阶段。

随着信息技术发展，物联感知手段不断丰富，通信网络不断提速，数据存储和计算能

9

力不断提升，各类智能算法不断迭代，推动着各个行业在技术、业务、管理等各方面发展和革新，水利行业正处在由信息化、数字化向智能化、智慧化迈进的关键节点，物联网、大数据、云计算、人工智能等新一代信息技术正与水利业务融合创新。《中华人民共和国国民经济和社会发展第十四个五年规划和 2035 年远景目标纲要》指出，要构建智慧水利体系，以流域为单元提升水情测报和智能调度能力。水利部提出，新阶段水利工作的主题为推动高质量发展，推进智慧水利建设是推动新阶段水利高质量发展六大实施路径之一，全面提升水旱灾害防御能力是全面提升国家水安全保障能力这一新阶段水利高质量发展总体目标的重要组成。2021 年 12 月 23 日，水利部召开推进数字孪生流域建设工作会议，要求大力推进数字孪生流域建设。数字孪生流域是以物理流域为单元、时空数据为底座、数学模型为核心、水利知识为驱动，对物理流域全要素和水利治理管理活动全过程进行数字映射、智能模拟、前瞻预演，与物理流域同步仿真运行、虚实交互、迭代优化，实现对物理流域的实时监控、发现问题、优化调度的新型基础设施。应按照"需求牵引、应用至上、数字赋能、提升能力"的要求，以数字化、网络化、智能化为主线，以数字化场景、智慧化模拟、精准化决策为路径，全面推进算据、算法、算力建设，构建数字孪生流域，加快构建具有预报、预警、预演、预案功能的智慧水利体系。

但是，《"十四五"智慧水利建设规划》指出，与国家信息化总体要求相比、与其他行业信息化发展程度相比、与水利改革发展需求相比、与信息技术日新月异进步相比，智慧水利建设存在业务应用智能化水平差距较大、信息技术和水利业务融合不深入、不能全流程支撑业务工作、综合分析和决策支持能力弱、水旱灾害防御智能化水平有待提高等问题。具体的智慧防汛建设问题主要包括以下几个方面。

2.1.1.1　基础设施

1. 计算存储资源与网络建设

随着信息技术发展，防汛业务在监控感知、数据采集方面手段越来越丰富，可获得的数据量更大，对数据安全和管理的要求更高，从而对存储资源、安全防护设备等信息化基础设施提出了更高要求；在模型算法方面经典模型优化迭代，新模型不断涌现，对计算效率的要求更高，从而对计算资源的需求也更高；在防汛应用方面对数据及时更新、系统及时响应的要求更高，从而对网络传输、计算存储资源等基础设施均有更高要求。目前，用于智慧防汛的信息化基础设施中仍有很多网络、计算、存储、安全等各类设施设备无法满足业务需求，部署管理方面也还没有完成本地分散建设向云端配置管理的转变，存在网络延迟高、算力不足、安全管理不规范、机房基础环境不达标等问题，需要加快推进基础设施建设，为智慧防汛提供完善的硬件支持。

2. 前端感知

传统水利监测站网，例如水文、气象、工程运行等各类监测站点，经过多年建设已有基础，但随着使用时间增长，一些设备缺乏维护，在线稳定性、数据准确性无法得到保障。并且，智慧防汛对流域模拟精细化的要求更高，需要进一步补充监测感知设施设备。另外，目前卫星遥感、航空遥感、无人机、无人船、水下机器人等新型监测手段的应用有待进一步加强，应充分发挥新技术优势，建设完善新型水利监测站网，结合传统水利监测站网，构建"空天地"全方位监测感知体系。

2.1.1.2　数据资源

智慧防汛需要大量、高质量数据资源（即算据）的支撑，从而保障数据分析、预报预警结果的准确性。但是实际业务场景中在数据采集、传输、存储、处理各个阶段均可能出现异常，导致数据完整性、准确性、及时性等无法得到保障，例如水雨情实时监测数据时间间隔异常、数据值异常等，需要根据业务要求，通过技术手段对数据进行处理，提升数据质量。智慧防汛在数字化场景、智慧化模拟、精准化决策各个方面均需要各类数据作为支撑，这些数据可能归属于气象、水文、水利等不同部门。当前智慧水利在数据共建共享方面已有一定建设成果，但仍存在一些数据壁垒，需要坚定地持续推进数据共享，在保障数据安全的前提下建设完善的数据共享制度要求并推动落实，全面支撑智慧防汛建设。

2.1.1.3　模型算法

1. 水利专业模型

水利专业模型是智慧防汛的"大脑"，是防汛业务决策支持的重要支撑。目前服务于流域防洪的水文模型已业务化运行，水库、水闸等水工程调度模型在重点工程管理单位开展应用，水力学模型在平原河网地区积累了较为丰富的经验，泥沙动力学模型在北方多沙河流重点河段得到初步应用。水利专业模型的应用以机理分析模型为主，基于水循环自然规律，用数学语言和方法描述物理流域的要素变化、活动规律和相互关系。由于物理过程的模拟计算较为复杂，模型在精度、运算速度等方面存在无法全面兼顾的问题，并且在参数率定环节往往需要依赖专家经验，需要长时间的验证。智慧防汛业务场景对模型的时效性、精度均有较高要求，需要进一步研究，推动模型创新或优化。

2. 人工智能、知识图谱等新型模型

人工智能、知识图谱等新技术已在很多其他领域深度应用并发挥着重要作用，但在防汛领域中的应用还处于初步发展阶段。目前，人工智能模型更多是应用在图像/视频识别、语音识别场景中，作为水利专业模型在预报预警或流域模拟领域的应用多处于研究阶段，较少有在真实生产场景中的成熟应用。

知识图谱、知识推荐等新技术在防汛领域中的应用仍处于探索阶段，缺乏成熟的方法论、案例等成果，有较大的研究空间。

3. 可视化模型

根据业务需要开展了水流、工程运行等方面的实践，积累了初步经验。但仍然存在规范性和成熟性不足、缺少可视化相关标准、适用的国产化软件工具缺乏等突出问题。

2.1.1.4　业务应用

在水利信息化重点工程的带动下，水利业务应用全面拓展。依托国家防汛抗旱指挥系统一期、二期建设项目，基本构建了覆盖我国大江大河、主要支流和重点防洪区的信息收集、预测预报、防洪调度体系。水利部长江水利委员会（以下简称"长江委"）正推进长江流域控制性水利工程综合调度大数据信息平台、长江流域控制性水工程综合调度支持系统建设；水利部黄河水利委员会（以下简称"黄委"）通过"数字黄河"工程建设，初步形成了治黄信息化采集、传输、存储、处理、资源整合共享的一体化业务应用体系；淮河、海河、松辽、珠江、太湖等流域管理机构也初步构建了流域重点防洪区洪水调度体系，实现了大江大河和主要支流水情预警信息的及时发布，为洪水预报调度防御各环节业务提供了较有力的数据和功能支撑。

目前的防汛业务系统存在缺少整体规划、建设分散、业务流程没有打通的问题，例如：监测预警、信息填报、日常业务管理、水文预报、视频监控等各类系统独立、分散建设，缺少一条主线将防汛业务流程串联，不能全流程支撑业务工作。"四预"体系为智慧防汛提供了沟通全业务流程的主线脉络，应以"四预"为核心，统筹规划，优化业务流程，全面支撑智慧防汛工作。

决策支持方面，目前大多数防汛业务系统仍以信息查询展示、数据收集填报、业务处理与工单流转为主，能够方便业务人员日常工作，随时掌握防汛相关的重要信息，但是在对数据的进一步分析上仍存在短板，很难把监测、预报数据等防汛态势信息与调度、转移等防汛具体任务进行关联，形成防汛措施建议，决策支持能力较弱，需要管理人员基于已有信息和自身经验进行防汛指挥决策。

2.1.2　业务需求

水利部提出，智慧水利建设要先从水旱灾害防御开始，实现预报、预警、预演、预案"四预"功能，做到"数字化场景、智慧化模拟、精准化决策"。

智慧防汛业务预报、预警、预演、预案四者环环相扣、层层递进。其中，预报是基础，对水位、流量、水量、地下水位、墒情、泥沙、冰情、水质、台风暴潮、淹没影响、位移形变等水安全要素进行预测预报，提高预报精度，延长预见期，为预警工作赢得先机；预警是前哨，及时把预警信息直达防汛工作一线和受影响区域的社会公众，安排部署工程巡查、工程调度、人员转移等工作，提高预警时效性、精准度，为启动预演工作提供指引；预演是关键，合理确定防汛调度目标、预演节点、边界条件等，在数字孪生流域中对典型历史事件场景下的防洪工程调度进行精准复演，确保所构建的模型系统准确，具备"正向""逆向"功能，及时发现问题，科学制定和优化调度方案；预案是目的，依据预演确定的方案，考虑防洪工程最新工况、经济社会情况，确定工程调度运用、非工程措施和组织实施方式，确保预案的可操作性。通过防汛业务"四预"功能的建设，保持数字孪生流域与物理流域交互的精准性、同步性、及时性，实现"预报精准化、预警超前化、预演数字化、预案科学化"的智慧防汛业务应用。智慧防汛"四预"业务技术框架见图 2.1-1。

2.1.2.1　预报（流域模拟）

遵循客观规律，在总结分析典型历史事件和及时掌握现状的基础上，采用基于机理揭示和规律把握、数理统计和数据挖掘技术等数学模型方法，对防汛要素发展趋势做出不同预见期（短期、中期、长期等）的定量或定性分析，进行预报方案编制、模型生成，实现流域水文气象预报及流域模拟，提高预报精度，延长预见期。智慧防汛预报业务关键环节包括明确任务、编制方案、作业预报等。

（1）明确任务。针对防汛业务需求及预报目标，确定流域或区域、河湖、水利工程等作为预报对象，相应设定水位、流量、水量等作为预报要素。根据预报要求进行确定性预报、集合预报或风险预报，可制作发布短期、中期、长期等不同预见期的预报成果。

（2）编制方案。包括收集资料、构建预报拓扑、建立模型、确定参数、评定方案等。

1）收集资料。应基于数据底板，获取能反映预报对象和预报要素历史演变客观规律

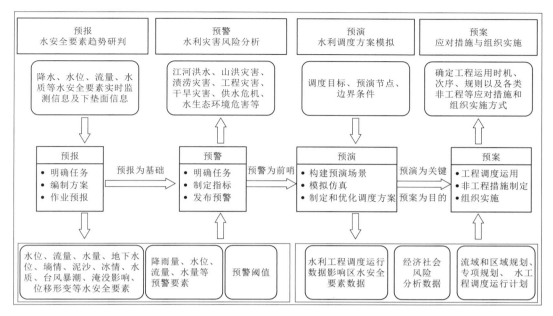

图 2.1-1 智慧防汛"四预"业务技术框架

的系列资料和重要特征资料，包括但不限于水文气象资料、大断面资料、防洪特征值、数字高程资料、土地利用资料、水位流量关系曲线、水位库容和泄流能力曲线等。对所收集的资料进行质量控制，充分考虑监测站网密度和信息报送情况，满足可靠性、一致性、代表性的要求。

2）构建预报拓扑。根据预报任务，以流域或区域为单元，以水文测站、水利工程、影响区域等为节点构建预报拓扑关系，明确各节点的水力联系。

3）建立模型。建立基于机理揭示和规律把握、数理统计和数据挖掘技术等数学模型方法，包括但不限于集总式水文模型、分布式水文模型、水动力学模型、大数据分析模型等。充分考虑模型的适应性，发挥多种模型嵌套融合作用，进行多模型方法参证分析。

4）确定参数。参数可依据流域或区域地形地貌、土地利用等下垫面资料及水利工程情况直接确定，或依据典型历史事件资料进行率定确定。对于无资料地区，应根据流域或区域空间分布特性，移植具有相似水文条件的邻近流域或区域参数。参数率定采用智能优选和人工优选相结合的方式。参数需进行敏感性、合理性、可靠性分析，并将最新资料实时滚动纳入模型参数确定。

5）评定方案。对不同的预报要素应选择合适的指标进行方案精度评定，例如合格率或确定性系数。方案精度需根据相关规定和要求进行等级划分，并提出适用条件。精度评定使用参与预报方案编制的全部资料，精度检验使用未参与预报方案编制的资料。

（3）作业预报。包括制作预报、预报会商、成果发布等。

1）制作预报。依托预报系统开展作业预报，尽量缩短作业时间，提高时效性。制作预报时宜利用多种模型，充分考虑专家经验、历史相似案例，并对多种预报方案进行比较优选。

2）预报会商。根据相关规定、业务需求、水情发展条件等组织相关部门进行预报联合会商，充分吸纳各方意见，减少预报不确定性。明确降雨、水利工程运用等边界条件，考虑不确定因素及最不利情况，最终形成综合意见。

3）成果发布。依据相关规定，严格履行审核、签发程序，将预报成果报送有关部门，并按照职责权限向社会统一发布。

2.1.2.2　预警（形势分析）

基于前期气象、水文、工情等防汛信息，结合降雨、气温、洪水等预测预报，针对当前雨情、水情、气温、工情、灾情、遥感等多源信息，分析雨情、水情、河势变化态势，对照防汛预警指标体系，分析当前防汛面临的形势，明确当前的调度任务与目标，基于数字流域防汛场景，发布相关预警信息；拓宽预警信息发布渠道，及时把预警信息直达水利工作一线，为采取工程巡查、工程调度、人员转移等响应措施提供指引；及时把预警信息直达受影响区域的社会公众，为提前采取防灾避险措施提供信息服务。智慧防汛预警业务关键环节包括明确任务、制定指标、发布预警等。

（1）明确任务。包括行业预警、社会预警等。

1）行业预警。面向水利行业，按照规定的权限和程序，通过传真、蓝信、电话、办公自动化系统、预警信息汇集平台等渠道及时发布强降雨过程、江河洪水、山洪灾害风险、城市洪涝等预警信息，直达水利防御部门、工程管理单位等防御工作一线，满足水行政主管部门应急处置需求。应确保行业预警的权威性、时效性、安全性。

2）社会预警。面向社会公众，按照预警发布管理办法，发布江河洪水、山洪灾害风险、城市洪涝等预警，充分利用信息化技术，采用短信、微信、App、移动通信、网站、电视、广播等"线上"预警渠道，结合敲锣打鼓等传统"线下"渠道，打通预警信息"最后一公里"，满足社会公众应急避险需求。应确保社会预警全覆盖，不漏一人、不留死角。编制预警防御指南应确保通俗易懂，指导社会公众做好应对工作。

（2）制定指标。包括确定预警要素、预警等级、预警阈值等。

1）预警要素。根据江河洪水、山洪灾害、洪涝灾害、工程灾害等水利灾害风险事件，确定降雨量、水位、流量、水量等预警要素。预警要素的实时和预报信息需便于获取，能及时反映风险事件的实际状况和变化趋势。

2）预警等级。针对预警不同要素、不同量级以及可能造成的危害程度，运用定量和定性分析相结合的方法，制定科学合理的等级划分标准，规范相应预警信号的定义、术语、图式和描述等。预警等级应由低至高依次划分，并与相关防御预案、应急响应规程等相协调。例如：江河湖库洪水预警等级由低至高依次为蓝色预警、黄色预警、橙色预警、红色预警，分别对应小洪水、中洪水、大洪水、特大洪水；山洪灾害风险预警等级由低至高依次为蓝色预警、黄色预警、橙色预警、红色预警，分别对应低（可能发生）、中（可能性较大）、高（可能性大）、极高（可能性很大）。

3）预警阈值。根据预警不同量级、发展态势以及可能造成的危害程度，应明确不同等级预警要素的阈值范围。预警阈值范围应科学合理、简单易行、可操作性强。例如：江河洪水预警可参照警戒水位（流量）、保证水位（流量）、防洪高水位、设计水位等防御指标以及历史最高水位（最大流量）等特征值指标，按四级预警来划分确定；山洪灾害风险预警可采用1～24h网格（或区域）降雨量，参考前期降雨或水量状态等，按四级预警来划分确定。

（3）发布预警。包括规范流程、内容编制、信息发布等。

1）规范流程。制定预警发布管理办法，包括但不限于发布单位、发布时间、发布流程、预警指标表、预警内容等，规范预警信息编制、审核、发布、撤销等权限及流程，明确预警发布主体、发布权限、撤销权限、审核流程、发布渠道、发布内容、时限要求和监督检查等。

2）内容编制。包括发生原因、影响范围、持续时间、预警等级、防御建议等。其中，发生原因包括实况及预测的雨水情等，影响范围细化至具体的流域水系及区域、地点等以满足直达水利防御一线及受影响区域社会公众的需求，持续时间考虑预报预测、应对能力、经济社会等因素进行综合确定。预警内容需明确具体，通俗易懂。

3）信息发布。按照预警发布管理办法，依托预警发布平台，及时发布预警信息，并根据实测或预报的雨水情滚动发布，充分发挥"以测补报"的作用。预警发布后及时采取工程巡查、工程调度、人员转移等措施。预警发布平台需满足预警信息汇集高效性、发布流程规范性、信息传达快速性、监督检查便捷性等要求。需积极利用三大电信运营商实现预警全覆盖，打通预警发布"最后一公里"。

2.1.2.3　预演（防洪调度会商）

基于流域防洪数字孪生流域，设定典型历史事件、设计、规划或未来预报等不同情景目标并实时分析洪水灾害防御形势，对可能发生的预测预报水情进行模拟计算，构建全过程多情景模拟仿真的防汛预演体系，迭代优化运行调度方案，实现正向预演洪水风险形势和影响，逆向推演水利工程安全运行限制条件，制定和优化调度方案，提前发现风险或问题，制定超前、安全、合理、可行防风险措施。智慧防汛预演业务关键环节包括构建预演场景、模拟仿真、制定和优化调度方案等。

（1）构建预演场景。包括确定调度目标、预演节点、边界条件等。

1）调度目标。针对江河洪水、山洪灾害、洪涝灾害、工程灾害等水灾害风险事件，预设不同类型、不同量级的预演场景，确定保护对象、防护标准等。确保重点、兼顾一般，结合历史典型或相似事件、实况和预报水雨工情，制定合理、可行的调度目标，且与现有的规划等相协调。

2）预演节点。依据调度目标，确定参与调度的监测站点、水利工程等。参与调度的水利工程应守住安全底线，实现多目标协调优化，最大程度地减少灾害损失。

3）边界条件。依据保护对象主要特征、经济社会发展需要、生态环境保护要求、水利工程现状条件等，确定参与调度的水利工程运行边界，明确安全运行阈值范围等。边界条件应在数据底板中规则化、数字化，并以水位、流量等方式进行量化。

（2）模拟仿真。包括资料准备、模拟计算、仿真可视化等。

1）资料准备。基于数据底板，收集、整理预演相关基本资料，包括气象水文、经济社会、河湖蓄泄能力、水利工程和非工程措施现状情况以及相关规程、方案、计划等。气象水文资料包括有关降雨、水位、流量等实测资料以及历史暴雨洪水、冰凌洪水、风暴潮等。经济社会资料包括流域或区域经济社会现状指标、各防洪保护区、蓄滞洪区、泛洪区等。工程资料包括堤防、水库、蓄滞洪区、分洪道、涵和站等工程设施资料以及河道或防的警戒水位、保证水位、经批准的防御洪水方案、水库调度规程、政策法规等非工程措施现状资料。对所收集的资料应进行合理性和可靠性的分析评价。

2）模拟计算。在数字孪生流域和数字孪生水利工程基础上，实现预报与调度的动态交互和耦合模拟。既可对典型历史事件水利工程调度运用进行精准复演，确保所构建的模型系统的正确性，也可对设计、规划或未来预测预报的场景进行前瞻预演。具备"正向"预演出风险形势和影响，"逆向"推演出水利工程安全运行限制条件的能力。具备问题发现、风险评估、迭代优化等功能，可实现多目标协调优化。

3）仿真可视化。调用模拟仿真引擎和可视化模型，进行水灾害或风险事件的发展变化和水利工程调度运用过程的可视化模拟，实现防汛要素的实时、动态展示，实现对物理流域全要素和防汛活动全过程的高保真和轻量化展示。

（3）制定和优化调度方案。包括确定方案、制定防风险措施等。

1）确定方案。在模拟计算成果的基础上，统筹协调上下游、左右岸、干支流的关系，结合水利工程运行状况、经济社会发展现状等，参考水利调度规则、典型历史案例，利用专家经验，采用智能分析模型辅助决策，优化确定水利工程运行调度方案，充分发挥防洪体系的整体效益。

2）制定防风险措施。针对确定的调度方案，提前发现风险和问题，及时采取防风险措施。防风险措施应充分考虑可能出现的最不利情况，守住安全底线，并做到提前制定、超前部署。

2.1.2.4　预案（方案优选推荐）

根据预演业务提供的方案，以及水利工程最新工况、经济社会情况，结合模型计算指标和效益风险信息，进行多场景调度效果动态展示，通过专家会商进行决策，拟定调度令，确定防洪工程运用、抢险物料、设备、抢险队伍、人员转移等非工程措施并组织实施，落实调度机构、权限及责任，确保预案的科学性和可操作性。智慧防汛预案业务关键环节包括水利工程调度运用、非工程措施制定、组织实施等。

（1）水利工程调度运用。主要包括各类水利工程的运用次序、时机、规则等。根据预演确定的方案，考虑水利工程最新工况、经济社会情况，明确规定各类水利工程的具体运用方式，确保现实性及可操作性。例如：水库防洪调度应在保证水库自身防洪安全的前提下，提出水库运用的时机和方式，明确不同条件下的控制水位和泄量。

（2）非工程措施制定。主要包括值班值守、物料设备配置、查险抢险人员配备、技术专家队伍组建及受影响人员转移等应对措施。其中，物料设备提前预置，调用和供应及时通畅；人员转移措施按照就近就便原则，明确转移方式和路线；水利工程明确巡查防守措施，出现险情及时果断处理。

（3）组织实施。主要包括落实水利工程调度运用、物料设备调配、查险抢险、人员转移等措施的执行机构、权限和职责，明确各类防汛工程调度方案提出、审批、报备和实施等环节责任，调度分类分级明确信息报送内容、方式和要求。

2.1.2.5　防洪调度

防洪调度基本任务是按照国家有关法规政策和流域防洪规划，制定防洪调度方案，科学调度运用各类工程和非工程措施，有计划地控制调节洪水，力争最有效地发挥防洪体系的作用，实时安排和处理超额洪水，尽可能减免洪水灾害。具体业务包括防洪调度方案制定、防洪调度运用和调度效果评价。在有综合利用任务的防洪体系中，防洪调度需要结合考虑发挥最大综合效益，对于多沙河流，防洪调度还需结合考虑防淤、冲沙、排沙等要求。

2.1.2.6 会商展示

搭建流域智慧防汛会商场景，实现实时监测信息与预报信息在线动态预警，为调度会商决策、调度方案执行、调度执行效果评价等提供信息支撑服务，在数字流域场景下，实时动态展现联合调度全过程，实现"四预"应用的一张图展示，为防汛指挥调度提供决策支撑。

2.1.3 业务流程

智慧防汛业务以预报、预警、预演、预案"四预"功能为主脉络，结合综合监视和会商展示，搭建数字化场景，开展智慧化模拟，支持精准化决策（图2.1-2）。

通过密切监控工情信息、险情信息、气象信息、水情信息，时刻掌握防汛态势。调用模型库来水预报服务进行预报，结合预警指标体系和各级预警阈值进行预警触发判断，通过系统平台、移动应用、手机短信等多种方式发布预警信息。选取预报方案并调用模型库服务实现方案预演，结合知识库专家经验对多种方案进行对比和风险评估，确定最优方案。依据推荐的最优方案开展工程调度运用、组织实施、非工程措施制定等防汛调度处置工作。以三维仿真场景支撑全要素信息展示和全流程会商决策。

2.1.4 性能需求

智慧防汛建设基于高性能"算力"、高质量"算据"、高效率高精度"算法"，赋能业务应用，以实现"数字化场景、智慧化模拟、精准化决策"。相应性能需求主要体现在应用性能、模型性能、服务器性能、通信传输能力、可靠性、先进性、可维护性、可扩展性等方面，需满足数字孪生平台、业务应用等建设与运行过程中海量数据、模型运算、高精度三维可视化模型实时渲染等，以确保系统能够流畅运行。

1. 应用性能

（1）应用稳定、可靠、实用，人机界面交互设计友好，输入输出使用方便，统计图表生成美观，查询检索简单快捷。

（2）非复杂查询和处理的一般业务响应时间小于等于1s。

（3）年平均无故障运行时间占比大于99.9%。

（4）具备异常状态处理机制，以提供迅速排查问题、保护运行数据、避免全局宕机、尽快恢复系统的能力。同时提供实时记录系统运行状况的故障日志系统，便于查询和维护。

2. 模型性能

（1）预报模型宜采用模块化、微服务、云计算等技术，尽量缩短计算时间，提高预报时效性。

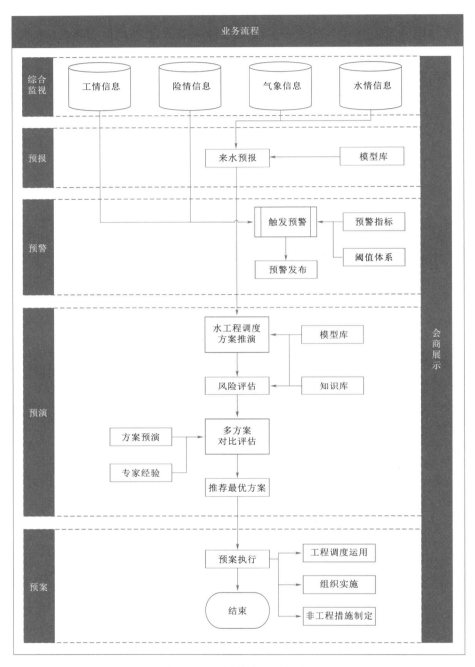

图 2.1-2　智慧防汛业务流程

（2）短期数值降水预报模型满足预见期 0～3 天，逐 1h 预报要求；中期数值降水预报模型满足预见期 4～10 天，逐 3h 预报要求；长期降水预报模型满足预见期 11～20 天，逐 6h 预报要求；月季尺度降水预报模型满足预见期 1～6 个月，逐日预报要求；流域产汇流、河道演进等模型微服务能够预报洪峰水位（流量）及峰现时间、洪量、水位（流量）

过程等；明渠水流、管道水流水动力模拟模型能够模拟流速、流场等。

（3）可视化模型能够对河流、湖泊、植被、建筑等各类地物，水库、水闸、堤防、泵站等各类水利工程，以及水泵、闸门启闭机、发电机组等设施设备进行三维可视化模拟，能够对水流、泥沙运动等进行实时模拟。能够实现轻量化展示，尽量缩短渲染时间。

3. 服务器性能

算力是智慧防汛的基础支撑，要根据数据处理、模型计算的需要，配置高效快速、安全可靠的算力水平。需配置高性能并行计算、AI 计算设施，增扩存储设施，形成具备分布式协同的高性能算力，提供数字孪生模拟计算功能的专用算力服务器和专用图形算力服务器，重点满足分布式水文模型、格网化水力学模型等超大规模方程团迭代解算，以及精细化时空分析、海量数据挖掘分析、大场景渲染展示等情景所需的计算需求。

4. 可靠性

系统有一套异常处理机制，具备较好的检错能力、计算分析的容错能力，良好的异常状态处理交互方式，以待异常情况出现后，能够迅速排查问题，保护运行数据，避免全局宕机，尽快恢复系统。同时建立故障日志系统，实时记录系统运行状况，便于查阅和维护。

5. 先进性

设备方面需要先进实用，满足今后一段时期内系统扩容和对系统运行环境支撑的需要；软件方面符合计算机软件技术的发展潮流，同时密切结合水利信息化顶层设计，在功能设计上既能满足当前及未来各类业务的需要，又能提升新常态下水利信息支撑服务能力。

6. 可维护性

系统可维护性是衡量软件质量的一个重要指标，目前常通过可理解性、可测试性、可修改性、可移植性、可使用性、开放性及效率等多个特性来衡量系统的可维护性。系统可维护性对于延长软件的生存期具有决定性意义，通过建立明确的软件质量目标和优先级、使用提高软件质量的技术和工具进行明确的质量保证审查、改进程序的文档、开发软件时即考虑维护等多方面工作来提高系统的可维护性。

7. 可扩展性

（1）保持数据库、报表等内容和格式与现行规范、标准的一致性。

（2）要最大限度地将各种功能服务设计为通用、标准化的组件模块，便于集成和扩展。

（3）具备借用云计算、大数据等新技术实现数据的分布式存储、共享和动态计算的能力。

2.1.5 数据需求

智慧防汛业务应用及数字孪生场景构建需要以数据为基础支撑。数据资源需求主要包括基础数据、监测数据、业务管理数据、跨行业共享数据、地理空间数据等内容。

数据的时间基准采用北京时间；空间基准采用 2000 国家大地坐标系（CGCS2000）；高程基准采用 1985 国家高程基准。

1. 基础数据

智慧防汛基础数据需求主要包括水利对象基础数据、社会经济数据以及组织机构、制度政策等其他基础数据。其中重点是水利对象基础数据，包括江河湖泊、水利工程、监测站点、其他水利管理对象四大类水利对象的主要属性数据和空间数据。例如：江河湖泊下河流基础数据，包括河流名称、河道起点/终点位置描述、河流长度、平均坡降、规划防洪标准、现状防洪标准、跨界类型、多年平均流量、河流类型、河流级别、岸别、基面修正值、河源/河口高程、河流流域面积、河道起点/终点经纬度、河源/河口所在行政区划、流经行政区、所属流域等。

2. 监测数据

智慧防汛监测数据需求主要包括防汛业务相关的水情监测、雨情监测、工情监测、视频监控等。水情监测包括江河湖泊、水利工程各水利对象的水位、流量、水势等水情要素的实时监测数据、历史监测数据和时段统计数据。雨情监测包括降雨量实时监测数据、历史监测数据和时段统计数据。工情监测主要包括闸门开度、机组发电等水利工程运行相关监测要素，以及渗流、渗压、变形等水利工程安全相关监测要素的实时监测数据、历史监测数据和时段统计数据。视频监控包括防汛业务相关视频监控点的实时监控视频流、历史录像数据等。

3. 业务管理数据

智慧防汛业务管理数据需求主要包括相关业务应用系统使用中产生的数据和水利管理单位业务工作积累的数据，例如：水文预报方案数据、典型场次洪水信息、模型参数/成果数据、历史险情灾情统计数据、防洪调度目标指标数据、水库调度方案、重点防护对象、应急响应预案、防汛物资数据、防汛值班记录等。

4. 跨行业共享数据

智慧防汛跨行业共享数据需求主要包括需从其他行业部门共享的经济社会、土地利用、生态环境、气象、遥感等相关数据，例如：共享台风、降雨、风向风力等气象要素的监测和预报信息。

5. 地理空间数据

智慧防汛地理空间数据需求为采用卫星遥感、无人机倾斜摄影、激光雷达扫描建模、建筑信息模型（building information model，BIM）建模等技术，针对不同层级要求细化数字高程模型（digital elevation model，DEM）/数字表面模型（digital surface model，DSM）、数字正射影像图（digital orthophoto map，DOM）、倾斜摄影影像/激光点云、水下地形、BIM 等，以构建满足智慧防汛业务需求的多时态、全要素地理空间数字化映射。按照数据精度和建设范围分为 L1、L2、L3 三级。

L1 级是进行数字孪生流域中低精度面上建模，主要包括全国范围的 DOM 和 DEM/DSM 等数据。DOM 分辨率优于 2m；DEM/DSM 格网大小优于 30m。

L2 级是进行数字孪生流域/工程重点区域精细建模，主要包括重点区域的高分辨率 DOM、高精度 DEM/DSM、倾斜摄影影像/激光点云、水下地形等数据。大江大河及主要支流重要河段、重要湖泊、国家蓄滞洪区等区域 DOM 分辨率优于 1m，流域防洪重点关注区 DOM 分辨率优于 20cm；大江大河及主要支流重要河段、重要湖泊、国家蓄滞洪区等重点关注区 DEM/DSM 格网大小优于 15m；流域防洪重点关注区倾斜摄影影像/激光点云分辨率优于 8cm；大江大河及主要支流重要防洪河段大断面水下地形断面间距 50～5000m、测点间距 1～20m，重要湖泊水下地形格网大小优于 5m。

L3 级是进行数字孪生流域/工程重要实体场景建模，主要包括重要水利工程相关范围的高分辨率 DOM、高精度 DEM、倾斜摄影影像/激光点云、水下地形、BIM 等数据。工程管理和保护范围 DEM 格网大小优于 15m，工程水工建（构）筑物 DEM 格网大小优于 2m；工程管理和保护范围 DOM 优于 1m 分辨率，工程水工建（构）筑物 DOM 优于 10cm 分辨率；工程管理和保护范围倾斜摄影模型优于 8cm 分辨率，工程水工建（构）筑物倾斜摄影模型优于 3cm 分辨率；工程库区大断面和回水区重要断面水下地形采样间隔优于 1m，淤积严重、冲淤变化明显或其他重点水下区域水下地形采样间隔优于 0.5m；工程土建、综合管网、机电设备等 BIM 模型满足 LOD2.0 标准，闸门、发电机、水轮机等关键机电设备 BIM 模型满足 LOD3.0 标准。

2.1.6 安全需求

（1）数据安全需求：对智慧防汛业务所使用的数据分类管理，对不同类型和级别的数据实施相应的安全管理策略和技术保障措施。采用符合《信息系统密码应用基本要求》（GM/T 0054—2018）等技术标准规定的密码技术，确保数据存储安全，确保数据不被非法访问、窃取、删除、修改等，定期对数据进行备份，保证重要数据能够恢复；确保数据传输安全，确保传输过程中的保密性和完整性，监控数据传输过程，及时发现问题。

（2）应用安全需求：智慧防汛业务应用系统自身需要能够实现身份鉴别、安全审计、访问控制、软件容错、资源控制、抗抵赖等功能，系统需完善自身安全防护能力，通过与安全操作系统相结合实现通信完整性、通信保密性、剩余信息保护等功能。

2.1.7 新技术应用需求

根据水利部发布的《智慧水利建设顶层设计》，要充分利用以互联网＋、云平台、移动互联网、大数据、物联网、人工智能为代表的现代信息技术，实现业务信息共享与整合；为智慧防汛业务应用创新提供可能，新一代信息技术与水利行业、防汛业务深度融合，将对行业发展产生巨大的推动作用。

1. 云计算技术

云计算是一种基于互联网的计算服务模式，通过共享软硬件资源，将计算机任务分布在由大量计算机构成的资源池上，使各种应用系统能够根据需要获取计算能力、存储空间和信息服务。它是分布式计算、并行计算、网格计算、效用计算、网络存储、虚拟化和负载均衡等传统计算机技术和网络技术发展融合的产物。

云计算的核心理念是节约资源、优化资源、整合资源，实现资源最大化共享，提高运作效率。即将大量使用网络连接的计算资源和应用程序统一管理和调度，构成一个计算资源池向用户提供按需服务，这个资源池就是"云"。

云计算平台将服务器设备（CPU、内存、磁盘）、存储设备（磁盘阵列）、网络设备（路由器、交换机、负载均衡）等硬件资源和软件资源（操作系统、集成开发环境 IDE、数据库、Web 服务器、中间件、缓存等）整合，根据部署模式分为公有云、私有云、混合云和社区云。公有云一般由大型第三方公司承建和运营，并以一种即付即用、弹性伸缩的方式为政府或公众用户提供服务，包括硬件资源和软件资源，用户可以通过互联网按需自助服务；私有云是某个单位根据自身需求在自建自管的数据中心上部署的专有服务，有效控制数据安全性和服务质量，私有云有内部部署和外部托管两种部署模式，外部托管与公有云不同，由云服务商搭建专有云环境并充分保证隐私；混合云融合了公有云和私有云优点，将公有云和私有云进行混合和匹配，以获得最佳的效果；社区云是指几个具有相似需求的组织共享共同的基础设施时形成云。智慧水利对数据安全、可用性保障的高标准要求使得私有云、混合云等模式更为常用。

遵循智慧水利发展规划，对计算资源、网络资源、存储资源进行整合，实现资源虚拟化、按需分配、弹性调度，实现计算、存储、网络等基础设施进行资源集约高效、按需分配和动态扩展，积极应用云计算技术，充分发挥云计算优势，全面支撑模型算法计算和应用系统运行。

2. 大数据技术

大数据是指无法在一定时间范围内用常规软件工具进行捕捉、管理和处理的数据集合，是需要新处理模式才能具有更强的决策力、洞察发现力和流程优化能力的海量、高增长率和多样化的信息资产。大数据具有海量的数据规模、快速的数据流转、多样的数据类型和价值密度低四大特征。

大数据的采集、存储和计算的量都非常大，需要特殊的技术，以有效地处理大量的数据。云计算是大数据应用过程中的关键技术之一。大数据无法用单台的计算机进行处理，必须采用分布式架构，特色在于对海量数据进行分布式数据挖掘。它依托云计算的分布式处理、分布式数据库和云存储、虚拟化技术。

智慧防汛需要对历史以及当前大量的监测数据、业务管理数据、各类水利对象的基础数据、外部门相关数据、互联网舆情信息等进行关联分析，实现水利数据从量变到质变的提升，进行高密度高价值数据分析，提升智慧防汛业务应用智能化水平，辅助防汛联合调度业务进行科学判断与理性决策。通过对海量数据的分析，发掘数据价值，使数据具有更强的决策力和洞察力。

3. 物联网技术

物联网是指通过各种信息传感器、射频识别技术、全球定位系统、红外线感应器、激光扫描器等各种装置与技术，实时采集任何需要监控、连接、互动的物体或过程，采集其声、光、热、电、力学、化学、生物、位置等各种需要的信息，通过各类可能的网络接入，实现物与物、物与人的泛在连接，实现对物品和过程的智能化感知、识别和管理。物联网是一个基于互联网、传统电信网等的信息承载体，它让所有能够被独立寻址的普通物理对象形成互联互通的网络。

物联网具有全面感知、可靠传输、智能处理三大特征。全面感知指可以利用射频识别、二维码、智能传感器等感知设备感知获取物体的各类信息；可靠传输指通过各种电信网络和互联网的融合，将物体的信息实时、准确地传送，以便信息交流、分享；智能处理指使用云计算、模糊识别等各种智能计算技术，对感知和传送到的数据、信息进行分析处理，实现监测与控制的智能化。

利用好物联网技术对水利对象的实时、透彻监测感知，全方位获取各类监测数据，提升对感知对象的全面分析、及时处理及自我调整等能力。把各种信息传感设备与互联网结合起来形成一个巨大网络，实现在任何时间、任何地点，人、机、物的互联互通。

4. 优化计算技术

最优化问题通常需要对实际需求进行定性和定量分析，建立恰当的数学模型来描述该问题，设计合适的计算方法来寻找问题的最优解。最优化广泛应用于科学与工程计算、数据科学、机器学习、人工智能、图像和信号处理、金融和经济、管理科学等众多领域。

目前，一般采用水工程单独或流域联合调度方案进行防汛调度，主要体现为书面化、文字化和经验化的调度方式。引入优化计算技术，可以针对特定水工程或控制站点的水位、流量、运用程度等需求，对水工程运用可行域进行寻优搜索，在考虑流域防汛调度方案的基础上，进一步满足不同调度目标的要求。

5. 移动互联网技术

移动互联网是移动和互联网融合的产物，继承了移动随时、随地、随身和互联网开放、分享、互动的优势，是一个全国性的，以宽带 IP 为技术核心的，可同时提供话音、传真、数据、图像、多媒体等高品质电信服务的新一代开放的电信基础网络，由运营商提供无线接入，互联网企业提供各种成熟的应用。

将移动通信特别是 5G 与互联网二者结合形成移动互联网，是桌面互联网的补充和延伸。建设智慧防汛的移动端应用，利用移动互联网的便捷性，可拓展工作场景，减少信息监控、预警接收、应急响应、移动会商、处置反馈等防汛工作受到时空限制，提升防汛工作的效率和质量。

6. 人工智能技术

人工智能是研究、开发用于模拟、延伸和扩展人的智能的理论、方法、技术及应用系统的一门新的技术，是智能学科重要的组成部分。人工智能研究包括机器人、语言识别、图像识别、自然语言处理和专家系统等。

建设具备推理、学习和解决问题能力的信息系统，对海量的图片、视频、音频、文字等信息进行智能处理与识别，辅助决策。例如：通过智能识别分析技术，对可能致灾因素等进行采集、分析、识别、搜索，及时反馈识别结果并形成结论，从而为决策者提供更加精准的决策依据。

7. 模拟仿真技术

通过三维建模、模拟计算、实时渲染等技术，对自然环境、水利对象等静态物理实体，以及洪水传播、工程运行等动态物理运动过程进行模拟仿真，支撑智慧防汛数据，模型可视化展示，实现与物理流域同步仿真运行，支撑防汛调度业务决策。

2.2 智慧防汛技术框架

智慧防汛建设目标是在智慧水利建设总体框架下，按照"需求牵引、应用至上、数字赋能、提升能力"的要求，完善优化业务流程和功能，深度融合防汛业务与信息技术，采用预报调度耦合、水工程联合调度、云计算和大数据等技术，完成预报调度一体化和风险实时动态评估，实现"数字化场景、智慧化模拟、精准化决策"，在数字化映射中实现"预报、预警、预演、预案"，为智慧防汛调度管理与科学决策提供技术支持。智慧防汛技术框架如图 2.2-1 所示。

图 2.2-1　智慧防汛技术框架图

智慧防汛关键技术研究在充分利用和应用信息化基础设施、数据底板等"算力""算据"的建设成果基础上，在水利行业最新安全保障体系和标准规范体系要求下，围绕模型库、知识库、业务应用三块智慧水利和数字孪生流域体系下的重要建设内容，结合"四预"业务需求和新技术应用要求，锚定防汛模型、知识图谱、三维孪生仿真平台以及智慧防汛系统等智慧防汛关键技术开展研究，落地了分布式水文模型、城市洪涝模拟模型、雨洪沙相似分析模型、水库群联合调度模型、基于 AIUI 的防汛智能问答技术、防汛知识图谱构建技术、小禹智慧防汛系统、黄河流域"四预"系统、三维孪生仿真平台等一系列重要技术成果，能够有效支撑智慧防汛业务工作。

信息化基础设施是连接物理世界和数字世界的桥梁，是支撑数字孪生流域、工程、业务应用的基础环境，包括水利感知网、水利信息网和水利云。

水利感知网围绕数字孪生流域和"2＋N"水利业务应用需求，利用传感、定位、视频、遥感等监测技术，实现物理流域各类监测要素和数据内容的监测、传输。主要包括传统水利监测站网和新型水利监测网，其中，传统水利监测站网主要包括水文、气象、工程运行等各类监测站点；新型水利监测网主要包括卫星遥感、航空遥感、无人机、无人船、水下机器人等新型监测手段。采用有线无线等网络为主，北斗短报文、5G、窄带物联网（narrow band Internet of things，NB－IoT）、紫蜂协议（ZigBee）、远距离无线电（long range radio，LoRa）等为辅的通信方式，与水利信息网建立安全连接。在时间敏感、数据敏感或带宽资源占用巨大的监测告警、智能图像、AR 等物联网应用场景中构建边缘计算网络，与水利云等计算资源互联互通、有机结合。

水利信息网主要包括水利业务网和水利工控网。水利业务网包括广域网、城域网、部门网，其中广域网包括骨干网、流域省区网、地区网等。依托现有水利网络资源，充分利用国家电子政务外网，通过租赁专线、自建光纤、网络 VPN、卫星通信等多种方式，实现各单位之间的全面互联，支持日常通信传输和应急通信服务保障。水利工控网与水利业务网物理隔离，分为实时控制区和过程监控区（非实时控制区），其中实时控制区用于部署控制工程设备运行的系统、模块，例如 PLC、SCADA 等；过程监控区用于部署工控系统监测与管理系统、模块，例如运行监测系统、故障诊断系统、生产数据分析系统等。

水利云采用自建云，共享行业云和政务云等方式，按照一级水利云、二级水利云及水利工程管理单位计算存储资源三级建设，包括基础计算与存储、高性能计算、人工智能计算、灾备中心、视频会议、会商调度等内容。其中，基础计算与存储实现计算、存储资源按需弹性分配和软件定义网络，提供云主机、云存储、云网络、云安全服务、容器服务，以及大数据处理和微服务支撑等；高性能计算在通用计算设施的基础上，进一步满足数字孪生流域数学模型计算、"四预"等重要业务场景构建的高性能计算需求；人工智能计算应在通用计算设施基础上，进一步满足相关水利专业模型和智能识别模型对时效性的需求；灾备中心根据业务需要进行本地备份或异地备份，实现重要业务数据容灾和关键业务应用容灾；视频会议支持视频终端（固定/移动）、桌面端、手机等接入，实现视频会议会商；会商调度与视频会议等集成，实现集水工程联合调度、水资源管理与调配、水行政综合监管于一体的水利综合会商调度中心。

数字孪生平台基于信息化基础设施，利用云计算、物联网、大数据、人工智能、遥感、数字仿真等技术，对物理流域全要素和水利治理管理活动全过程进行数字映射、智能模拟和前瞻预演，支撑水利业务"四预"功能实现。主要包括数据底板、防汛调度模型库和防汛调度知识库。其中，防汛调度模型库和防汛调度知识库均是本书研究的重点。

数据底板汇集基础数据、监测数据、业务管理数据、地理空间数据、跨行业共享数据等数据资源，通过数据引擎实现数据汇聚、分类存储、治理并最终发布数据服务，支撑防汛模型、防汛知识和防汛业务应用。智慧防汛的基础数据包括流域、河流、湖泊、水利工程等水利对象的主要属性数据和空间数据；智慧防汛的监测数据包括水文、水灾害、水利工程等防汛业务的监测数据；智慧防汛的业务管理数据主要就是流域防洪业务的相关应用数据；智慧防汛的跨行业共享数据主要包括经济社会、气象、遥感等相关数据。地理空间数据主要包括数字正射影像图（DOM）、数字高程模型（DEM）、数字表面模型（DSM）倾斜摄影影像、激光点云、水下地形、建筑信息模型（BIM）等数据。通过数据引擎的数据汇集、整编能力，对数据进行分类存储管理，分为基础库、监测库、业务库、共享库、地理空间库、遥感影像库、非结构化文档库。根据智慧防汛业务需求，对多源数据进行统一清洗和管理等数据治理工作，提升数据的规范性、一致性、可用性，避免数据冗余和冲突，包括数据模型管理、数据血缘关系建立、数据清洗融合、数据质量管理、数据开发管理、元数据管理等。以统一的数据服务为模型库、知识库和防汛业务应用提供数据支撑，包括地图服务、数据资源目录服务、数据共享服务和数据管控服务等。

防汛调度模型库是本次智慧防汛关键技术研究重点之一，为防汛业务应用提供标准化、模块化的模型调用服务，主要包括水利专业模型、智能识别模型、可视化模型等三类，驱动数据和模型实现场景可视化展示。水利专业模型包括机理分析模型、数理统计模型、混合模型等三类。机理分析模型是基于水循环自然规律，用数学语言和方法描述物理流域的要素变化、活动规律和相互关系的数学模型；数理统计模型是基于数理统计方法，从海量数据中发现物理流域要素之间的关系并进行分析预测的数学模型；混合模型是将机理分析与数理统计进行相互嵌入、系统融合的数学模型。防汛场景中水利专业模型主要有水文模型、水力学模型、泥沙动力学模型等，其中水文模型主要包括降水预报、洪水预报、枯水预报、冰凌预报、咸潮预报等；水力学模型主要包括明渠水流模拟、管道水流模拟、波浪模拟、地下水运动模拟等；泥沙动力学模型主要包括河道泥沙转移、水库淤积、河口海岸水沙模拟等。智能识别模型将人工智能与水利特定业务场景相结合，实现对水利对象特征的自动识别，进一步提升水利感知能力。智能识别模型主要是利用人工智能方法，从遥感、视频、音频等数据中自动识别水利对象特征，包括遥感识别、视频识别、语音识别等。可视化模型包括自然背景、流场动态、水利工程、水利机电设备等，通过对各类模型进行可视化构建，面向具体的业务应用，真实展现物理流域中各种水利业务场景。自然背景包括河流、湖泊、侵蚀沟、地下湖、地下河、植被、建筑、道路等；流场动态包括水流、泥沙运动、潮汐、台风等；水利工程包括水库、水闸、堤防、水电站、泵站、灌区、调水、淤地坝等；水利机电设备包括水泵、启闭机、闸门等。模拟仿真引擎以数据底板和可视化模型为基础，实现数字孪生全要素场景展示；承载水利专业模型，通过引擎模拟渲染不同计算条件下水流物理过程，实现模型运算结果在场景中的直观、逼真展示。本书中智慧防汛关键技术研究着眼于分布式水文模型、城市洪涝模拟模型、水库群联合调度模型等机理分析水利专业模型，雨洪沙相似分析模型等数理统计水利专业模型，防汛语音智能问答技术等智能识别模型，水利工程周边自然背景可视化渲染模型、工程上下游流场动态可视化模型、机电设备检修维护模型等可视化模型的模型研发，以及三维孪生平台渲染引擎技术、云河地球等模拟仿真引擎技术和产品研发和应用，为智慧防汛业务提供全面、丰富的模型算法支撑。

防汛调度知识库是本书研究重点之一。知识库包括水利知识和知识引擎。其中，水利知识提供描述原理、规律、规则、经验、技能、方法等的信息，知识引擎是组织知识、进行推理的技术工具，水利知识经知识引擎组织、推理后形成支撑研判、决策的信息。水利知识包括水利对象关联关系、业务规则、历史场景、专家经验和预报调度方案等。水利对象关联关系用于描述物理流域中的江河湖泊、水利工程和水利对象治理管理活动等实体、概念及其关系，是其他水利知识融合的基础，对数据资源进行抽取、对齐、融合等处理，并进行结构化分类和关联，便于水利知识的快速检索和定位。业务规则用于描述一系列可组合应用的结构化规则集，将相关法律法规、规章制度、技术标准、管理办法、规范规程等文档内容进行结构化处理，通过对业务规则的抽取、表示和管理，支撑新业务场景的规则适配，规范和约束水利业务管理行为。历史场景用于描述历史事件发展过程及时空特征属性的相关事实。通过对数据表格或文本记录的历史场景数据进行典型时空属性及特征指标的抽取、融合、挖掘和结构化存储，支撑历史场景发生的关键过程及主要应对措施的复盘，对历史场景下的调度执行方案数字化和暴雨洪水特征等进行挖掘，为相似事件的精准决策提供知识化依据。预报调度方案用于存储特定场景下的预报调度方案相关知识。根据物理流域特点、水利工程设计参数、影响区域范围等，结合气象预报、水文预报、水文监测、工程安全监测等信息，基于对历史典型洪水预报、水利工程调度过程记录或以文本形式存储的预报调度预案进行知识抽取、融合等处理，形成特定场景下预报模型运行设置和水利工程调度方案等知识，支撑预报调度方案的智能决策。专家经验是一种基于专家的经验和专业知识的研究方法，辅助特定业务场景决策的经验性知识。通过文字、公式、图形图像等形式固化专家经验，进行抽取、融合、挖掘和结构化处理等，支撑专家经验的有效复用和持续积累。知识引擎主要实现水利知识表示、抽取、融合、推理和存储等功能。其中，知识表示利用人机协同的方式构建水利领域基础本体和业务本体，实现陈述性和过程性知识表示；知识抽取采用统计模型和监督学习等方法，结合场景配置需求和数据供给条件，构建实体-关系-实体三元组知识，并抽取各类水利对象实体的属性，对水利领域实体类别及相互关系、领域活动和规律进行全方位描述；知识融合针对多源知识的同一性与异构性，构建实体连接、属性映射、关系映射等融合能力；知识推理通过监督学习、半监督学习、无监督学习和强化学习等算法，构建水利推理性知识；知识存储采用图计算引擎管理和驱动水利知识，实现超大规模数据存储。本书中防汛调度知识库的研究重点在于通过知识抽取、知识表示、知识融合、知识存储等技术，识别、提取、处理调度规则、历史情境、方案预案等防汛调度知识，研究防汛知识图谱构建技术，实现地理知识图谱构建、防汛预案知识图谱构建等。

智慧防汛系统研发及应用是本书研究重点之一。根据智慧防汛业务需求，基于信息化基础设施的运行环境，以数据底板、模型库和知识库提供的数据、模型、知识调用服务为支撑，以"四预"功能为核心，组织业务流程、设计信息展示，实现流域洪水模拟、防汛形势分析、调度方案生成与评估以及方案优选及推荐等功能，落地小禹智慧防汛系统、黄河流域四预系统等产品。

2.3　黄河智慧防汛业务建设规划

在国家防汛抗旱指挥系统的基础上，提升水情、沙情、雨情、凌情、工情、墒情、灾情等信息采集能力，定制流域水旱灾害防御数字化场景，升级完善洪水预报、预警功能模块，建设预演模块，支持预案的选择，实现流域防汛"四预"功能；补充旱情综合监测预测、淤地坝洪水预报等功能，搭建防汛抗旱"四预"业务平台。在 2022 年汛前，基本建成了黄河中下游洪水预演系统 1.0 版，黄河中下游率先实现防洪"四预"主要功能。

2.3.1　定制水旱灾害防御数字化场景

根据水旱灾害防御业务要求，针对防洪、防凌、调水调沙、应急抗旱等防汛业务，分析各业务流程，以流域为单元、以预报调度业务为主线，对水库、河道、堤防、蓄滞洪区、应急分凌区、淤地坝、重要分水工程等防汛和应急抗旱相关水工程进行精细化建模，完成物理空间与数字空间的映射，定制全流域数字场景、河道数字场景、重点水工程实景等水旱灾害防御数字化场景。构建多维多时空尺度数据模型，实现物理流域的水流水位、防洪工程、治理管理活动对象和影响区域等在数字化场景里全要素、全过程、实时动态展示，支持产流汇流、洪水演进、水库调蓄、蓄滞洪区分洪、淤地坝防洪、分水工程引水等水利业务。同时能够展现工程险情、防汛物资、应急抢险、迁安救护等调度决策关联的重要信息情景，支持防汛会商、防汛调度指挥等业务应用。

2.3.2　建设洪水冰凌灾害防御应用

研发洪凌灾害防御分析与决策模型。基于黄河模型平台、水利部模型平台，定制并集成"降水—产流—汇流—演进"全过程模拟模型，开发完善黄河中下游洪水泥沙预报、黄河上游洪水冰凌预报模型，实现气象水文、水文水力学耦合预报，灵活切换单水文节点的多个预报模型，具备实时校正能力，实现预报调度一体化。开发防洪形势分析模型、淤地坝洪水预报模型、中长期径流预报模型、重要区域洪水风险及灾情评估模型、模拟仿真模型、智能分析决策模型等，完善水沙冲淤计算模型，支撑防洪"四预"功能业务应用。

2.3.3　建设防汛知识库

基于黄河知识平台构建防汛调度规则库，包括水库调度规则、河道堤防水位流量控制规则、蓄滞洪区运用规则、分水闸排涝泵站调度规则、水工程联合调度规则等。解析工程启用条件、控制对象、运行方式等要素间语义逻辑关系的内在规律，推导水工程运行规则的信息化描述构架，形成面向专业用户的规则库，搭建编译工具集，逐步实现调度方案的逻辑化、关联化、服务化，在调度中根据实时雨水工情，快速实时匹配洪水调度方式。扩展构建黄河防汛历史场景库，包括黄河上游 1964 年、1967 年、1981 年，黄河中下游 1933 年、1954 年、1958 年、1982 年等原有典型年份，以及龙羊峡、小浪底等水库建成后，黄河上游 2012 年、2018 年、2019 年、2020 年，黄河中游渭河 2003 年，伊洛河 2010 年、2011 年，2021 年（秋汛洪水）等多个典型年份，完成流域典型历史洪水过程数据收集、暴雨洪水过程重构、预报调度执行方案数字化、暴雨洪水特征挖掘等，支撑历史洪水再现调度方案分析、相似情景预报调度方案比选等。构建预报调度方案库，对历史典型洪水、冰凌、径流等预报方案，洪水调度方案、防凌调度方案、调水调沙预案等方案预案的信息自动化、文本化和知识化处理，结合预案关键信息检索与索引，构建迭代式预报调度库，扩展构建黄河相关业务法律法规、规章制度、技术标准、管理办法等业务规则库，并进行规则抽取、规则表示和规则管理，支撑预报调度方案优选决策。

2.3.4 建设防洪"四预"应用

在预报方面，完善降雨预报、洪水预报、水量预测、预报评估、预报成果管理、预报成果可视化、交互式预报调度会商等功能，新增泥沙预报、淤地坝洪水预报功能。开发耦合洪水预报的短期区域降水数值预报模式、契合水利特点的高分辨率中短期数值降水集合预报、中长期降水数值预报模式、中长期降水统计预测模型等，实现不同时空分辨率、不同预见期的降水预报产品与洪水预报无缝衔接，提高洪水预报精度，延长洪水预见期，在预警方面，完善黄河干流、主要支流、骨干水工程预警指标，制定中小河流、中小水库、淤地坝等预警指标。基于数字孪生流域高精度下垫面和高性能计算，开发雨水工情实时监视预警、洪水预报调度结果预警功能，利用大数据、AI 等新技术，分析流域暴雨洪水产汇流规律，挖掘提炼不同尺度模型参数的时空分布特征，延长洪水预见期，提前预报预警，扩展防洪风险影响和薄弱环节判别、防洪风险防控目标识别等功能，提高洪水预警时效性、精细化和覆盖面。精准定位预警发布对象，在黄河下游滩区率先实现影响范围内预警信息的及时全覆盖发布，解决水情预警"最后一公里"问题。在预演方面，配置调度参数和目标，基于实时校正的预报调度耦合模型，建立单库、库群灵活组合的调度模式，引入调度规则、专家经验等知识，根据目标寻优等调度技术，实现调度方案的自动生成、集合生成；基于数字孪生平台，利用水文-水力学、洪水淹没分析、可视化等模型，针对重点河段、重要库区、蓄滞洪区、防洪保护区等仿真模拟洪水淹没数字流场，实现洪水泥沙一维二维动态演进、淹没成灾风险影响实时分析评估。在预案方面，集成各类防洪方案、调度规则和专家经验等，扩展方案自动生成、多方案比选等功能，针对调度会商业务需求，进行多方案对比评估和管理，利用计算机学习水工程联合调度规则，通过对历史调度方案及调度效果的洞察，为实时调度提供优选推荐方案，支撑优化防洪调度决策。

2.3.5 建设调水调沙"四预"应用

调水调沙调度主要在汛前、汛期发生中小洪水时开展。支撑调水调沙业务预报、预警、预演功能的有关模型、知识与防洪业务基本相同，但调水调沙更关注水库、河道冲淤分析，主要调用水力学模型、水沙冲淤计算模型。

2.3.6　建设防凌"四预"应用

充实完善防凌基础信息，构建预测预报模型体系，进一步完善实时调度功能。在预报方面，开发气温预报模型、凌情预报模型，实现对凌汛期内中短期气温、流凌及封开河日期、最大冰厚、槽蓄水增量、开河凌峰流量等要素的滚动预报修正，延长预见期，提升冰凌预报水平。在预警方面，利用微信、广播、电视、网站以及广电部门、通信运营商等，及时向社会公众发布凌情预警信息，在宁蒙河段率先实现凌情预警信息的发布。在预演方面，开发黄河骨干水库防凌实时调度模型、大型涵闸及分凌区联合分凌调度模型，实现气象、雨水情、凌情、水工程情况查询、浏览及综合分析，开展防凌调度方案模拟推演，利用可视化模型对冰凌洪水进行动态仿真，分析评估调度效果。在预案方面，统筹防凌、供水、生态、发电等综合利用需求，根据水工程联合防凌调度规则，通过进行多方案对比评估，制定防凌调度预案；同时，根据调度会商业务需求，实现水工程防凌精细化调度的实时调算。

2.3.7　建设防汛会商平台

优化会商汇报的信息化流程和展示方式，完善防汛会商系统，建立流域防洪防凌信息综合服务平台，实现河流防洪防凌业务一站式展示。建设工情险情视频监视及预警模块，提升收集实时工情险情信息能力，完善工情险情会商系统，建设机动抢险队管理模块，及时调度机动抢险队处理险情。开展防汛应急指挥会商中心信息化建设，建立应急移动指挥体系，提升流域应急管理水平。建立防汛物资仓库的视频控制平台，准确掌握实时物资储备情况，建立物资调度系统和掌上物资管理监控系统，实时准确掌握物资调运信息。完善黄河下游滩区迁安预警平台，逐步推广至小北干流滩区和蓄滞洪区。

第3章

分布式水文模型

3.1 雨水情监测预报"三道防线"

3.1.1 "三道防线"的定义

国家"十四五"规划纲要明确提出构建智慧水利体系，以流域为单元提升水情测报和智能调度能力。为建设现代化水文监测预报体系，实现延长洪水预见期和提高洪水预报精准度的有效统一，2023 年 8 月，水利部印发了《关于加快构建雨水情监测预报"三道防线"实施方案》。

"三道防线"是以流域为单元，由气象卫星和测雨雷达、雨量站和水文站组成的雨水情监测预报体系。通过"空天地"立体监测手段对流域雨水情进行实时监测和预报预警，以便及时采取措施应对可能出现的洪涝等灾害。

第一道防线是气象卫星和测雨雷达系统，构成"天基"和"空基"监测预报防线，是实现关口前移、防线外推的重要举措。通过气象卫星提供的高分辨率卫星云图、图像和大范围气象数据等，对降雨情况进行测算，通过水文模型分析预测可能出现的洪水和山洪灾害，提早发出预警。水利测雨雷达是数字孪生流域建设中"空天地"一体化感知体系的重要组成部分，具备全天候、大范围、精细网格化降雨主动监测和临近降雨预报等能力，日益成为致灾暴雨监测预报预警的重要技术手段。测雨雷达通过发射微波信号，探测降雨云体内部的反射信号，进而获取到降雨云体的三维结构和降雨强度等信息，对流域降雨情况进行实时监测和短临预报。通过测雨雷达提供的高空间分辨率降雨信息，能够对流域内雷达覆盖区域的降雨情况进行精细化监测，以及对未来 $1 \sim 2h$ 可能发生致灾暴雨区域进行自动化预警。

第二道防线是雨量站网，构成"落地雨"监测预报防线，是提高预报精准度、预警有效性的重要环节。依靠流域内科学布设的地面雨量监测站网，控制流域降雨的时空变化，把握降雨与径流之间的转化规律。通过对落地降雨进行实时监测，及时掌握上游降雨位置、降雨时间、降雨强度和降雨量，提前发布准确的预报预警信息，为枢纽及时采取有效措施应对洪水灾害提供有力支撑。

第三道防线是水文站网，构成"洪水演进"监测预报防线，是兜底措施，具有"底线防守"的功能。通过布设在流域干支流上的水文站网，实时监测江河、湖泊、水库的水位、流量等水文要素的变化，依据落地降雨、实时水文站数据和信息，及时准确地进行洪水预报，并根据洪水发生可能性发布洪水预警，为防汛指挥决策、保障下游防洪安全和人员及时转移避险等提供重要支撑。

雨水情监测预报"三道防线"是水文"尖兵""耳目""参谋"，是数字孪生水利感知（监测）体系的重要组成，"三道防线"功能各异、相互联系、优势互补，共同构建"空天地"立体监测网络，进一步延长雨水情预见期、提高精准度，为防洪"四预"业务提供支撑和保障。构建雨水情监测预报"三道防线"是全面加强水文监测预警能力建设的需要，可从整体上增强应对气候变化和防御水旱灾害的能力，最大限度减轻人员伤亡，在保障人民安全福祉中具有特殊的现实意义。

3.1.2 "三道防线"建设现状

1. 监测站网和信息共享

雨水情监测预报"第一道防线"——气象卫星和测雨雷达系统中，气象卫星主要由气象部门负责，测雨雷达主要由水利部门负责建设。在气象卫星方面，中国气象局目前有 8 颗气象卫星（极轨卫星风云 3 号 4 颗，静止轨道卫星风云 2 号 2 颗、风云 4 号 2 颗）在轨运行，用于我国及周边区域全天候气象探测的主要是风云 4 号卫星。水利部目前主要应用我国风云 4 号和日本葵花 9 号气象卫星实时资料，实现卫星云图强降雨风险预警。在雷达方面，包括天气雷达和水利测雨雷达。天气雷达对地面以上 20km 探测高度范围内的雨、冰、雪、雷暴大风、龙卷风、下击暴流等气象目标进行快速探测和预警。中国气象局已建天气雷达 280 多部（S、C、X 等多波段，机械型和相控阵型）。配合风云气象卫星和自动气象站，中国气象局在业务上已开发了融合风云 4 号卫星、天气雷达和地面雨量计三源观测数据的逐小时 5km×5km 实时降水监测产品。但由于卫星资料和实时产品的延迟影响，实际业务应用中，用气象卫星和天气雷达仅能实现雨水情监测预报"第一道防线"的低分辨率监测和初步定性预警，难以实现自动化精细化监测预报预警。目前，水利部共享了中国气象局 70 部天气雷达基数据和雷达 PUB 产品，利用天气雷达应用系统，汛期对可能发生强降雨地区（地市级）进行自动化风险预警。水利测雨雷达以地面以上 2km 垂直高度大气中的液态水为主要探测目标物，通过以雷达站为中心、半径大于等于 45km 水平范围内、地面以上 2km 垂直高度大气中无缝的连续仰角步进扫描作业，实现近地面层液态水含量的精细化测量，提高面雨量监测精度。

近年来，水利部门在面雨量雷达探索研究试点基础上，指导各雷达厂商逐步定型的专业测雨雷达装备，能够实现大范围高精度快速面雨量监测预报预警作业。2011 年以来，水文部门开展了测雨雷达暴雨山洪监测预警试点应用，辽宁、安徽、江西、广西、四川、云南等省（自治区）水利部门通过项目投资开展了面雨量雷达试点应用，共布设面雨量雷达 12 部，其中 8 部是早期的 X 波段单极化机械型（速调管）雷达，4 部是新建设的 X 波段双极化机械型（全固态）雷达。水利部门组织实施的全国山洪灾害防治项目，2022 年在 8 个省（自治区）山洪灾害重点区域也开展了雷达测雨应用，共在江西、湖北、湖南、广西、四川、贵州、云南、陕西等地布设 17 部双极化机械型（全固态）测雨雷达。2020 年以来，水利部信息中心会同黄委水文局，以及河北、湖南、安徽水文部门，联合相关公司在河北雄安新区（4 部）、湖南湘江流域（3 部）、山陕区间无定河流域（3 部）和安徽巢湖（1 部）开展了高精度 X 波段水利测雨雷达（双极化相控阵型和双极化机械型）试点应用。

雨水情监测预报"第二道防线"——雨量监测站网主要由水利部门、气象部门承担。目前，水利部门水文系统共有雨量站 5.3 万处，若包括有雨量观测项目的水文站、水位站，监测雨量的水文测站合计达 6.9 万处。水利系统其他部门通过全国山洪灾害防治项目、小型水库除险加固项目等也建设了大量的雨水情测报设施。近年来，我国中小河流洪水、山洪灾害频发多发重发，西部、北部等暴雨洪水、山洪灾害易发区雨量站网尚存在很多空白，难以有效监测预警。据了解，气象系统也有约 7 万处观测降雨量的气象站。目前，水利部信息中心实时共享接收了 2170 个国家一级自动气象站的实时雨量数据。

雨水情监测预报"第三道防线"——水文监测站网主要由流域管理机构、地方水利部门负责。截至 2022 年年底，全国共建成水文站 8063 处和水位站 18761 处，实现对全国大江大河及其主要支流、有防洪任务的中小河流水文监测全覆盖，有效控制了主要江河水文情势，但仍存在站网密度不足、布设不平衡等问题，中小河流洪水易发区、大江大河支流等水文站网亟须补充完善。

在气象水文信息共享方面，流域管理机构和广东等经济发达地区水文部门通过购买服务的方式，与气象部门签署合作协议，共享应用了部分区域级自动观测雨量站信息和气象部门提供的精细化网格降水预报预测成果，开展暴雨洪水预报预警；陕西、广西等大多数省份水文部门，通过水利部信息中心转发或浏览中国气象局网站的方式获取气象卫星云图、天气雷达回波监视等气象信息服务。

2. 监测方式

水利测雨雷达是对近地面大气中的液态水实现无盲区超精细化格点扫描和测量的 X 波段固态双极化雷达，主要有机械型和相控阵型两种。机械型测雨雷达采用抛物面反射天线，通过机械旋转和俯仰的方式调整单波束方向进行空间扫描；雷达可以同时发射水平和垂直极化电磁波，可探测到降雨目标的双极化信息，从而实现较为精细的面雨量监测。相控阵型雷达由数量众多、独立控制的小型天线收发单元排列成天线阵面，通过控制阵列各个单元的馈电相位来改变波束指向，进行电子多波束扫描；水利双极化相控阵型测雨雷达将相控阵技术与双极化偏振技术相结合，既具备相控阵雷达快速电子扫描的特点，又拥有双极化雷达获取天气系统丰富探测信息的优势。在性能指标方面，机械型测雨雷达的时间分辨率小于等于 5min，空间分辨率小于等于 75m，无故障运行时间可达 3000h；相控阵型测雨雷达的时间分辨率小于等于 1min，空间分辨率小于等于 30m，无故障运行时间长达 4000h。

降水量自动监测设备主要有翻斗式雨量计、称重式雨量计、雨雪量观测仪器等成熟设备，在水文行业已得到广泛应用，基本实现降水量观测自动化。水位自动监测设备主要有浮子式水位计、压力式水位计、超声波水位计、雷达水位计、激光水位计等，先进技术和成熟设备在水文行业已得到广泛应用，水位观测自动化基本实现。基于高性能视频的水位观测系统已在长江委、黄委，以及浙江、广西等地得到成熟应用，目前正逐步在全国推广应用。

流量自动监测主要是通过监测断面上某点、线、面的流速，采用流速面积法计算断面流量。流速自动监测设备主要有固定声学多普勒流速仪、超声波时差法测速仪、定点式电波测速仪、侧扫电波测速仪、影像测速仪，不同仪器设备的区别在于流速测量精简程度不同，且设备的运行稳定性受流量、流速、风速等外界条件影响较大，需采用"一站一策"、多种技术和仪器设备组合，实现高中低水条件下流量在线监测。此外，采用堰槽、水工建筑物测流的测站，通过水力学法实现流量在线监测。

在线测沙仪主要是针对悬移质泥沙进行测定，按测量原理可分为光电式测沙仪、超声波测沙仪、振动式测沙仪、激光测沙仪、同位素测沙仪、称重式测沙仪、量子点光谱测沙仪等。光电式测沙仪已在黄河、淮河等流域推广应用，其中小浪底水文站经过两年比测试验后，测沙范围已扩展至含沙量 $375\text{kg}/\text{m}^3$ 以下。量子点光谱测沙仪研发应用取得突破，已在长江宜昌、汉口、九江等 9 个站及黄河花园口站开展泥沙比测试验，测沙范围拓展至 $16\text{kg}/\text{m}^3$，作业方式发展到定点、走航及非接触等形式。

3. 建设与应用成效

近年来，水文部门积极推进全国水文规划实施，多渠道争取投资，完善监测站网，提升监测能力，新建改建了一批测站、监测中心，加快构建雨水情监测预报"三道防线"。各地扎实开展水文监测查漏补缺工作，加快推进水文测验方式提档升级，运用各类流量在线监测系统、走航式 ADCP 监测设备、无人机、无人船等新装备，提高水文监测现代化能力。此外，新技术装备研发与推广应用明显增强，水利部信息中心会同河北、湖南两省在雄安新区和湘江流域开展了新一代相控阵型测雨雷达试点运行，实现了超精细化面雨量监测和短临预警。长江委量子点光谱测沙仪研发取得新突破，含沙量测量范围、作业方式与测验项目不断拓展。黄委加强技术攻关，便携式雷达冰厚测量仪正式批复投产，定点式水冰情一体化监测雷达实现冰厚实时在线监测。安徽积极开展雷达测雨试点应用。宁夏采用定点雷达、定点 ADCP、侧扫雷达、视频测流等新设备，多措并举，有效提升多沙河道、渠道、山洪沟道水量水质自动监测覆盖率。

雨水情监测预报"第一道防线"在中小河流洪水、山洪灾害监测预警中发挥了重要作用。水利部信息中心通过研发风云 4 号和葵花 9 号静止轨道气象卫星多通道遥感云图产品识别强对流暴雨云团算法，实现暴雨云团覆盖范围实时提取和外推 3h 预报，实现了对未来 1～3h 可能发生强降雨风险地区（地市级）的自动化预警，但精度还有待进一步提高，定量化预警难度大。2023 年以来，水利部通过蓝信逐小时实时自动发送未来 3h 降雨风险区域（地市级）预警，向部本级和各流域机构发送卫星云图强降雨风险预警 314 次、49932 人次，累计涉及 1507 个地市。利用气象部门共享的天气雷达实时数据，开展了人工分析雷达拼图回波，制作发布地市级短临暴雨预警（1～3h）并直达防御一线。据初步统计，2023 年以来，水利部通过蓝信群向水利系统内部发送雷达短临暴雨预警 118 次、66080 人次，涉及 1202 个地市，合格率达 55%。

与此同时，深入推进湖南、河北等典型流域水利相控阵测雨雷达试点区降雨监测和临近暴雨预报预警应用，结合国家重点研发计划"多尺度流域水资源和水利设施遥感监测应用示范"项目实施，目前已在河北雄安新区、湖南捞刀河浏阳河流域实现了基于 7 部相控阵型测雨雷达的自动化乡镇级雷达短临暴雨定量化分级（蓝、黄、橙、红）预警。湖南试点区已将测雨雷达估算降水网格化数据接入浏阳河洪水预报系统，在椑梨水文站数字孪生平台"四预"系统中试运行，在圭塘河流域进行洪水预警预报试点。据湖南省水文水资源勘测中心监测分析评估，通过 2022 年开展的 5 次洪水定性预警应用，接入测雨雷达数据的预测情况与实测洪水趋势基本一致，其中在 2022 年 5 月 10 日圭塘河暴雨洪水预测预警中取得良好效果，提高预报精度 7%，延长洪水预见期 1h。

3.1.3 水文预报模型研究现状

水文模型是对自然界中复杂水循环过程的近似描述，是水文科学研究的一种手段和方法，也是对水循环规律研究和认识的必然结果。水文模型的发展最早可以追溯到 1850 年 Mulvany 所建立的推理公式。1932 年由 Sherman 提出的单位线概念、1933 年由 Horton 提出的入渗方程、1948 年由 Penman 提出的蒸发公式等，则标志着水文模型由萌芽时期开始向发展阶段过渡。20 世纪 60 年代以后，水文学家结合室内外实验等手段，不断探索水文循环的成因变化规律，并在此基础上，通过一些假设和概化，确定模型的基本结构、参数及算法，开始了水文模型的快速发展阶段，研究和开发了很多简便实用的概念性水文模型，如美国的斯坦福流域水文模型（SWM）、萨克拉门托模型（Sacrament）、SCS 模型，澳大利亚的包顿模型（Boughton），欧洲的 HBV 模型，日本的水箱模型（Tank）以及我国的新安江模型等，以物理过程为基础的水文数学模型是洪水预报常使用的方法，在随后 30 年的实际工程中得到大量应用。进入 20 世纪 90 年代以来，随着地理信息系统（GIS）、全球定位系统（GPS）以及卫星遥感（RS）技术在水文学中的应用，考虑水文变量空间变异性的分布式水文模型日益受到重视，逐渐成为水文模型的重要发展方向，其可以与 DEM 相结合，以偏微分方程控制基于物理过程，可充分考虑降雨和下垫面信息的时空异质性，能更详细地描述流域降雨径流过程。较为著名的分布式水文模型有欧洲的 SHE 模型、英国的 IHDM 模型、美国的 SWAT 模型和 VIC 模型等。此外，分布式水文模型能更有效地应用遥感影像提供的大量地理空间信息，例如来自雷达和卫星的高分辨率降水产品或数值天气预报产品等。

3.1.3.1 分布式水文模型

传统的流域水文模型大多为概念性模型，又分为集总模型（lumped model）和分布式模型（distributed model）两种。集总模型忽略了各部分流域特征参数在空间上的变化，把全流域作为一个整体。分布式模型按流域各处地形、土壤、植被、土地利用和降水等的不同，将流域划分为若干个水文模拟单元，在每一个单元上用一组参数反映该部分的流域特性。

国外分布式水文模型的研究最早于 1969 年由 Freeze 和 Harlan 提出。随后，Hewlett

和 Troenale 在 1975 年提出了森林流域的变源面积模拟模型。在该模型中，地下径流被分层模拟，在坡面上的地表径流被分块模拟。1979 年，Bevenh 和 Kirbby 提出了以变源产流为基础的 TOPMODEL 模型。该模型基于 DEM 推求地形指数，并利用地形指数来反映下垫面的空间变化对流域水文循环过程的影响，模型的参数具有物理意义，能用于无资料流域的产汇流计算。但 TOPMODEL 并未考虑降水、蒸发等因素的空间分布对流域产汇流的影响，因此，它不是严格意义上的分布式水文模型。而由 Beven、Abbott、Bathurst、Chapters 等联合研制及改进的 SHE（system hydrologic european）模型则是一个典型的分布式水文模型。在 SHE 模型中，流域在平面上被划分成许多矩形网格，这样便于处理模型参数、降雨输入以及水文响应的空间分布特性；在垂直面上，则划分成几个水平层，以便处理不同层次的土壤水运动问题。SHE 模型为研究人类活动对于流域的产流、产沙及水质等影响问题提供了理想的工具。1980 年，Morris 进行了 IHDM（institute of hydrology distributed model）的研究，根据流域坡面的地形特征，流域被划分成若干部分，每一部分包含有坡面流单元，一维明渠段以及二维（在垂面上）表层流及壤中流区域。Beven 等和 Calver 等对 IHDM 模型进行了改进。1994 年，美国农业研究中心（ARS）开发了一个具有很强物理机制的、长时段的流域水文模型——SWAT（soil and water assesment tool）模型。该模型通过 GIS 和 RS 提供的空间信息能实现复杂大流域中多种不同的水文物理过程的模拟，且可采用多种方法将流域离散化（一般基于栅格 DEM），能够响应降水、蒸发等气候因素和下垫面因素的空间变化以及人类活动对流域水文循环的影响。Grayson 等提出了一个基于矢量高程数据的分布式参数模型——THALES 模型。此外，USGS 模型、WATFELOOD 模型、PRM 模型等均为分布式水文模型。

　　国内对分布式水文模型的研究起步较晚，跟 GIS、RS 技术和水文过程的融合相对还不是很成熟，大部分是在模型改进及应用方面或针对某一流域提出的模型等方面进行研究，但经过专家和学者的探索研究，有很大的进展和突破。2000 年，郭生练等提出和建立了一个基于 DEM 的分布式流域水文模型，并成功用于小流域的降雨-径流模拟。2003 年，夏军等提出时变增益流域水文模型，且将其用在黑河干流山区，能在资料不全或受不确定性干扰下，获得较好的模拟效率。刘志雨等将增加了计算模块并做出改进的 TOP-KAPI 模型用于淮河息县流域。2004 年，张洪刚等引入将贝叶斯方法，显著提高了洪水预报的精度。袁飞等提出基于栅格 DEM 生成栅格水流流向，生成数字流域水系，在栅格上采用新安江模型进行产汇流计算，并运用 Muskingum - Cunge 法在栅格上进行洪水演算，洪水拟合精度较高。2005 年，贾仰文等以黄河流域为研究案例，开发了 WEP - L 模型，对水文站逐月、日径流进行模型校准。2006 年，王光谦等提出了黄河数字流域模型，适用于黄河流域的水沙过程连续模拟。2008 年，许继军等利用雷达测雨数据，应用到清港河和香溪两个小流域，与分布式水文模型相联合，捕获降雨空间分布，可以有效提高洪水预报精度。2009 年，王贵作等提出将栅格垂向混合产流机制应用到寒旱区水文过程模拟中，模拟结果是可被接受的。除此之外，王本德用 ISODATA 迭代模型把洪水分成三类，并用 BP 神经网络判别洪水所属类别，应用于大伙房水库流域，模拟结果显著提高了洪水预报精度。

3.1.3.2　遥感、地理信息在水文模型中的应用情况

遥感技术起源于 20 世纪 60 年代，是一项适用性极广的探测技术，在水文水资源学科领域中，可作为一种信息源。由于遥感产品的时空连续性、尺度多样性等特点，它在扮演"数据获取者"角色的同时，也是"信息生产者"，因此，遥感技术在研究分布式水文模型时扮演了举足轻重的角色。当前，遥感技术可用于探测土壤理化性质、土壤蒸发与植被蒸腾、地质、地形地貌、土地利用、河网水系等众多下垫面信息，也可以获取降雨的空间分布特征、估算区域蒸散发、监测反演土壤含水率等，这些要素正是研究分布式洪水预报模型不可缺少的输入性信息。水文模型模拟结果在很大程度上依赖于输入数据。只有获得详细的地形、地质、土壤、植被和气候资料，才能准确地模拟气候和土地利用变化对水文过程的影响。这意味着，如果数据不充分或不准确，可能会导致模拟结果不够准确。因此，需要高度重视数据收集和质量控制，以确保模型模拟结果的准确性。通过遥感技术，还可以弥补传统监测资料的不足，在没有资料的地区可能是唯一的数据源，极大地丰富了水文模型的数据源。国外早期的研究主要是利用遥感产品提取流域地物信息、估算水文模型参数等，后期研究才逐渐利用遥感信息研发水文模型。国内也有这方面研究的尝试，主要集中在运用遥感产品获取流域水文模型的输入信息和参数率定方面。

地理信息系统是一个必要的技术支持平台，用于描述具有高时空异质性的水文过程，可以快速、自动和合理地将研究流域划分为不同的部分。ArcGIS 系列产品就能自动形成网络和不规则三角形网格，并根据网格型数字高程，通过自动填注、水流方向计算、汇流累积计算生成流域水系和分水岭。近年来，地理信息系统在水文模型开发中的应用已经变得非常普遍。由于其强大的空间数据分析和处理能力，水文模型的研究手段得到了颠覆性的转变。地理信息系统不仅可以用于模型输入和输出，而且可以将水文模块嵌入到系统中，使研究者能够轻松地进行模型研发，而不需要再设计水文模型本身。就目前的研究和应用来看，地理信息技术与水文模型的结合主要表现为三种方式，即在相关软件中嵌入水文分析模块、水文模型软件中嵌入部分 GIS 工具、相互耦合嵌套形式。分布式水文模型研发中，地形是十分关键的要素，地理信息技术用于分布式水文模型，可以用来获取、操作、显示这些与模型有关的空间数据和计算成果，使模型进一步细化，从而揭示水文过程中各类现象的机理。

基于遥感和地理信息技术搭建分布式水文模型，是攻克水文过程高时空异质性难题的必要技术支撑。概念性集总式水文模型是以整个流域为计算单元，统一进行产汇流计算。将整个流域中的降雨、下渗、蒸发、产汇流等水文过程统一概化，虽然具有一定的物理基础，但其没有考虑流域内降雨和下垫面条件的高时空异质性特征，不能真实体现自然界水文系统分散输入集中输出的产汇流规律。分布式水文模型相比于集总式水文模型，使模型在处理降雨和下垫面条件的时空不均匀性方面得到了改进，也更重视对水文过程物理基础的描述。目前在地理信息平台的支持下，可自动提取研究流域的水系、河网、分水岭等地形参数，还能根据河网水系自动生成子流域、计算网格以及不规则三角网格。基于遥感影像可获取研究流域地形地貌、土地利用、土壤墒情、土壤孔隙、植被、水文地质等信息的空间分布特征，将其与降雨、子流域、计算网格等分布特征进行叠加，可获得每个子流域（独立网格）的下垫面信息。在建模过程中，依次在每一个子流域中建立数字产流模型，再根据河网结构拓扑关系建立数字河网汇流模型，从而形成具有高分辨率、高容纳异质性的分布式水文模型。这些子流域与全流域的水文过程相互关联，通过偏微分方程及其定解条件来描述和控制，需联立求解子流域对全流域的贡献关系方程。遥感和地理信息技术的发展，使分布式水文模型在刻画复杂时空变异的水文过程时，能够做到"面面俱到、无孔不入、无微不至"。

在全球气候变暖的背景下，我国暴雨极端性越来越突出，中小河流洪水和山洪等灾害频繁发生，给人民群众生命财产带来严重威胁，因此水利部门迫切需要提升致灾暴雨精细监测、精准预报预警能力。水利测雨雷达系统是数字孪生流域建设中"空天地"一体化感知体系的重要组成部分，具备全天候、大范围、精细网格化降雨主动监测和临近降雨预报等能力，日益成为致灾暴雨监测预报预警的重要技术手段，也为水文预报模型延长预见期、提高预报精度提供了基础条件。

3.2　大流域分布式物理水文模型

针对特大型流域具有水利工程的特点，提出一个可对特大型流域水文过程进行精细化模拟的、便于采用并行计算方法进行高效计算的分布式物理水文模型。模型的总体思路：采用 DEM 对整个流域进行划分，从水平方向和垂直方向将流域划分成一系列的单元，各个单元被看作是一个有物理意义的单元流域，各个单元流域有自己的流域物理特性数据，包括 DEM、植被类型、土壤类型和降雨量，在单元流域上计算蒸散发量及产流量，在计算蒸散发量及产流量时，不考虑相邻单元的影响，即认为各个单元流域上的蒸散发量及产流量的产生是相互独立的，各单元上产生的径流量通过一个汇流网络从本单元开始，进行逐单元的汇流，至流域出口单元。整个模型分成流域划分、蒸散发计算、产流计算、水库控制计算、汇流计算五个相互独立的部分，每个部分是一个功能独立的模块。

流域划分模块将一个研究流域按一定的方法划分成多个单元，或称单元流域，并对各个单元流域进行数据挖掘，确定各个单元流域上的物理特性数据，如数字地形高程、地表植被类型、土壤类型以及确定各个单元流域上的降雨量。降雨可以是雨量计实测，也可以是通过其他方式估算或预报的降雨，甚至是通过全球变化模式预估的降雨，但都需要通过空间插值的方法生成单元上的降雨量。蒸散发计算模块根据单元流域上的降雨量及土壤前期湿润指标，计算确定各个单元流域上的蒸散发量。产流计算模块根据单元流域上的降雨量、蒸散发量，计算确定各个单元流域上的产流量，并将其划分成地表径流、壤中流和地下径流。水库控制计算模块根据水库的当前水位、模拟的入库流量及水库的控制策略，确定水库的下泄流量。汇流计算模块对各单元流域上产生的径流进行汇流计算，确定流域上各个单元及控制点的水文过程。汇流分成边坡汇流、河道汇流、水库汇流、壤中流汇流和地下径流汇流五种类型。为了在水文过程连续模拟中提高计算效率，模型以变时间尺度开展模拟计算，在每年的汛期，以小时作为计算时段，以准确模拟洪水的变化过程，而在非汛期，则以日作为计算时段，主要模拟水资源量的变化。

3.2.1　单元划分与模型分区

采用正方形网格（squared grid）数字地形高程模型对流域进行划分，将整个流域沿水平方向划分成一系列大小相等的正方形单元，被称为单元流域（简称"单元"）。单元流域为一个物理意义上的流域，具有独立的流域物理特性和降雨量。

对单元流域，沿垂直方向又分成三层，分别为植被覆盖层、地表层和地下层。

植被覆盖层为从地表面至树叶顶部的空间区域，主要包括各种植物在地表以上的部分。

地表层是从地表面往地下若干深度的浅表土壤层。该层具有一定的蓄水能力，蓄水量由单元上产生的净雨补充，地表层的含水量主要用于作物生长用水（散发）及其可能的蒸发。

地下层为地表层以下的含水层，在降雨期间通过地表层下渗补给水量。地下水在地下层缓慢运动，在流域出口产生一定流量，其大小较为稳定，变幅不大。

单元流域被分成四种不同的类型，分别为边坡单元、河道单元、水库单元和内控单元。边坡单元为处于流域边坡上的一类单元，具有明确的土地利用类型，在边坡单元上产生地表径流、壤中流和地下径流；河道单元为以较明确的河道形态进行汇流的单元，河道单元上只考虑地表径流，汇流按河道汇流进行计算；水库单元为由于兴建水库而处于水库淹没区内的单元，设置水库单元后，可以通过在水库单元上采用不同的蒸散发和产汇流方法来考虑水利工程对流域水文过程形成规律的影响；内控单元是模型中的一类特殊单元，是水库大坝所在的单元，该单元上的径流量即为水库的入库径流量，而其出流量则是水库的下泄流量。一般单元上径流量与出流量相等，但内控单元上的径流量与出流量不等，即内控单元具有径流调蓄能力，这就刻画了水库的调蓄能力。因此，设置内控单元的目的就是考虑水利工程对天然径流过程的调蓄作用。通过设置水库单元和内控单元，就巧妙地将水利工程的特性与单元属性关联到了一起，将水利工程的特性与水文模型耦合了起来，不仅可以在模型中考虑水利工程对流域水文过程形成规律的影响，也可以在模型中考虑水利工程运行对水文过程的调蓄作用。只有通过分布式物理水文模型才可能做到这一点。

对不同的单元，分别设置不同的单元属性，属性是与参数不同的数据，属性是原始数据，可直接测量，与模型参数不同。模型参数是可根据属性确定的，用于产汇流计算的、人为定义的系数，难以直接测定。边坡单元属性包括高程、植被类型、土壤类型；河道单元属性包括河底高程、底宽、底坡、侧坡；水库单元属性包括河底高程、水面高程；内控单元属性包括库容-水位关系曲线、水库运行控制策略。

在全流域单元划分完成后，再对全流域单元按水文形成规律的不同进行分区，一般按一级流域分区，因为一级流域也是一个完整的流域，流域内水文过程形成规律可能会比较一致，但若一级流域规模仍然很大，则还可以继续分区。另外，若流域内有水利工程，则该水利工程所控制的区间也可分成一个单独的区。这样的分区称为水文分区。水文分区的目的是便于在每个水文分区上采用不同的模型结构或确定模型参数，以实现全流域水文模拟模型的结构优化。

3.2.2　水库控制计算方法

水库是具有调蓄能力的水利工程，根据调蓄能力的大小，水库可以分成日调节、季调节、年调节和多年调节等类型，水库的调蓄能力越强，水库对流域水文规律的影响越大，对水文过程的调节程度越高，水库控制计算模块的目的就是在水文模型中定量描述这些影响。水库的控制计算就分为对水文形成规律的影响的刻画和对水文过程调节的计算。刻画水利工程对水文形成规律的影响，在对单元进行分类时就自动实现了，因为处于水利工程影响区的单元的产汇流计算方法不再是按原来的边坡或河道的产汇流计算方法，而是采用水库产汇流计算方法。水库对水文过程调节的计算，则需采用专门的方法。

水库通过闸门的运行及电站的发电运行或其他多目标利用方式来实现对河流径流的控制，水库在规划设计或建成运行后，一般都有一个法定的运行规则，这个规则根据水库的当前水位、或者再考虑预估来水或前一时段来水来综合确定水库的下泄流量。目前我国的水库一般都有多种运用目标，水库的运用目标不同，运用规则也不同。我国的大部分水库都有防汛任务，在汛期，对水库水位的控制严格按照防汛要求执行，不能随意调整；在非汛期，水库多以发电为主，此时，河川来水较少，水库为了多发电，提高经济效益，多采用控制水库在较高水位运行的方式发电，使得河川径流的变化较为剧烈，有些时段放水多，有些时段放水少，对水资源的高效利用不利。为了解决径流的丰枯不均给水资源利用带来的不利因素，部分水库开始转变运行方式，在非汛期除考虑发电外，还考虑流域供水的要求。

水库控制计算首先就要根据水库当前实际实施的调度规则，将其数值化，变成数学函数，使其可以在水文模型的计算中根据当前情况实现自动计算。这一调度规则可用如下的函数来描述，称为调度规则函数：

$$Q_{i,t}=(q_{i,t},Z_{i,t}) \tag{3.2-1}$$

式中：$Q_{i,t}$ 为 i 水库 t 时段的下泄流量；$q_{i,t}$ 为入库流量，由模拟模型计算确定；$Z_{i,t}$ 为水库的当前水位。有些水库的运行规则不考虑 $q_{i,t}$ 的影响，仅考虑 $Z_{i,t}$ 的影响。

在模拟计算中，$Z_{i,t}$ 的值是已知的，$q_{i,t}$ 由模拟模型计算确定后，就可以根据式（3.2-1）确定，则水库的下时段水位 $Z_{i,t+1}$ 可以根据水库的水量平衡公式计算确定，这样就可以逐时段、逐单元地进行连续的水文过程模拟。

在实际模拟中，如果需要改变水利工程的调度规则，只要修改调度规则函数就可以。通过设置不同的调度规则函数，还可以模拟不同水利工程运行情况下的水文过程变化，从而优选水利工程的运行方式。

3.2.3　水文过程模拟方法

1. 蒸散发过程

研发的大流域分布式物理水文模型蒸散发计算公式如下：

$$\begin{cases} E_s=\lambda E_p, \theta>\theta_{fc} \\ E_s=(1-\lambda)E_p \dfrac{\theta-\theta_w}{\theta_{fc}-\theta_w}, \theta_w<\theta\leqslant\theta_{fc} \\ E_s=0, \theta\leqslant\theta_w \end{cases} \tag{3.2-2}$$

式中：E_s 为实际蒸散发量；θ_{fc} 为单元流域的田间持水率，%；θ_w 为凋萎含水率，%；θ 为土壤当前含水率，%；E_p 为潜在蒸发率，根据水面蒸发率确定；λ 为蒸发系数，与土地利用类型有关，对于水面单元，λ 取 1，对于其他土地利用类型，λ 小于 1。

2. 产流过程（蓄满、超渗）

当土壤含水量超过田间持水量时，发生下渗，达西公式和水量平衡公式分别为

$$\frac{\partial Q_{lat}}{\partial x} + Lz \frac{\partial \theta}{\partial t} = r - Q_{per} \tag{3.2-3}$$

$$Q_{lat} = v_{lat} Lz \tag{3.2-4}$$

式中：z 为土壤层厚度；L 为单元流域宽度；Q_{lat} 为壤中流流量；v_{lat} 为壤中流流速；θ 为土壤层含水率，%；r 为时段内单元上的径流补给量，包括单元上产生的净雨量和上单元汇入的壤中流；Q_{per} 为渗漏量。

假定壤中流水面和地表坡度相同，由达西公式，壤中流流速 v_{lat} 为

$$\begin{cases} v_{lat} = K \cdot \tan(\alpha) = K \cdot S_0, \theta > \theta_{fc} \\ v_{lat} = 0, \theta \leqslant \theta_{fc} \end{cases} \tag{3.2-5}$$

式中：α 为单元坡度，rad；S_0 为单元坡度（比率）；θ_{fc} 为田间持水率，%；K 为土壤当前水力传导率（非饱和水力传导率）。

由于非饱和状态下水分主要在流动阻力较大和流程较为曲折的小孔隙中流动，所以介质的非饱和水力传导率一般小于其饱和水力传导率，而且还是基质势或含水率的函数。一般来说，非饱和水力传导率随含水率或基质势的减小（或吸力的增大）而急剧降低，降低的程度主要体现了介质微观几何结构的影响。通过对大量试验数据的拟合分析，Campbell 提出了如下的经验公式（简称 Campbell 公式）：

$$\frac{K}{K_s} = \left(\frac{\theta}{\theta_{sat}}\right)^{2b+3} \tag{3.2-6}$$

式中：θ、θ_{sat} 分别为土壤非饱和含水率（当前含水率）与饱和含水率（相当于介质孔隙度）；K 为含水率为 θ 时的非饱和水力传导率；K_s 为饱和水力传导率，量纲为 $[L/T]$；b 为土壤特性参数。

渗漏量的计算如下：

当土壤层中的蓄水量超过田间持水量时便向地下水层渗漏，地下水渗漏流速 v_{per} 由达西公式计算：

$$\begin{cases} v_{per} = K, \theta > \theta_{fc} \\ v_{per} = 0, \theta \leqslant \theta_{fc} \end{cases} \tag{3.2-7}$$

土壤层向地下水层的渗漏量为

$$Q_{per} = v_{per} \cdot L \cdot L \tag{3.2-8}$$

3. 汇流过程

分布式物理水文模型汇流过程中，壤中流汇流采用达西公式计算；边坡汇流采用二维扩散波法计算；河道汇流采用扩散波法计算；水库汇流采用平移法计算；地下径流采用线性水库法计算。

边坡汇流计算采用二维扩散波法。

连续方程：

$$\frac{\partial h}{\partial t} + \frac{\partial q_x}{\partial x} + \frac{\partial q_y}{\partial y} = e \tag{3.2-9}$$

动量方程：

x 方向：

$$\frac{\partial u}{\partial t} + u\frac{\partial u}{\partial x} + v\frac{\partial u}{\partial y} = g\left(S_{0x} - S_{fx} - \frac{\partial h}{\partial x}\right) \tag{3.2-10}$$

y 方向：

$$\frac{\partial v}{\partial t} + u\frac{\partial v}{\partial x} + v\frac{\partial v}{\partial y} = g\left(S_{0y} - S_{fy} - \frac{\partial h}{\partial y}\right) \tag{3.2-11}$$

式中：h 为水深；q_x 为 x 方向流量；q_y 为 y 方向流量；e 为降雨量；f 为渗透率；t 为时间；$S_{0(x,y)}$ 为二维方向的底坡；$S_{f(x,y)}$ 为二维方向的摩擦；u、v 为二维平均速度；g 为重力加速度。

河道汇流采用一维扩散波，即忽略圣维南方程组的运动方程中的惯性项，考虑摩阻比降 S_f 与坡度 S_0 及压力项的差。相应的圣维南方程组如下：

$$\frac{\partial Q}{\partial x} + \frac{\partial A}{\partial t} = q \tag{3.2-12}$$

$$S_f = S_0 - \frac{\partial h}{\partial x} \tag{3.2-13}$$

有限差分法离散圣维南方程组的质量方程：

$$\frac{\Delta t}{\Delta x}Q_{i+1}^{t+1} + c(Q_{i+1}^{t+1})^b = \frac{\Delta t}{\Delta x}Q_i^{t+1} + c(Q_{i+1}^t)^b + q_{i+1}^{t+1}\Delta t \tag{3.2-14}$$

牛顿迭代法计算公式：

$$[Q_{i+1}^{t+1}]^{k+1} = [Q_{i+1}^{t+1}]^k - \frac{\dfrac{\Delta t}{\Delta x}[Q_{i+1}^{t+1}]^k + c([Q_{i+1}^{t+1}]^k)^b - \dfrac{\Delta t}{\Delta x}Q_i^{t+1} - c(Q_{i+1}^t)^b - q_{i+1}^{t+1}\Delta t}{\dfrac{\Delta t}{\Delta x} + cb([Q_{i+1}^{t+1}]^k)^{b-1}}$$

$$\tag{3.2-15}$$

式中：Q 为过水断面流量；A 为过水断面面积；Q_i^{t+1} 为该单元的 $t+1$ 时刻的破面入流量；Q_{i+1}^{t+1} 为该单元的上一邻接单元 $t+1$ 时刻的坡面流量。

水库汇流采用平移法进行计算，水量平衡公式为

$$\frac{1}{2}(Q_{t+1} + Q_t) - \frac{1}{2}(Q_{t+1}' - Q_t') = (V_{t+1} - V_t)/\Delta t \tag{3.2-16}$$

$$Q' = f(V) \tag{3.2-17}$$

式中：Q_t'、Q_{t+1}' 分别为水库 t 时段初、末的下泄洪水流量；V_t、V_{t+1} 分别为水库 t 时段初、末的蓄水量；$Q' = f(V)$ 为水库蓄水量与下泄洪水流量的关系函数。

通过迭代计算确定水库时段末的下泄流量，通过库容-水位关系曲线确定水库时段末的水位，进行预报水库水位的变化。水库水位预报，需要提供初始水位或蓄水量；对河道型水库或水库末端，需按照河道汇流计算方法。

地下径流汇流计算采用线性水库法，计算公式为

$$Q_{g,t+\Delta t} = \omega Q_{g,t} + (1-\omega)Q_{per} \tag{3.2-18}$$

式中：$Q_{g,t}$ 为时段初的地下径流出流量；$Q_{g,t+\Delta t}$ 为时段末的地下径流出流量；Q_{per} 为时段内

流域总地下径流补给量，为各单元上的地下径流补给量之和；ω 为消退系数，一般取 0.996～0.998，大流域分布式物理水文模型框架如图 3.2-1 所示。

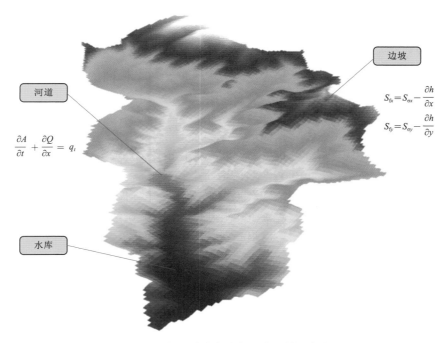

图 3.2-1　大流域分布式物理水文模型框架图

3.2.4　模型参数推求

　　基于对分布式物理水文模型参数具有物理意义的认识，将参数分成四类：第一类是与气候因素有关的参数，称为气候参数；第二类是与地形有关的参数，称为地形参数；第三类是与土壤类型有关的参数，称为土壤参数；第四类则是与土地利用类型有关的参数，称为土地利用参数。气候参数为潜在蒸发率；地形参数包括流向和坡度；土壤参数包括土壤层厚度、饱和含水率、田间持水率、凋萎含水率、土壤饱和水力传导率和地下径流消退系数；土地利用参数包括糙率和蒸发系数。由于河道的糙率与河道表面的粗糙度有关，也被归纳为土地利用参数。每一类参数与其相关联的物理属性相关，根据土壤的物理特性来确定相应的模型参数。将参数分成不可调参数和可调参数，不可调参数直接通过流域物理特性数据确定，可调参数通过流域物理特性数据确定后，可视情况对参数进行调整，也可不调整。不可调参数包括潜在蒸发率、流向和坡度，其他参数均为可调参数。可调参数进一步被分为高度敏感参数、敏感参数和不敏感参数。潜在蒸发率主要根据区域的气候条件确定，流向按照八方向坡面流累积法（D8 法）确定，坡度根据 DEM 进行计算。

　　可调参数的初值确定方法如下：

　　（1）根据收集到的流域内的土壤类型和土地利用类型，确定各个单元上的土壤类型和土地利用类型。

　　（2）土地利用参数和气候参数的确定，目前国内外有较多的参考文献和实验结果，可根据这些文献确定土地利用参数和气候参数。

（3）土壤参数确定的参考文献较少，土壤参数中的饱和含水率、田间持水率和饱和水力传导率，本书提出采用由 Arya 等提出的土壤水力特性计算器来进行计算，该计算器的程序由 Saxton 等开发，并可实现在线计算；而对于土壤厚度，则主要依靠当地的经验确定。根据专家组的前期研究经验，按上述方法确定的模型参数初值具有较高的可信度。

参数优选可降低模型参数的不确定性，利用粒子群算法开展了优选模型参数的初步研究，针对各个水文分区开展模型参数优选。

3.2.5　降雨融合技术

天气雷达探测资料具有时空分辨率高的特点，目前国内雷达定量降水估计（quantitative precipitation estimation，QPE）产品的时空分辨率已经达到 1km/分钟～小时产品，新一代气象雷达空间分辨率更高，达到百米级空间分辨率。我国雷达 QPE 业务产品普遍采用 $Z-R$ 关系估测降水率，并根据地面降水进行误差订正的方法，本书利用长序列多源降水资料，通过局部偏差订正技术、波束补偿技术、降雨融合新技术等方法降低不同雷达的空间不均一性，最终生成全国组网的雷达 QPE 产品数据集，采用雷达-雨量计融合法，形成临近 2h 预报降雨＋2h 后气象数值模型预报降雨组合方式，延长降雨预见期，实现短期、中期和长期预报，提高降雨预报精度。

3.2.5.1　QPE 产品降雨定量估算方法

利用多普勒雷达估算降雨量，主要是根据雷达所测量的降雨回波率，通过 $Z-R$ 关系，估算流域降雨量。

$$Z=aR^b \tag{3.2-19}$$

式中：Z 为雷达降雨反射率因子，mm^6/m^3；R 为降雨率，mm/h；a 和 b 为系数，除与雷达本身有关外，还与当地的地形、气候及降雨成因有很大关系，雷达一般在出厂时根据制造时的设备状况进行了标定，国产多普勒雷达一般取 $a=300$、$b=1.4$。在雷达的实际应用中，一般测量的是雷达的回波强度，单位用 dbz 来表示，其与降雨反射率因子 Z 的关系如下：

$$dbz=10\lg Z \tag{3.2-20}$$

为提升降雨信息的准确性，需要对其进行实时校正。目前主要方法有单点校正法、平均校正法、空间校正法、卡尔曼滤波校正法和变分分析法。卡尔曼滤波校正法具有较为成熟的理论和计算方法，但实际使用的效果不佳，平均校正法和空间校正法应用较多且有较好的效果，是国内外主流应用方法。

1. 卡尔曼滤波校正法

在连续的预报过程中，通过引入实时观测数据，卡尔曼滤波不断更新预报模型的状态，以减少预报误差。

设 x_t 为状态变量，K_t 为卡尔曼增益，z_t 为观测值，H_t 为观测矩阵，则状态更新公式为

$$x_{t|t}=x_{t|t-1}+K_t(z_t-H_t x_{t|t-1}) \tag{3.2-21}$$

卡尔曼增益计算公式为

$$K_t=P_{t|t-1}H_t^T(H_t P_{t|t-1}H_t^T+R_t)^{-1} \tag{3.2-22}$$

式中：P_t 为协方差矩阵；R_t 为观测噪声协方差矩阵。

通过实时更新这些参数，卡尔曼滤波提高了降水预报的精度和可靠性。

2. 平均校正法

假设流域上有 N 个校准雨量计，则流域的平均校核因子 Δp 的计算式为

$$\Delta p = \frac{1}{N} \sum_{i=1}^{N} \frac{G_i}{I_i} \tag{3.2-23}$$

式中：G 为雨量计测雨值；I 为雷达单元上的估算雨量。平均校正法是把 Δp 与子流域上的各雷达单元上的雷达估算值 I 相乘，得到雷达单元上的校正降雨量，平均校正法对同一流域上的所有单元均采用相同的校正系数。

3. 空间校正法

通过分析地理信息系统中的空间数据，考虑不同位置之间的关联性，以识别预报中的空间偏差，对降水预报进行校正。

设 $Z(x)$ 为位置 x 的预测值，$Z^*(x_0)$ 为位置 x_0 的校正后预测值，则校正公式为

$$Z^*(x_0) = \sum_{i=1}^{N} \lambda_i Z(x_i) \tag{3.2-24}$$

式中：N 为观测雨量计的个数；λ_i 为权重系数。

空间校正的关键在于空间权重的确定，通常利用距离平方倒数法或克里金法来计算。

数据同化步骤如下：

（1）对短缺数据进行插补延长，首先对一次体扫数据短缺的检测，并对所有短缺数据进行插补延长。

（2）对异常点进行同化，首先检测异常点，然后对异常点进行同化。

（3）对晴空回波进行同化，即对所有网格点，检测其值的大小，若小于有效回波阈值，则令该点的回波率为 0，若大于有效回波阈值，则该点的值不变。

3.2.5.2 雷达-雨量计降水融合算法

雷达监测具有高时空分辨率的优点，地面雨量计监测具有提供高精度点尺度降雨观测值，但无法精细化捕捉对流性强降水的空间分布，且 QPE 产品估算精度受雷达观测偏差和 $Z-R$ 关系等因素影响，为了集成以上雷达和雨量计测雨产品的优点，本书提出雷达-雨量计降水融合算法，包括雨量站监测数据点插值到面、雨量计校正 QPE 产品和雷达-雨量计降水融合三个步骤。

1. 雨量站监测数据点插值到面——克里金（Kriging）法

通过雨量计可获取其所在空间位置的单点降雨观测数据，需要通过插值转换为时空连续区域降雨数据。一般可采用克里金插值法，此方法不但考虑了采样点和预测点的相对位置，同时还考虑了各采样点间的相对位置关系。公式如下：

$$Z(x_0) = \sum_{i=1}^{n} \lambda_i Z(x_i) \tag{3.2-25}$$

式中：$Z(x_i)$ 为区域变化量、观测值；$Z(x_0)$ 为距离为 x_0 处的估计值，此为已知观测值的加权和；λ_i 为第 i 个采样点的测量值的权重。估计值降雨量与观测降雨量存在相关关系，与距离和相对方向变化两个因素有关。基于变异函数理论和结构，对观测区域选区的

采样点在所在预测区域进行无偏最优估计，因此权重 λ_i 的选取标准是需要同时满足无偏性和估方差最小。

无偏性公式如下：

$$\sum_i^n \lambda_i = 1 \tag{3.2-26}$$

估方差最小公式如下：

$$\sum_i^n \lambda_i C(x_i, y_i) + \mu = C(x_{i0}, y_i), \ j = 1, 2, \cdots \tag{3.2-27}$$

式中：$C(x_i, y_i)$ 为 $Z(x_i)$ 和 $Z(x_j)$ 的协方差函数；μ 为拉格朗日乘数，此时 λ_i 在无偏和最小方差条件下，依赖于变异函数计算结果而求解。经验半变异函数 $\gamma(h)$ 的估计值 $\gamma^*(h)$ 计算公式为

$$\gamma^*(h) = \frac{1}{2N(h)} \sum_i^{N(h)} \left[Z(x_i) - Z(x_i + h) \right]^2 \tag{3.2-28}$$

式中：h 为滞后距离；$N(h)$ 为相距距离为 h 的采样点组数。

采用球面模型显示空间相关性减小到超出某个距离后为 0 的过程，符合降水采样点与周围点的相关性特点。

2. 雨量计校正 QPE 方法

受地形影响，雷达在扫描时易受地物遮挡，导致雷达回波信号减弱，使得 QPE 产品降水量偏低，当降水云云体较低且离雷达中心较远时，雷达扫描会探测到云体上部的信息，此时反射率一般较弱，也会导致 QPE 产品降水偏低，因此需要用雨量计观测数据进行订正。订正方法如下：

$$e_i = r_i - g_i \tag{3.2-29}$$

$$R_e = \frac{\sum_{i=1}^N e_i w_i}{\sum_{i=1}^N w_i} \tag{3.2-30}$$

式中：e_i 为第 i 个雨量计对应与雷达 QPE 产品的产值；r_i 为第 i 个雨量计对应的雷达 QPE 产品降水量；g_i 为第 i 个雨量计观测的降水量；R_e 为雷达覆盖平面上某个网格的降水偏差；w_i 为第 i 个雨量计的权重；N 为参与该网格偏差计算的雨量计个数。利用雨量计观测值校正对应时间和空间上的雷达 QPE 产品降水强度。

通过每个雨量计上雷达 QPE 产品和雨量计观测降水进行插值，通过计算得到的偏差场对雷达覆盖区域内的所有网格的降水强度进行系统校正。在计算权重时可使用反距离权重法（inverse distance weighting，IDW）。

3. 雨量计-雷达降水融合

雨量计-雷达降水融合是将雨量计插值得到的面降水和校正后的雷达 QPE 产品融合，各自的权重 $w_{g,i}$ 和 $w_{r,i}$ 计算公式如下：

$$w_{g,i} = \begin{cases} 1 - \dfrac{d_i}{D_0}, & d_i < D_0 \\ 0, & d_i \geqslant D_0 \end{cases} \tag{3.2-31}$$

$$w_{r,i} = 1 - w_{g,i} \tag{3.2-32}$$

式中：i 为第 i 个网格；$w_{g,i}$ 为第 i 个网格雨量计插值降水值的权重；D_0 为不同类型降水的最大影响范围；d_i 为第 i 个网格距离周围最近雨量计的距离；$w_{r,i}$ 为第 i 个网格雷达 QPE 产品的权重。

最终融合降水计算公式如下：

$$R_{QPE}(i) = R_{gauge}(i) \times w_{g,i} + R_{radar}(i) \times w_{r,i} \tag{3.2-33}$$

式中：$R_{QPE}(i)$ 为第 i 个网格最终融合降水量估计值；$R_{gauge}(i)$ 为第 i 个网格雨量计插值降水量值；$w_{g,i}$ 为第 i 个网格雨量计插值降水量值的权重；$R_{radar}(i)$ 为第 i 个网格雷达 QPE 产品降水量值；$w_{r,i}$ 为第 i 个网格雷达 QPE 产品数据的权重。

3.2.6　基于 GIS/RS 的流域物理特性数据挖掘及河道特征参数提取方法

河网是流域地表径流的汇流网络，表示各单元上产生的地表径流向流域出口逐单元流动的路径，是分布式物理水文模型中一个非常重要的参数。由于汇流分成边坡汇流和河道汇流分别计算，因此，必须将汇流网络分成两部分，一部分为边坡汇流网络，一部分为河道汇流网络，河道汇流网络即为一般意义上的河网。

根据 DEM 提取流域的河网主要的方法是 D8 法，这一方法计算较简单，缺点是在设定累积流的阈值时，没有一个科学的参考依据，对于同一流域，当由不同的人来提取河道时，得到的结果可能相差较大，不便于实际应用。

本书提出了分级提取方法，具体思路为：首先根据 DEM 计算确定各个单元的累积流 FA 的值，再设定一系列的累积流的阈值 FA0，进行河道划分，累积流大于 FA0 的单元被划分成河道，累积流值小于 FA0 的单元被划分成边坡。河道单元确定后，再对河道进行分级，按照 Strahler 方法将河道分成多级，如图 3.2-2 所示。

定义一个术语：FA0 的临界值，该值的定义为使河道分级增加一级时的 FA0 值。按照此定义，对一个特定的流域，当采用的 DEM 分辨率一定时，存在若干个 FA0 的临界值，分别为 FA0(1)、FA0(2)、FA0(3)、…、FA0(N)，FA0(1) 为当

图 3.2-2　Strahler 方法河道分级示意图

FA0 取该值时，所划分的河道只有 1 级，当 FA0 的取值小于该值大于 FA0(2) 时，河道单元将被分成 2 级，依此类推。当所有的 FA0 值确定后，再根据 FA0 值相应的河道提取结果，确定采用哪一个 FA0 值进行河道提取。这一河道提取方法，由于 FA0 值是通过计算确定的，不是人工设定的，尽管也需要在几个 FA0 值之间进行选择，但较 D8 法，不确定性大大降低。对同一流域，当由不同的人来进行河道提取时，结果一般会

比较接近。

河道分级后，为了便于估算河道断面尺寸，再将同级河道分成若干段，并假定各河段的断面尺寸相同，称这样的河段为虚拟河段。对河流分段时，依据已划分的河网的结构与形态，参考卫星遥感影像，在河道上设置结点，对河道进行分段。设置结点时，从流域出口处沿河流主干逆流而上，并考虑下列条件：

（1）两条或以上河流的交汇点，设置为结点。

（2）从遥感影像上看，河道的宽度明显变窄时，在明显变窄处设置结点。

（3）在河道流向发生明显变化处设置结点，如河道转弯处，在这些结点，河道的尺寸及底坡一般会发生明显变化。

（4）在支流汇入干流处设置结点，这样便于将干支流河道分成不同的河段，因干支流一般具有不同的河道断面尺寸，需要分成不同的河段，并设置不同的断面尺寸。

（5）当一个河段较长，按照上述的条件在其中没有设置结点时，根据累积流值的变化，在其中设置若干个结点。

（6）在河道底坡明显变化处设置结点。结点设定后，各结点间的所有河道单元就作为同一河段，同一河段内的所有河道单元具有相同的断面尺寸。河道分级分段后，对每一个河道单元进行分级分段编码，以三位数进行编码，第一位码表示河道的级别，最多为 9 级；后两位码表示同一级河流中的河段编号，最多分成 99 段，一般可控制在 10 段以内。

河道分级分段后，就要对河段断面尺寸进行估算。假定河道断面形状为梯形，有 3 个断面尺寸数据，即河道底宽、底坡和侧坡。本书提出根据河道分级分段情况、通过解译卫星遥感影像，结合河道单元的 DEM 高程，对河道断面尺寸进行估算，称为分级分段估算法，具体方法为：①对遥感影像进行解译，在影像图上直接量取各河段的水面宽度，将其作为河道底宽；②根据同一河段上下两个结点间河道单元的高程，估算河道底坡，一般以同一河段内所有单元的边坡的平均值表示。

Google Earth 遥感影像可以满足研究需要。

3.2.7　基于并行计算的大型流域分布式物理水文模型

1. 算法思路

采用分布式物理水文模型进行流域洪水模拟，计算工作量非常大。根据前期大量研究和项目实践经验，单元的大小以 90m×90m 为宜。实现并行计算的前提是需要科学地将模型的计算任务进行合理的分解，将其划分成一系列可同时计算的子计算任务（简称"任务"），从而实现并行计算。因此，能否成功实现模型的并行计算，划分并行计算的任务是关键。分布式物理水文模型的计算是沿流向逐单元计算的，各单元间在时间和空间上是顺向关联的，不太容易直接划分并行任务，这决定了要提高分布式模型并行计算的效率需要巧妙的算法设计和代码优化。

仔细分析分布式物理水文模型的算法特点，就会发现模型在空间上具有较强的并行特性。如果将模型中单元的概念扩展，将数量有限的单元按流向集合成一个大的"单元"，根据整个流域上单元流向的特点，就可以将整个流域从空间上划分成一系列的这种大的"单元"，定义为"并行计算基本单元"，简称为"基本单元"。这样就将整个流域从空间上划分成了一系列相互独立的基本单元，基本单元根据流向有机连接成一个整体（图 3.2-3）。需要注意的是，这里的基本单元与水文分区的意义是不同的，水文分区比较大，而基本单元则较小，一个水文分区中会有多个基本单元。

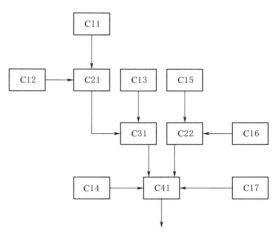

图 3.2-3 并行计算单元划分示意图

每个基本单元通过一个单元与另一个基本单元相连，这个连接两个基本单元的单元定义为结点。

在每个基本单元上建立模型并确定模型参数，这样在全流域的计算中，就可以将各个基本单元上的计算任务分配到不同计算机的计算核心上进行，从而实现并行计算。但需要注意的是，由于基本单元间有空间联系，即部分基本单元在空间上是相互关联的，而非独立的，因此，相互关联的基本单元不能进行同步计算，需要根据空间关系分步计算，这就使得分布式物理水文模型的并行计算比一般的并行计算要复杂得多，要使分布式模型并行计算的效率最高，需要进行对比分析。

基本单元上模型的计算仍然采用串行算法，基本单元上模型的计算是并行计算的子任务，因此，基本单元上模型所需的计算资源应该与单核的计算能力相匹配。基本单元的大小以网格数来表示，由于基本单元需根据流域的地形特点来划分，因此，每个基本单元的大小不完全相同，但为了充分利用计算资源，一般各个基本单元的大小应该相近，不能相差太大。

2. 基本单元分类

基本单元间的空间关系可以分成如下几种类型：

（1）并联型，即两个基本单元在空间上没有关联，它们在空间上是相互独立的，两个基本单元上的模型的计算可以同时进行，如图 3.2-3 中的基本单元 C11 与 C12，这种基本单元可以实现完全的并行计算。

（2）串联型，即两个基本单元在空间上是有关联的，其中一个基本单元计算的输出是另一个基本单元计算的直接或间接输入，这两个基本单元不能同时进行计算，而只能是在前一个基本单元的计算完成后，后一个基本单元才能开始计算。前一个基本单元称为上游单元，后一个基本单元称为下游单元，两个基本单元间的空间关系为串联关系。如果两个基本单元是直接连接的，即前一个基本单元的出口是下一个单元的入口，则这两个单元的串联关系为一级串联关系。根据基本单元划分的不同，这种串联关系可以有多级，流域面积越大，级别划分就会越多。

对基本单元进行分级编号，可最先进行并行计算的基本单元编为第 1 级，可第 2 步进行并行计算的流域单元编为第 2 级，依此递推；对同一级的基本单元进行排序，得到序码，可从流域的上游往下游顺序确定序码。级码一般由 1 位数组成，序码一般由 1～2 位数组成，如 C11、C22 等。

结点也进行编码，由两个基本单元的编码组合而成，如 N11-22，即表示 C11 基本单元和 C22 基本单元的结点。基本单元在结构上是有明显区别的，有些基本单元所组成的范围是封闭的，流域内没有径流流入，流域内的径流完全由本流域内的降雨所产生，如所有的一级基本单元均是这种结构；另一些则流域范围是开放的，即其上一级基本单元的出流量通过结点流入到本基本单元内，除一级基本单元外的其他基本单元均是这种类型，有些基本单元只有一个结点，而有些则有多个结点。很显然，对这两种不同的基本单元，模型的计算方法也有一些区别。为了便于模型并行算法的设计，将基本单元又分成支基本单元和干基本单元，模型分成支模型和干模型。

（1）支基本单元和支模型。一级基本单元定义为支基本单元，在支基本单元上建立的模型定义为支模型。由于支模型的流域边界上没有侧向入流，其计算方法与现有的串行计算方法相同。

（2）干基本单元和干模型。除一级基本单元外的基本单元定义为干基本单元，在干基本单元上建立的模型定义为干模型。干模型的特点是：流域边界上有一个以上的单元有侧向入流，即有一个上一级的基本单元与其邻接，其计算必须要等到其上一级模型计算完成后才能开始计算，并且其计算代码不能直接采用现有的串行计算代码，需要作一定的改进。

干基本单元可以细分成单结点干基本单元、两结点干基本单元、三结点干基本单元等，相应的模型也分成单结点干模型、两结点干模型、三结点干模型等。一般来说，级数越高，结点数越多；流域面积越大，级数越多。

3.3　基于气象数据的分布式水文模型

本书搭建的基于气象数据的分布式水文模型，核心方法为联合地表-地下陆面过程的数值模型 CSSP，具备其在水文过程描摹上的一系列优势。模型基于对关键陆面生态水文过程的精细化描述，考虑了包括可变容量入渗产流、地表-土壤-地下水交互、土壤水运动、土壤有机质影响在内的众多陆面水文过程，可适用于高分辨率、复杂地形的陆面水文模拟，基于该模型模拟结果可进一步探究未来不同情景下典型区域水文情势变化、典型洪水影响因素探测和贡献分析等众多热门课题。

3.3.1　基于土壤水容量的入渗产流过程

基于气象数据的分布式水文模型使用了运用较广的基于土壤水容量的入渗产流方案——可变容量入渗产流方案（图 3.3-1），相对于集总式的产流方案更具有物理机理。模型采用地表入渗曲线来表示网格内部地表入渗能力的分布，并通过参数实现对该曲线形状的调整，进一步实现对超渗和蓄满产流的计算。

对于地下基流，可变容量产流方案借助基流曲线，当土壤饱和程度低于某一阈值时，主要发生线性基流。当土壤饱和程度高于特定阈值时，土壤发生较大的非线性基流。此方案提供较多可修正参数，可被广泛运用于地表水文过程相关研究中。其中地表饱和面积比例参数化方案的计算方法为

$$f_{sat} = 1 - \left(1 - \frac{w_{top}}{w_{s,top}}\right)^{\frac{1}{1+b}} \qquad (3.3-1)$$

式中：w_{top} 和 $w_{s,top}$ 分别为分布式水文模型的表层土壤的实际土壤水含量和最大土壤水含量，mm；b 为决定地表入渗曲线形态的系数。土壤层实际可含水量和最大可含水量参数化方案的计算方法为

$$\begin{cases} i = i_m (1 - (1 - f_{sat})^{1/b}) \\ i_m = w_{s,top}(1+b) \end{cases} \qquad (3.3-2)$$

最大入渗速率为

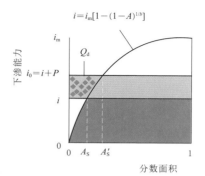

图 3.3-1 可变容量入渗产流方案示意图

$$I = \begin{cases} \dfrac{w_{s,top} - w_{top}}{\Delta t}, & i + Q_w \Delta t \geqslant i_m \\[2mm] \left\{ (w_{s,top} - w_{top}) - w_{s,top} \times \right. \\ \left. \left[1 - \max\left(1, \dfrac{i + Q_w \Delta t}{i_m}\right)^{1+b}\right] \right\} / \Delta t, & i + Q_w \Delta t < i_m \end{cases}_{max} \qquad (3.3-3)$$

地下基流或地下产流参数化方案的计算方法为

$$R_{sb,lat} = \left(\frac{D_s D_{smax}}{w_s w_{s,bot} \max \dfrac{w_{bot} - w_s w_{s,bot}}{w_{s,bot} - w_s w_{s,bot}} \dfrac{D_s D_{smax}}{w_s}} \right)_{smax} \qquad (3.3-4)$$

式中：D_{smax} 为最大地下产流速率，mm/s；D_s 为 D_{smax} 的比例；w_{bot} 和 $w_{s,bot}$ 分别为底层土壤实际和最大土壤水含量，mm；w_s 为 $w_{s,bot}$ 的比例。

3.3.2 地表水汇流过程

按照模拟网格的精细程度，分布式水文模型的地表水汇流过程设置了多种汇流方案以满足不同需求。

对于模拟网格精度较高（空间分辨率小于 1km）的情形，分布式水文模型设置了两种算法进行计算。

（1）第一种算法利用线性水库汇流方案，将每个模拟网格的产流汇入与其相邻的下游网格。在此方案下，地表水汇流过程可以写作

$$\begin{cases} Q_{out} = \dfrac{v}{d} S \\[2mm] \dfrac{dS}{dt} = \sum Q_{in} - Q_{out} + R \end{cases} \qquad (3.3-5)$$

式中：Q_{out} 为每个网格的出流量，m^3/s；Q_{in} 为所有汇入该网格的入流量，m^3/s；S 为网格河道蓄水量，m^3；R 为网格产流速率，m^3/s；v 为网格有效水流流速，m/s；t 为时间，s；d 为该网格与下游网格之间的水平距离，m。

网格有效水流流速 v 多作为参数给定（Miller 等，1994；Dingman，2002）。

（2）第二种算法通过直接求解圣维南方程组的简化方式（一维扩散波），得到地表水的水平流动公式（Choi，2006）。在矩形河道情形下，一维扩散波方程可写为

$$\frac{\partial h}{\partial t} + c_d \frac{\partial h}{\partial x_c} = D_h \frac{\partial^2 h}{\partial x_c^2} R \qquad (3.3-6)$$

式中：h 为地表积水深度，m；c_d 为扩散波波速，m/s；D_h 为水力扩散系数，m/s；R 为单位面积产流速率，mm/s；x_c 为流动方向参考坐标。其中具体参数化方案为

$$c_d = \frac{3}{2} C \sqrt{h\left(S_0 - \frac{\partial h}{\partial x_c}\right)} \approx \frac{3}{2} C \sqrt{h S_0} \qquad (3.3-7)$$

$$D_h = \frac{c_d h}{3\left(S_0 - \frac{\partial h}{\partial x_c}\right)} = \frac{C \sqrt{h}}{2 \sqrt{S_0}} \qquad (3.3-8)$$

$$C = \sqrt{\frac{8g}{f_d}} \qquad (3.3-9)$$

式中：C 为谢才系数；S_0 为河流底部坡度；f_d 为达西-魏斯巴赫粗糙度系数，可以由雷诺数 Re 算得。分布式水文模型在假定零通量边界的边界条件下，利用麦科马克格式进行二步二阶显示差分，求解上述扩散波方程并计算每一时间步长下的地表水深度，进一步转换为网格出流量 Q_{out}。

对于模拟网格精度较低（空间分辨率大于 1km）的情形，分布式水文模型直接求解圣维南方程组的另一种简化方式（一维运动波），得到地表水的水平流动方程（Yang 等，2000）。

$$\begin{cases} \dfrac{\partial A}{\partial t} + \dfrac{\partial Q}{\partial x} = R \\[2mm] Q = \dfrac{\sqrt{S_0}}{n} \cdot \dfrac{A^{5/3}}{p^{2/3}} \end{cases} \qquad (3.3-10)$$

式中：n 为河道糙率，与谢才系数 C 之间可用水力半径 R 推算；A 为过流断面面积，m^2，可与水深 h 进行换算；R 为单位河段的区间产流速率，m^2/s。为了保证空间分辨率较低时模拟的准确度，模型依照不同网格之间的真实汇流关系建立概化一维河网，进一步进行空间离散化、转变成差分方程，使用牛顿法求解该非线性隐式差分方程组，得到每个计算时段每个网格出口的河道径流流量。

3.3.3　土壤水分传输过程

为了简化方程求解计算复杂度，分布式水文模型只考虑垂直方向上的土壤水运动。基于质量守恒定律，垂直方向上土壤体积含水率与通量有以下关系：

$$\frac{\partial \theta}{\partial t} = -\frac{\partial q}{\partial z} - Q \qquad (3.3-11)$$

式中：θ 为土壤体积含水率，m^3/m^3；q 为垂直方向上土壤水通量，mm/s；Q 为土壤水源汇项，mm/(mm·s)，包括渗漏、蒸散发等；t 为计算时段时间间隔，s；z 为垂直方

向的高程，m；以向上为正方向。根据达西定律，可以得到土壤水通量与土壤基质势、重力势之间的关系：

$$q = -k \frac{\partial(\psi + z)}{\partial z}$$ (3.3-12)

式中：ψ 为土壤基质势，mm；k 为土壤导水率，mm/s。两式联立可得基于土壤体积含水率 θ 形式的一维 Richards 方程：

$$\frac{\partial \theta}{\partial t} = \frac{\partial}{\partial z}\left[k \frac{\partial(\psi + z)}{\partial z}\right] - Q$$ (3.3-13)

为了保证模式稳定性和计算速率，分布式水文模型将上式对每层土壤层、每个计算时段进行空间、时间离散化，即得到差分形式的方程。对于第 i 层土壤，有以下方程成立：

$$\frac{\Delta z_i \Delta \theta_i}{\Delta t} = -q_{i-1}^{n+1} + q_i^{n+1} - Q_i$$ (3.3-14)

式中：i 为土壤层数的序号；$\Delta \theta_i$ 为该层土壤体积含水率的变化，m^3/m^3；Δt 为计算时段时间间隔，s；q_{i-1}^{n+1} 与 q_i^{n+1} 分别为该层土壤上下边界处的土壤水通量，mm/s；Q_i 为该层土壤的源汇项，mm。对于第 i 层与第 $i-1$ 层土壤，分别对 q_i^{n+1} 和 q_{i-1}^{n+1} 做关于 $\Delta \theta_i$ 和 $\Delta \theta_{i+1}$ 的全微分，用 q_i^n 和 q_{i-1}^n 取代之，整理可得到三对角形式的线性差分方程组，求解即得到每一层土壤的体积含水率。

3.3.4 一维地下水模块

为了考虑更深层的饱和土壤水与上层土壤水之间的相互作用，分布式水文模型使用一维饱和地下水参数化方案，在土壤层下方引入一个动态变化的非承压地下水层，从而体现土壤层和饱和地下水之间的水分交换。饱和地下水含量的变化可以表示为

$$\frac{dW_s}{dt} = Q_r - R_{sb}$$ (3.3-15)

式中：W_s 为饱和地下水含量，m^3；Q_r 为地下水补充速率，m^3/s，表示饱和地下水和其上层土壤之间的水分交换；R_{sb} 为基流速率或者地下水流出速率，m^3/s。

3.3.5 地表-地下水相互作用

基于气象数据的分布式水文模型的地表-地下水相互作用，通过地表入渗、非饱和土壤水和饱和地下水相互作用实现，具体过程为：一维地表水在传输过程中，通过再入渗过程影响土壤水。土壤水以三维传输过程将这种影响扩散至其他区域及深层土壤，而深层土壤与地下水又存在相互补给过程，因而整个陆面地表-地下水文过程紧密耦合在一起。

3.4 伊洛河流域洪水模拟应用

3.4.1 流域概况

伊洛河是黄河三门峡以下最大的一级支流，主要由伊河、洛河两大河流水系构成。洛

河为干流，伊河是洛河第一大支流，由于流域面积占洛河的 1/3，远远超过其他支流，又相对自成一个流域和水系，故习惯上把伊河、洛河两条河流并称伊洛河。伊洛河也称洛河，古称雒水，常与黄河一起并称为"河洛"。在 1987 年河南省人民政府编绘的《河南省标准地名地图》上，只称洛河。伊洛河的标名起于 1953 年，黄委整编水文资料时有"伊洛河黑石关水文站"，自此以后，在水文年鉴及勘测、规划报告等专业书中也皆用"伊洛河"。《黄河流域综合规划（2012—2030 年）》中也称伊洛河。

伊洛河流域位于东经 $109°17'\sim113°10'$、北纬 $33°39'\sim34°54'$ 之间，流域西北面为秦岭支脉崤山、邙山；西南面为秦岭山脉、伏牛山脉、外方山脉，与丹江流域、唐白河流域、沙颍河流域接壤。洛河发源于陕西省蓝田县灞源乡，流经陕西省的蓝田、洛南、华县、丹凤 4 县（市）和河南省的卢氏、灵宝、栾川、陕县、渑池、偃师、洛阳、巩义等 17 个县（市），在河南省巩义市神堤村注入黄河，干流全长 446.9km（陕西境内 111.4km，河南境内 335.5km），伊洛河流域面积约 18881km^2（陕西境内 3064km^2，河南境内 15817km^2）；支流伊河发源于河南省栾川县陶湾乡三合村的闷墩岭，干流全长 264.8km，流域面积 6029km^2，在偃师顾县乡杨村与洛河汇合。

伊洛河流域地势总体是自西南向东北逐渐降低，海拔高度自草链岭的 2645m 降至入黄河口的 101m。由于山脉的分割，形成了中山、低山、丘陵、河谷、平川和盆地等多种自然地貌和东西向管状地形。在总面积中，山地 9890km^2，占 52.4%；丘陵 7488km^2，占 39.7%；平原 1503km^2，占 7.9%，故称"五山四岭一分川"。

伊河平均比降为 5.9‰，为洛河的一级支流。伊河可划分为上游、中游、下游三段。上游段为河源—嵩县陆浑，中游段为嵩县陆浑—洛阳龙门镇，下游段为洛阳龙门镇—偃师杨村。伊河各河段的长度及流域面积详见表 3.4-1。

表 3.4-1　　　　　　　　　　　伊河各河段的长度及流域面积

河　段	区间范围	河道长度/km		流域面积/km^2	
		区间	累计	区间	累计
上游	河源—嵩县陆浑	169.5	169.5	3492	3492
中游	嵩县陆浑—洛阳龙门镇	54.4	223.9	1826	5318
下游	洛阳龙门镇—偃师杨村	40.9	264.8	711	6029

伊河长度在 3km 以上的支流有 76 条，流域面积在 200km^2 以上的支流有 5 条，全部在河南境内，详见表 3.4-2。

表 3.4-2　　　　　　　　伊河水系流域面积在 200km^2 以上的支流情况

序号	支流名称	发源地点	流经县（市、区）	汇流地点	干流长度/km	流域面积/km^2
1	小河	栾川县界岭	栾川	沟鱼	44	603
2	明白河	栾川县牧虎岭	栾川、嵩县	嵩县前河	55	352

序号	支流名称	发源地点	流经县（市、区）	汇流地点	干流长度/km	流域面积/km²
3	德亭河	嵩县王莽寨	嵩县	山峡	35	276
4	白降河	登封市黄龙洞山	登封、伊川	伊川王庄	56	380
5	浏涧河	偃师市香楼寨	偃师	顾县	44.5	253

洛河在陕西省境内平均比降为 8.2‰；河南省境内平均比降为 1.8‰。根据自然地形、河床形态、行洪情况，洛河干流划分为上游、中游、下游三个河段，上游段为河源—洛宁县长水，中游段为洛宁县长水—偃师市杨村，下游段为偃师市杨村—入黄河口。各河段的长度及流域面积详见表 3.4-3。

表 3.4-3　　　　　　　洛河各河段的长度及流域面积

河　段	区间范围	河道长度/km		流域面积/km²	
		区间	累计	区间	累计
上游	河源—洛宁县长水	252	252	6244	6244
中游	洛宁县长水—偃师市杨村	159.6	411.6	5827	12071
下游	偃师市杨村—入黄河口	35.3	446.9	781	12852

注　流域面积不含伊河流域。

洛河流域长度在 3km 以上的支流有 272 条，其中陕西境内 108 条，河南境内 164 条；流域面积在 200km² 以上的支流有 11 条，其中陕西境内 5 条，河南境内 6 条，详见表 3.4-4。

表 3.4-4　　　　　　洛河水系流域面积在 200km² 以上的支流情况

序号	支流名称	发源地点	流经县（市、区）	汇流地点	干流长度/km	流域面积/km²
1	文峪河	华县金堆镇西北	华县、洛南县	洛南县眉底	54.5	223
2	西麻坪河	华县金堆镇肉架子	华县、洛南县	洛南县尖角	45	236
3	石门河	洛南县龙山道沟	洛南县	尖角	23.9	354
4	石坡河	洛南县驾鹿乡火龙关	洛南县	梁头原王村	56.2	662
5	东沙河	丹凤县炉道乡碾子沟	洛南县	庙弯乡土家嘴	41.2	335
6	寻峪河	卢氏县石大山	卢氏县、洛宁县	洛宁寻峪	30	266
7	渡洋河	陕县摩云岭	陕县、洛宁县、宜阳县	洛宁温庄	52	427
8	连昌河	陕县马头山	陕县、宜阳县	宜阳三乡	54	410
9	韩城河	渑池县白阜	渑池县、宜阳县	宜阳韩城	43	263

序号	支流名称	发源地点	流经县 （市、区）	汇流地点	干流长度 /km	流域面积 /km²
10	涧河	陕县观音堂	陕县、渑池县、 义马市、新安县、 洛阳市	洛阳瞿家屯	104	1430
11	坞罗河	巩义市	巩义市	芝田镇	30.9	238.9

伊洛河流域属暖温带山地季风气候，冬季寒冷干燥，夏季炎热多雨。伊洛河谷地和附近丘陵年均气温在 12～15℃之间，最冷为 1 月，在 0℃左右，最热为 7 月，在 25～27℃之间，山区气温垂直变化明显。流域内日照时数为 2098.5～2350h，无霜期达 239～187d。流域全年平均风速为 1.6～3.2m/s，冬季多西北风，夏季多偏东风。

流域内年降水量为 600～1000mm。由于山地对东南、西南暖湿气流的屏障作用，年降水量自东南向西北减少，伏牛山一带多年平均年降水量在 900mm 以上，熊耳山和秦岭一带为 800mm 以上。同时，年降水量随地形高度的增加而递增，山地为多雨区，河谷及附近丘陵为少雨区，位于上述山地间的河谷地，多年平均降水量约 700mm。降水量年际、年内分布不均，7—9 月降水量占全年的 50%以上，年最大降水量为年最小降水量的 2.2～4.9 倍。

流域年水面蒸发量为 800～1000mm。受地形影响，洛河上游山区蒸发量小，水面蒸发量约 800mm；中游约 900mm；下游年蒸发量大，约 1000mm。

伊洛河流域土壤类型主要有棕壤土、褐土、潮土和水稻土等四类。由于流域地形条件、气候条件变化较大，且受区域成土母质差异的影响，流域土壤分布具有明显的垂直地带性特征。

棕壤土主要分布在海拔 800m 以上的山区，成土母质主要为酸性岩类及硅质岩类等，土层薄，腐殖较多，肥力好。褐土主要分布在海拔 300～800m 的丘陵山坡和阶地区，成土母质多为红黄土或酸性泥质岩及钙质岩残坡积物，在不同的条件下形成的主要土种有山地褐土、淋溶褐土（红黏土）、碳酸盐褐土（白面土）、典型褐土（立黄土）等，土层一般厚而疏松，熟化程度高，保水保肥适中，耕性良好，有机质含量在 0.75% 左右。潮土是发育在洪积扇下缘和河流沉积物上，受地下水影响而形成的土类，主要分布在伊洛河河川两岸、平川及冲积平原区，成土母质为河流冲积物，土层厚 0.5m 左右，土壤肥沃，大部分疏松易耕，保水保肥性能好。水稻土是人们长期耕种熟化下形成的土类，经过长期的人为破坏，除面积较小的河谷平原和中山地区土壤有机质含量较高以外，绝大多数地方土壤有机质含量低，理化性很差，土壤瘠薄，保水保肥能力差，水土流失严重。

伊洛河流域位于半湿润针叶阔叶林植被区，植被以天然次生林和人工林为主，仅在深山有少量原始森林分布。由于受生态环境多样性的影响，流域植被条件有较大差异。山地区植被状况较好，森林覆盖率可达到 34.2%，郁闭度为 0.5～0.7。该区分布有神灵寨、花果山、龙峪湾、天池山、郁山等国家森林公园，林种主要以华山松、油松为主的针叶林和以桦、杨、栎为主的阔叶林；此外，还有零星分布的以苹果、山楂为主的经济林。丘陵区部分区域岩石裸露，荒山荒坡面积较大，成片林地较少，且主要为人工林，植被覆盖率很低。近 20 年随着水土保持工作开展，该区大力营造水土保持林、薪炭林，保护次生林和人工林，植被覆盖面积有所增加，该区现状森林覆盖率为 23.4%。河川区以农田林网、农桐间作林、经济林和四旁植树为主，主要树种有杨树、泡桐、刺槐、臭椿、楝、侧柏等。

伊洛河流域处于黄河流域的中下游结合部，是黄河流域暴雨出现的主要地区之一。流域内暴雨次数较为频繁，具有集中、量大、面广及历时长的特点，暴雨一般出现在 6—10 月，较大暴雨多发生在 7 月和 8 月，出现的地区以西部山区为多。流域有两个暴雨中心区，一是新安—宜阳—嵩县一带，二是上游的洛南、栾川一带。前者出现频率较高，占半数以上，且对中下游洪水威胁影响较大。

伊洛河的洪水主要由伊河龙门镇以上和洛河白马寺以上来水组成。两条河流的洪水经常遭遇，形成伊洛河的大洪水。伊洛河流域洪水是黄河三门峡—花园口区间洪水的主要组成部分，其洪水主要由夏季降雨所形成，产洪量的主要影响因素为降雨量，主要产流模式为蓄满产流，由于比降较大，坡面与河道汇流速度较快，洪水发生时间一般为 6—10 月，大洪水和特大洪水主要集中在 7 月和 8 月。其特点是：洪峰高、洪量大、陡涨陡落，有单峰型洪水和多峰型洪水两种类型，一次洪水历时约 5d，连续洪水历时可达 12d 之久。从洪水遭遇情况来看，伊、洛河洪水遭遇机会较多，近代的 1931 年、1954 年、1958 年、1982 年两河均同时发生大水。流域实测最大洪水为 1958 年 8 月洪水，黑石关站洪峰流量为 9450m³/s，龙门镇站、白马寺站洪峰流量分别为 6850m³/s、7230m³/s。从洪水传播时间上看，伊洛河的龙门镇、白马寺与沁河的五龙口、山路平与等站至花园口的传播时间基本相同，如果降雨范围笼罩伊洛沁河，伊洛沁河及干流区间洪水可同时遭遇，形成黄河小浪底至花园口区间（以下简称"小花间"）的大洪水和特大洪水。

伊洛河流域承担防洪任务的水库工程有伊河陆浑和洛河故县两座大型水库。

（1）陆浑水库位于嵩县陆浑村，距洛阳市 60km，控制流域面积 3492km²，总库容为 13.2 亿 m³，防洪库容为 2.5 亿 m³，是一座以防洪为主，结合灌溉、发电、养殖、城市供水和旅游等综合利用的大（1）型水库工程。水库于 1965 年 8 月底建成，1986—1988 年，水库进行了第一期除险加固工程，2001 年 9 月—2003 年 12 月对陆浑水库进行了应急加固，2003 年 12 月—2006 年 12 月，对陆浑水库进行了全面除险加固，2006 年 12 月，通过蓄水安全鉴定。陆浑水库所承担的防洪任务主要有两项：一是减缓伊洛河中下游河段的防洪压力，在 20 年一遇以下洪水时，水库控制下泄流量不超过 1000m³/s；二是配合三门峡、小浪底、故县等水库联合调度运用，削减黄河三门峡至花园口区间（以下简称"三花间"）洪水，以减轻黄河下游洪水威胁，确保黄河下游近千年一遇标准洪水的防洪安全。

当预报花园口洪水流量小于 12000m³/s，黄河下游不需要陆浑水库控泄时：①当入库流量小于 1000m³/s 时，原则上按进出库平衡方式运用；当入库流量大于等于 1000m³/s 时，按控制下泄流量 1000m³/s 运用；②当库水位达到 20 年一遇洪水位（321.5m），且黄河下游防洪不需要陆浑水库关门时，则灌溉洞控泄 77m³/s 流量，其余泄水建筑物全部敞泄排洪；如水位继续上涨，达到 50 年一遇洪水位（322.05m）时，灌溉洞打开参加泄流。

当预报花园口洪水流量达 12000m³/s 且有上涨趋势时：①当水库水位低于 323m 时，水库按不超过 77m³/s 控泄；②当水库水位达 323m 时，若入库流量小于蓄洪限制水位相应的泄流能力，按入库流量泄洪；若入库流量大于蓄洪限制水位相应的泄流能力，按敞泄运用，直到蓄洪水位回降到蓄洪限制水位。在退水阶段，若预报花园口流量仍大于

10000m³/s，原则上按进出库平衡方式运用；当预报花园口流量小于 10000m³/s 时，在故县、小浪底水库之前按控制花园口流量不大于 10000m³/s 泄流至汛限水位。

（2）故县水利枢纽位于洛宁县故县镇，距洛阳市 165km，距三门峡市 110km，水库控制流域面积 5370km²，占洛河流域面积的 44.6％。水库总库容为 11.75 亿 m³（设计采用），防洪库容为 4.9 亿 m³，是以防洪为主，兼顾灌溉、供水、发电和养殖等综合效益的一座大（1）型多功能水库。水库于 1992 年基本建成，1994 年 1 月通过国家验收委员会组织的竣工验收，1996 年 10 月通过大坝安全鉴定。故县水库所承担的防洪任务主要有两项：一是减缓伊洛河中下游河段的防洪压力，在 20 年一遇以下洪水时，水库控制下泄流量不超过 1000m³/s；二是配合三门峡、小浪底、陆浑等水库联合调度运用，削减三花间洪水，以减轻黄河下游洪水威胁，确保黄河下游近千年一遇标准洪水的防洪安全。

当预报花园口洪水流量小于 12000m³/s，黄河下游不需要故县水库控泄时：①当入库流量小于 1000m³/s 时，原则上按进出库平衡方式运用；当入库流量大于等于 1000m³/s 时，按控制下泄流量 1000m³/s 运用；②当库水位达 20 年一遇洪水位（543.2m）时，如入库流量不大于 20 年一遇洪水位相应的泄洪能力（7400m³/s），原则上按进出库平衡方式运用；如入库流量大于 20 年一遇洪水位相应的泄洪能力，按敞泄滞洪运用。在退水过程中，按不超过本次洪水实际出现的最大泄流量泄洪，直到库水位降至汛限水位。

当预报花园口洪水流量达 12000m³/s 且有上涨趋势时：①当水库水位低于 548m 时，水库按不超过 90m³/s（发电流量）控泄；②当水库水位达 548m 时，若入库流量不大于 11100m³/s，原则上按进出库平衡方式运用；若入库流量大于 11100m³/s，按敞泄滞洪运用至 548m。在退水阶段，若预报花园口流量仍大于 10000m³/s，原则上按进出库平衡方式运用；当预报花园口流量小于 10000m³/s，在小浪底水库之前按控制花园口流量不大于 10000m³/s 泄流至汛限水位。

伊洛河干流及支流伊河各主要水文站天然设计洪水通过实测流量资料计算。伊洛河干流及支流伊河主要水文站天然设计洪水成果见表 3.4 - 5。

表 3.4 - 5　　　　伊洛河干流及支流伊河主要水文站天然设计洪水成果

河名	站名	控制面积 /km²	不同频率设计洪峰流量/(m³/s)			
			$P=1\%$	$P=2\%$	$P=5\%$	$P=10\%$
洛河	灵口	2476	3670	3050	2260	1670
	卢氏	4623	4880	4100	3080	2320
	故县	5370	5260	4380	3250	2410
	白马寺	11891	10400	8370	5770	3940
	黑石关	18563	14900	12200	8720	6220
伊河	栾川	340	1550	1250	863	592
	潭头	1695	4680	3680	2450	1600
	东湾	2623	6230	5080	3620	2570
	陆浑	3492	6810	5660	4160	3070
	龙门镇	5318	9820	7970	5610	3930

注　黑石关站、陆浑站—故县站—黑石关站区间设计洪水成果为伊洛河夹滩不滞洪情况下的理想值。

3.4.2 大流域分布式物理水文模型模拟应用

在伊洛河流域共构建包括 7 处水文站和 2 处水库断面在内的分布式水文模型，7 处水文站分别为卢氏、长水、宜阳、白马寺、东湾、龙门镇、黑石关，2 处水库断面分别为故县水库和陆浑水库的入库断面。故县、陆浑 2 座水库构建相应的调度模型。

3.4.2.1 建模数据

伊洛河流域以空间分辨率为 $90m \times 90m$ 的正方形网格为分布式物理水文模型的最小计算单元，按照上下游关系并行计算。最小计算单元的动态主要输入数据为上游站流量过程和区间降雨等气象驱动数据，主要输出为本站流量过程。水库出库流量过程通过指定泄量调度模型确定。伊洛河流域分布式物理水文模型建模数据如图 3.4-1～图 3.4-8 所示。

图 3.4-1　伊洛河流域 DEM 图

图 3.4-2　伊洛河流域流向图

图 3.4-3　伊洛河流域累积流图

图 3.4 - 4　伊洛河流域河网图

图 3.4 - 5　伊洛河流域土地利用图

图 3.4 - 6　伊洛河流域雨量站位置分布图

图 3.4 - 7　伊洛河流域水文站位置分布图

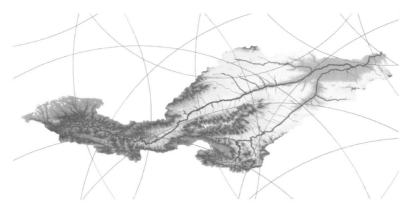

图 3.4-8　伊洛河流域雷达覆盖图

根据实测资料，本书选择了五场典型洪水过程来分析分布式模型对伊洛河流域的模拟效果，场次洪水信息见表 3.4-6。采用洪量相对误差、洪峰相对误差、峰现时差、确定性系数等指标对场次洪水模拟结果进行了分析。

表 3.4-6　　　　　　　　　　　　典 型 场 次 洪 水 信 息

洪水编号	开始时间	结束时间	洪水编号	开始时间	结束时间
1	2008-7-21 8:00	2008-8-8 8:00	4	2014-9-12 8:00	2014-9-24 8:00
2	2010-7-23 18:00	2010-8-5 8:00	5	2015-6-25 8:00	2015-7-15 8:00
3	2011-9-11 14:00	2011-9-24 8:00			

以东湾、黑石关流域为例，说明模拟结果。

3.4.2.2　模型初始参数

模型采用的土地利用类型参数、土壤类型参数初值见表 3.4-7、表 3.4-8。

表 3.4-7　　　　　　　　　　　土地利用类型参数初值表

土地利用类型	蒸发系数初值	边坡单元糙率初值	土地利用类型	蒸发系数初值	边坡单元糙率初值
常绿针叶林	0.7	0.4	高山和亚高山草甸	0.7	0.3
常绿阔叶林	0.7	0.6	斜坡草地	0.7	0.1
矮树丛	0.7	0.4	水体	0.7	0.05
稀树林	0.7	0.3	农地	0.7	0.5

表 3.4-8　　　　　　　　　　　土壤类型参数初值表

土壤类型	土壤层厚度 /mm	饱和含水率 /%	田间持水率 /%	饱和传导率 /(h/d)	土壤特性参数 b	凋萎含水率 /%
不饱和始成土	1000	0.483	0.284	2.6	2.5	0.17
简育低活性强酸土	820	0.512	0.361	1.9	2.5	0.222
腐殖质强淋溶土	1140	0.517	0.375	2.1	2.5	0.224

土壤类型	土壤层厚度/mm	饱和含水率/%	田间持水率/%	饱和传导率/(h/d)	土壤特性参数 b	凋萎含水率/%
弱发育高活性强酸土	970	0.438	0.211	7.7	2.5	0.121
铁质淋溶土	1000	0.535	0.444	1.7	2.5	0.3
黑色石灰薄层土	550	0.521	0.394	1.5	2.5	0.258
弱发育淋溶土	650	0.552	0.504	2.3	2.5	0.359
饱和潜育土	1000	0.499	0.324	2.7	2.5	0.183
人为堆积土	1000	0.489	0.3	4.3	2.5	0.153
深色淋溶土	930	0.507	0.339	4.1	2.5	0.171
腐殖质雏形土	250	0.487	0.297	4.2	2.5	0.153

3.4.2.3　模型模拟结果分析

1. 基于 PSO 的可调参数率定方法

自然界中各种生物体均具有一定的群体行为，而人工生命的主要研究领域之一就是探索自然界生物的群体行为，从而在计算机上构建其群体模型。通常，群体行为可以由几条简单的规则进行建模，如鱼群、鸟群等。虽然每一个个体具有非常简单的行为规则，但群体的行为却非常复杂。Reynolds 等在进行群体仿真中，采用以下三条简单规则：①飞离最近的个体，以避免碰撞；②飞向目标；③飞向群体的中心。

群体内每一个体的行为可采用上述规则进行描述，这是粒子群算法的基本概念之一。

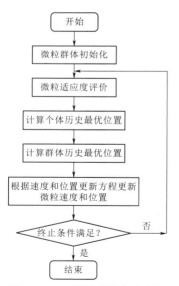

图 3.4-9　粒子群算法流程图

粒子群优化（particle swarm optimization，PSO）算法是由美国心理学家 James Kennedy 和电气工程师 Russell Eberhart 受鸟群捕食的社会行为启发，于 1995 年提出的与进化计算有关的群体智能随机优化策略。James Kennedy 和 Russell Eberhart 认为粒子群优化算法的理论基础是人工生命和进化计算。

在 PSO 中，每个优化问题的解都是搜索空间中的一只鸟，称之为"粒子"。所有的粒子都有一个由被优化的函数决定的适应值或者称为适应度，每个粒子还有一个速度属性决定它们飞翔的方向和距离，然后粒子们就追随当前的最优粒子在解空间中搜索。

其择优的主要思路为：算法中的粒子通过记忆、追随个体最优及群体最优的位置来更改自身的速度与方向，从而实现寻优过程，具体过程如图 3.4-9 所示。

寻优方程：

$$V_{ik} = \omega \times V_{ik-1} + C_i \times rand \times (X_{i,\text{pBest}} - X_{i,k-1}) + C_2 \times rand \times (X_{\text{gBest}} - X_{i,k-1})$$

其中

$$X_{i,k} = X_{i,k-1} + V_{i,k} \tag{3.4-1}$$

式中：$V_{i,k}$ 为第 i 个粒子 k 时刻的运行速度；$X_{i,k}$ 为第 i 个粒子 k 时刻的位置；$X_{i,\text{pBest}}$ 为

第 i 个粒子个体的最优位置；X_{gBest} 为粒子全局最优位置；W 为惯性加速度；C_1、C_2 为学习因子。

PSO 初始化为一群随机粒子（随机解），然后通过迭代找到最优解，在每一次迭代中，粒子通过跟踪两个"极值"来更新自己。一个就是粒子本身所找到的最优解，这个解叫作个体极值 $X_{i,pBest}$；另一个极值是整个种群目前找到的最优解，即全局极值 X_{gBest}。另外也可以不用整个种群而只是用其中一部分最优粒子的邻居，那么在所有邻居中的极值就是局部极值。

简单而言，粒子个体在运动过程中受到自身惯性运动（对自身信任惯性作用 W）的影响，同时不断地学习总结自身的历史最优状态（经验认知学习 C_1），同时积极向社会群体的最优状态靠拢（社会共享学习），从而形成最终的运行速度及位置变换方式。粒子群算法中粒子运动轨迹如图 3.4-10 所示。

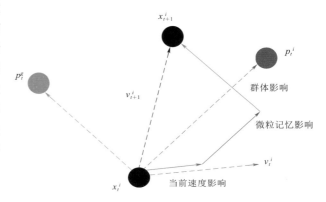

图 3.4-10　粒子群算法中粒子运动轨迹图

粒子群算法优点如下：

（1）易于描述，易于理解。

（2）不要求被优化函数具有可微、可导、连续等性质。

（3）只有非常少的参数需要调整。

（4）算法简单，容易编程实现；相对其他演化算法而言，只需要较小的演化群体。

（5）算法易于收敛，相比其他演化算法，只需要较少的评价函数计算次数就可达到收敛；无集中控制约束，不会因个体的故障影响整个问题的求解，确保了系统具备很强的鲁棒性。

粒子群算法缺点如下：

（1）对于有多个局部极值点的函数，容易陷入局部极值点中，得不到正确的结果。由于缺乏精密搜索方法的配合，PSO 算法往往不能得到精确的结果（早熟收敛）。

（2）PSO 算法提供了全局搜索的可能，但并不能严格证明它在全局最优点上的收敛性。

因此，PSO 算法一般适用于一类高维的、存在多个局部极值点，并不需要得到很高精度的优化问题。

目前粒子群算法研究要点如下：

（1）参数选择问题。PSO 算法的运行过程与它所采用的参数取值有较大的关系，算法中涉及的各种参数设置一直没有确切的理论依据，通常都是按照经验型方法确定，对具体问题和应用环境的依赖性比较大。如果能对 PSO 算法参数选取规律有一个全面的认识，必将对不同问题域的参数选取有很大的帮助。

（2）PSO 算法的早熟收敛问题。PSO 算法是一种随机优化算法，当用于高维或超高维复杂问题优化时，往往会遇到早熟收敛的问题，也就是种群在还没有找到全局最优点时已经聚集到一点停滞不动。早熟收敛不能保证算法收敛到全局极小点，这是由于 PSO 算法早期收敛速度较快，但到寻优的后期，其结果改进则不甚理想，即缺乏有效的机制使算法逃离极小点。因此，算法早熟收敛也是一个值得研究的问题。

（3）PSO 算法的应用局限性问题。任何一个算法都有自己的应用局限性，PSO 算法也不例外。它如何克服自己的应用局限性，如何结合其他算法去解决实际问题，也是许多学者研究的课题。

本书提出了改进的 PSO 算法，对算法中的惯性因子、学习因子采用动态分段变化的方法，从而尽可能地避免粒子陷入局部最优；并运用算法进行流溪河模型参数优选工作，优选在伊洛河流域各子流域应用，取得了较好的效果。

2. 洪水模拟分析

伊洛河分布式物理水文模型实测和模拟结果如图 3.4 - 11～图 3.4 - 14 所示。伊洛河流域面积为 $18881km^2$，时间步长为 15s，空间分辨率为 90m×90m，模拟 13d 的洪水过程，并行计算时间总时长在 5min 以内，实现了大流域场次洪水实时计算滚动预报能力，在收集到水库历史洪水泄洪数据后，经参数优选后，流量误差能控制在 10% 以内，水位误差能控制在 20cm 以内。

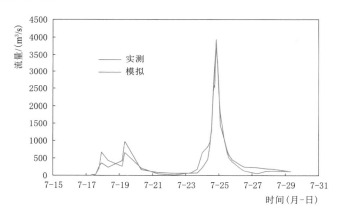

图 3.4 - 11　东湾站 2010 年 7 月洪水模拟结果

3.4.3　基于气象数据的分布式水文模型模拟应用

以水文站（水库）为分布式模型的最小计算单元，按照上下游关系依序计算。最小计算单元的动态主要输入数据为上游站流量过程和区间降雨等气象驱动数据，主要输出数据为本站流量过程。水库出库流量过程通过指定泄量调度模型确定。

上游站流量过程用 DIS 文件存储，DIS 文件为上游站预热期实测流量（＊.DIO）＋上游站预见期模型计算流量（＊.out）。

伊洛河上下游水位站、水库的空间拓扑关系及节点编码如图 3.4 - 15 所示。图中圆形为水文站节点，三角形为水库节点故县水库与长水水文站距离较远，区间加水较多，在故县水库下游建立了故县坝下站（41605600）的虚拟站（正方形图标），可认为故县坝下站

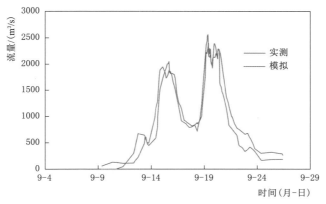

图 3.4 - 12　黑石关站 2011 年 9 月洪水模拟结果

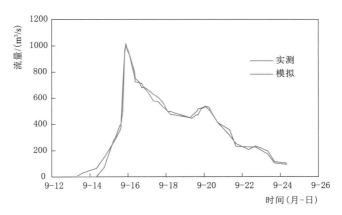

图 3.4 - 13　黑石关站 2014 年 9 月洪水模拟结果

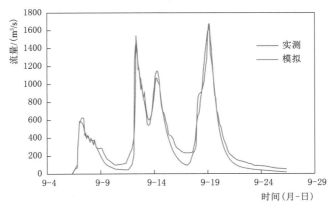

图 3.4 - 14　卢氏站 2011 年 9 月洪水模拟结果

紧贴故县水库，用来记录调度模型输出的水库出库过程。因此，长水站的上游 DIS 文件为故县坝下站（41605600）。陆浑水文站位于陆浑水库下游，紧贴陆浑水库，陆浑水文站观测的洪水过程可认为是陆浑水库的出库过程。因此龙门镇站上游 DIS 文件为陆浑站

（41602400），仍采用陆浑水文站编码。

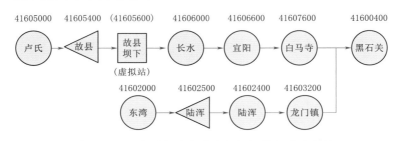

图 3.4 - 15　伊洛河水文节点空间拓扑关系及编码

3.4.3.1　气象驱动要素数据

降水等气象驱动要素数据预处理主要是对点降雨数据进行空间离散以及多源数据的融合。伊洛河分布式模型需要 1km 时间分辨率、1h 时间间隔的网格化比湿、风速、温度、压强、降水、长波辐射及短波辐射数据，其中网格化降水数据获取有两个途径：一是通过数值预报产品统计降尺度得到，二是从雨量站点实际观测数据通过空间插值得到，使用克里金法插值。其他气象要素从再分析资料和数值预报产品统计降尺度得到，使用双线性法插值。

伊洛河分布式模型在参数率定时，使用伊洛河流域 83 个站点观测的降水数据和中国气象局陆面数据同化系统（CMA land data assimilation system，CLDAS）的数据作为气象驱动要素数据，其中，CLDAS 的数据包含气温、气压、比湿、风速、相对湿度和太阳短波辐射等，经双线性插值后形成模拟气象强迫数据作为伊洛河分布式模型的驱动数据输入。

CLDAS 数据 CLDAS 等经纬度网格融合分析数据，利用多种来源的地面、卫星等观测资料，经过多种同化融合技术研制而成，产品包括大气驱动场、地表温度分析、土壤温湿度等变量，覆盖亚洲区域，空间分辨率为 0.0625°，时间分辨率为 1h。该数据产品在中国区域质量优于国际同类产品，且时空分辨率更高。

对输入点降水数据的离散处理，是将站点降水插值到流域，并与基于历史数据的再分析资料（CLDAS）或者预报的未来数据（GFS）进行融合。在本研究中使用了普通克里金（Ordinary Kriging）插值方法将站点降水数据插值到整个流域。

克里金插值方法是由法国数学家 Matheron 于 1960 年创建，基于空间相关函数的一种地理统计方法，被广泛应用于各类的点插值到连续地表的插值应用。该方法设立变异的随机表面方程来模拟变量的连续空间变化，在地理科学中通常被视为最优的插值方法。克里金插值最基本的形式是普通克里金方法，其利用线性组合关系，通过变差函数确立数据的权重，进而描述空间关系、预测插值数据。

具体插值通过调用 pykrige 这一 Python 包内的 Ordinary Kriging 函数完成，该函数主要参数及其含义：x 和 y 表示坐标；z 表示数据点处的值；variogram _ model 是函数模型（线性插值），nlags 是半变异函数的平均箱数，默认值为 6；anisotropy _ scaling 是各向异性缩放，默认值为 1（无拉伸）；anisotropy _ angle 是各向异性角度，默认值为 0（无旋转）。

图 3.4 - 16 展示了 2017 年 6 月 4 日 4 时典型时段的站点数据和克里金插值结果。

伊洛河分布式模型参数率定时使用的 CLDAS 数据，空间分辨率为 0.0625°，时间分

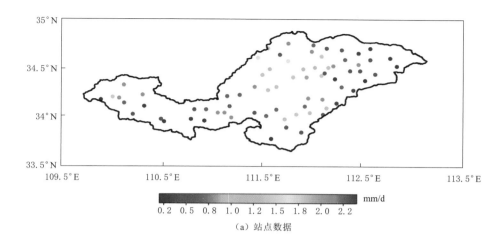

（a）站点数据

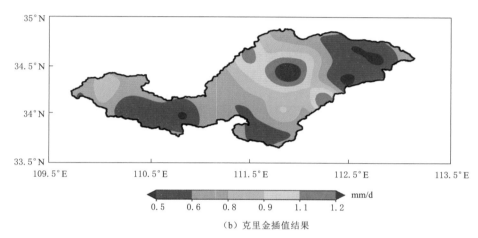

（b）克里金插值结果

图 3.4－16　2017 年 6 月 4 日 4 时典型时段的站点数据和克里金插值结果

辨率为 1h，主要涉及变量有累计降水量（mm）、近地面气温（K）、近地面比湿（kg/kg）、近地面风速（m/s）、下行短波辐射通量（W/m²）、下行长波辐射通量（W/m²）、表面气压（Pa），详见表 3.4－9。

表 3.4－9　　　　　　　　伊洛河分布式水文模型的气象驱动数据

数　据　名　称	单　　位	空间分辨率	时间分辨率
CLDAS 累计降水量	mm	0.0625°	1h
CLDAS 近地面气温	K	0.0625°	1h
CLDAS 近地面比湿	kg/kg	0.0625°	1h
CLDAS 近地面风速	m/s	0.0625°	1h
CLDAS 下行短波辐射通量	W/m²	0.0625°	1h
CLDAS 下行长波辐射通量	W/m²	0.0625°	1h
CLDAS 表面气压	Pa	0.0625°	1h

3.4.3.2 下垫面信息库构建

1. DEM 数据

高分辨率流域地貌参数提取模块，使用河道烧录法将矢量河网信息融入 DEM 中，进一步利用八方向坡面流累积法（D8 法）确定流域范围、提取流域地貌参数。模块的主要步骤包括洼地填平、流向生成、提取水系、确定流域范围，流程如图 3.4－17 所示。

本书首先将空间分辨率 250m 的初始精细化 DEM 数据插值到空间分辨率 1km 的计算网格，再使用 ArcGIS 的 ArcHydro Tools 工具中的 DEM Reconditioning 工具，将伊洛河流域的测绘河道、测绘流域边界等信息写入 1km DEM，完成河道烧录。此后，本书采用 D8 法提取了伊洛河流向、汇流面积、流域范围，将整个流域划分成卢氏、长水、宜阳、白马寺、东湾、龙门镇、黑石关、故县、陆浑 9 个子流域，完成了各个子流域的地貌参数提取。

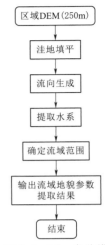

图 3.4－17 高分辨率流域地貌参数提取流程图

2. 下垫面数据

下垫面数据主要包括植被指数（叶面积指数和茎面积指数）、土地利用、土壤质地（土壤厚度、颜色，沙土/黏土/有机质含量），按照模型计算要求均统一为 1km 网格。伊洛河流域土地利用数据详情如下：

参照美国地质调查局（United States Geological Survey，USGS）的 24 种分类方式（表 3.4－10），采用多时相遥感影像决策树分类法进行分类。多时影像主要采用 2020 年 1—12 月高分一号 16m 卫星影像，选择 4、3、2 波段，分别计算 NDVI、NDWI、DNBI 等指数，根据时相特征和分类树图，提取 USGS 分类标准的地物类型。每一类提取完成后，根据影像特征，逐一检查分类结果，并对局部有问题区域进行人工修改，结果见图 3.4－18，细节对比结果如图 3.4－19 和图 3.4－20 所示。伊洛河流域累计分类总面积 18458km²，具有 9 种土地利用类型，分别是城市规划建设区（1429km²）、旱地农田（1538km²）、水浇农田（5433km²）、草地（1326km²）、落叶阔叶林（8052km²）、常绿针叶林（473km²）、水体（113km²）、湿地（79km²）、荒地（15km²）。

表 3.4－10　　　　　　　　　　USGS 的分类标准

编　号	英　文　名　称	中　文　表　述
1	Urban and Built－Up Land	城市规划建设区
2	Dryland Cropland and Pasture	旱地农田和牧场
3	Irrigated Cropland and Pasture	水浇农田和牧场
4	Mixed Dryland/Irrigated Cropland and Pasture	旱地/水浇混合农田
5	Cropland/Grassland Mosaic	农田/草地镶嵌
6	Cropland/Woodland Mosaic	农田/林地镶嵌
7	Grassland	草地
8	Shrubland	灌木丛
9	Mixed Shrubland/Grassland	草灌混交

编　号	英　文　名　称	中　文　表　述
10	Savanna	稀树草原区
11	Deciduous Broadleaf Forest	落叶阔叶林
12	Deciduous Needleleaf Forest	落叶针叶林
13	Evergreen Broadleaf Forest	常绿阔叶林
14	Evergreen Needleleaf Forest	常绿针叶林
15	Mixed Forest	混交林
16	Water Bodies（Including Ocean）	水体
17	Herbaceous Wetland	草本湿地
18	Wooded Wetland	林泽
19	Barren or Sparsely Vegetated	荒地或稀树
20	Herbaceous Tundra	草本苔原
21	Wooded Tundra	木本苔原
22	Mixed Tundra	混合苔原
23	Bare Ground Tundra	裸地苔原
24	Snow or Ice	积雪或冰域

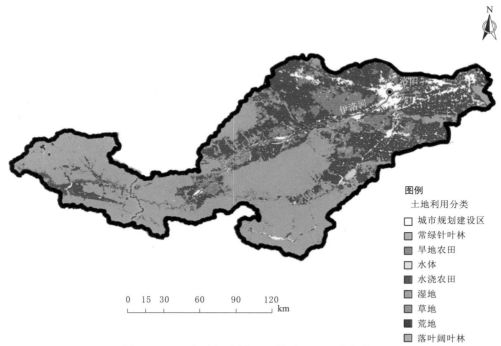

图 3.4-18　伊洛河流域土地利用 USGS 分类结果

3. 洪水模拟分析

基于气象数据的分布式水文模型主要敏感产汇流参数及其取值范围见表 3.4-11。

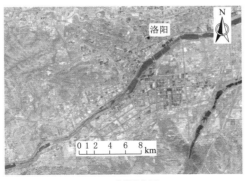
(a) 遥感影像图

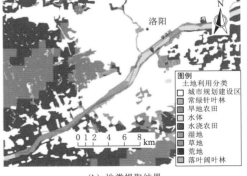
(b) 地类提取结果

图 3.4-19 分类结果细节展示及影像对比

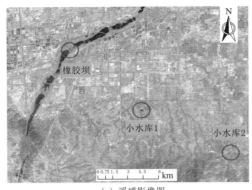
(a) 遥感影像图

(b) 地类提取结果

图 3.4-20 解译结果细节展示及影像对比

表 3.4-11 模型主要敏感产汇流参数及其取值范围

模型参数	参 数 名 称	单 位	取值范围
b	蓄水容量曲线形状指数		$0\sim1$
D_{smax}	基流最大流速	mm/d	$0.1\sim50$
D_s	非线性基流发生时相对流速		$0\sim1$
W_s	非线性基流发生时土壤相对湿度		$D_s\sim0.99$
v	网格有效水流流速	m/s	$0.05\sim1.50$

为了提高模式模拟性能，本书使用 SCE-UA 算法对产流参数进行率定。SCE-UA 算法是段青云等在原有单纯性算法基础上，结合生物与基因选择原理研发的一种最优化算法，能够有效解决非线性约束最优化问题，为高效筛选多参数组合的全局最优解提供了一种新思路。SCE-UA 算法主要参数及含义：n 为所选参数组参数个数；m 代表所选每个复合形顶点个数；p 为复合形个数；q 为每个子复合形顶点数；s 代表种群大小；$a\beta$ 为父代产生的子代个数及代数。SCE-UA 方法的主要步骤如下：

（1）初始化。选取参与进化的复合形个数 $p(p\geqslant1)$，每个复合形包含定点数 m（$m\geqslant n+1$）与样本数 s。

（2）产生样本。在可行空间随机产生 s 个点 x_1，x_2，$\cdots$，x，计算每个点 x_i 处函数

值 $f_i = (x_i)$。

（3）样本点排序。将 s 个点以升序排列，贮存到数组中 $D = \{x_i, f_i, i = 1, \cdots, s\}$，此时 $i = 1$ 代表了目标最小的函数点。

（4）复合形群体划分。将 D 划分 p 个复合形 $A_1, \cdots, A_p$，每个复合形包含 m 个点，组成数组。

（5）复合群体进化。根据竞争复合形演化算法对每一个复合形 A_k 进行演化。

（6）混合复合形。将 $A_1, \cdots, A_p$ 代替到 D 中，得到新的 $D = \{A_k, k = 1, \cdots, p\}$，再次对 D 按目标函数的升序进行排列。

（7）收敛性判断。满足收敛条件则停止，否则返回步骤（4）。

根据实测资料，本书以东湾、黑石关为例选择了 2 场较大量级的典型洪水过程来分析分布式模型对伊洛河流域的模拟效果，场次洪水信息见表 3.4-12。采用洪量相对误差、洪峰相对误差、峰现时差、确定性系数等指标对场次洪水模拟结果进行了分析。

表 3.4-12　　　　典型洪水起止时间

洪水编号	开始时间	结束时间
1	2010 - 7 - 23 18：00	2010 - 8 - 5 8：00
2	2011 - 9 - 11 14：00	2011 - 9 - 24 8：00

（1）东湾流域。东湾流域的五场典型场次洪水分布式模型模拟结果见表 3.4-13、图 3.4-21 和图 3.4-22，东湾作为流域最上游，在洪峰较大的场次洪水过程模拟中，洪峰流量和峰现时间均较为准确。

表 3.4-13　　　　　　　　　　东湾流域分布式模型模拟结果

洪水编号	实测洪量 /（×10⁴ m³）	实测洪峰 /（m³/s）	洪量相对 误差/%	洪峰相对 误差/%	峰现时差 /h	确定系数 DC
2010072320	34184.74	3750.0	−7.37	−23.19	4	0.79
2011091108	39477.6	1460.0	6.99	−17.54	12	0.72

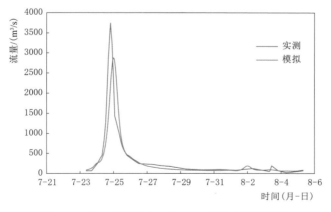

图 3.4-21　东湾 2010 年 7—8 月洪水模拟结果

（2）黑石关子流域。黑石关流域的五场典型场次洪水分布式模型模拟结果见表 3.4-14、图 3.4-23 和图 3.4-24，黑石关确定性系数达到 0.7 以上，可为参考性预报提供一定支撑。

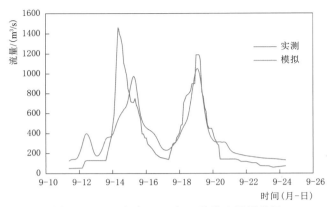

图 3.4 - 22　东湾 2011 年 9 月洪水模拟结果

表 3.4 - 14　　　　　　　　黑石关流域分布式模型模拟结果

洪水编号	实测洪量 /($\times 10^4 m^3$)	实测洪峰 /(m^3/s)	洪量相对 误差/%	洪峰相对 误差/%	峰现时差 /h	确定系数 DC
2010072320	70657.79	1430.0	26.17	112.87	3	0.78
2011091108	118715.07	2560.0	20.32	36.16	9	0.72

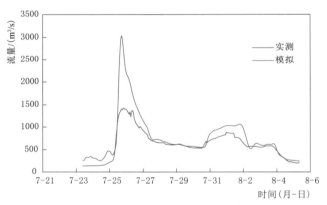

图 3.4 - 23　黑石关 2010 年 7—8 月洪水模拟结果

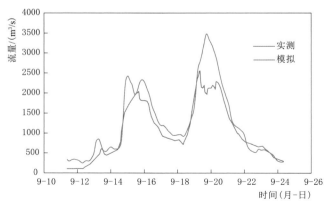

图 3.4 - 24　黑石关 2011 年 9 月洪水模拟结果

第4章

雨洪沙相似分析模型

　　一场暴雨洪水的形成是一个逐步演化的过程，包括前期大气环流背景条件、特定的天气系统配置、雨区分布及移动、洪水演进等诸多阶段，每个阶段都具有其自身的变化规律，阶段之间也存在相互的关联性。在特定流域内，历史上曾经发生过的特大暴雨洪水和当前实测得到的特大暴雨洪水，其天气成因、时程分配和空间分布形式是相似的，因为从物理成因来看，一定类型的洪水过程由一定类型的暴雨过程形成，而一定类型的暴雨过程又由一定类型的天气过程形成。因此，在防洪调度的各个阶段，如何有效地利用历史上相似场次暴雨洪水的发生、发展和演化信息，对指导实时洪水的预报和调度尤为重要。

　　目前的研究中，气象部门着力于暴雨洪水的成因分析，水文部门对暴雨洪水在地面上发展过程模拟的研究，不管是在概念性的水文模型、具有物理基础的水文模型模拟方面，还是在水文特征量的统计分析方法方面都十分重视，但是如何将暴雨洪水成因分析、各环节模式概化与实时的防洪调度系统进行有机组合，仍然是一个难点。国内外的研究多偏向于水文和气象中的一个方面，将两者耦合并服务实时调度的研究及应用的实例很少。暴雨洪水过程相似性分析是通过分析挖掘历史暴雨洪水数据，对当前暴雨洪水的未来发展趋势进行预测，服务于当前的防洪调度，目前在我国各大流域均未得到有效开展。借力人工智能、大数据挖掘等手段，通过对气象水文、地形地貌、防汛调度等多源海量数据资源的深层次分析，对水旱灾情进行预测和处理，是我国未来防御水旱灾害研究的方向之一。

　　针对上述现状及问题，本书采用两种方法来对雨洪信息进行相似性分析，分别为基于雨量图斑学习的相似分析方法和基于降雨特征参数的相似分析方法。其中，基于雨量图斑学习的相似分析方法以图斑数据为分析对象，采用图像检索技术实现原型雨图斑与历史雨量图斑的相似度匹配；基于降雨特征参数的相似分析方法主要通过流域降雨洪水过程相似性分析模型的构建，并结合水文预报信息，从历史信息中检索相关情景过程。下面分别对这两种方法进行介绍。

4.1 基于雨量图斑学习的相似分析方法

随着信息化数据采集技术的发展，数值型降雨数据在时间和空间尺度上的量级呈爆发式增长，导致数据挖掘过程的效率越来越低，使得相似降雨过程的搜索变得愈发困难。雨量图斑作为一种非结构化降雨数据，可以通过各种色斑块来表达不同区域的降雨量，相较于传统的结构化数值型数据，其特征信息较为简单且展示方式更加开放。同时，降雨图斑可以作为数据载体将流域河网之间的关系以及关键水文站的水文信息进行直观地呈现。鉴于雨量图斑数据的上述优势，本书采用图像处理以及机器学习技术对其进行特征提取以及相似性分析，为相似雨洪过程的甄别提供新思路、新方法，其流程为：给定一组原型雨量图斑数据，首先利用颜色分割技术对这些图斑数据进行色彩分块，将不同颜色区域进行分离；然后，对不同色块的像素值进行重新赋值，赋值规则为代表降雨强度较弱的色块重新赋予较小的像素值，降雨强度较强的色块赋予较大的像素值；最后，对历史图库中的每幅图斑数据进行相同操作，并用均方误差计算方法对处理后的原型雨图斑数据以及历史降雨图斑数据分别进行相似性计算，并按照相似值大小进行排序输出，下面分别对上述步骤进行详细介绍。

4.1.1 图斑数据合成

在分辨率为 640×480 的情况下，屏幕上由两个坐标轴构成了一个网格。其中，x 轴的范围是从 0 到 639，而 y 轴的范围则是从 0 到 479。这样，可以得到共 307200 个网格单元。接下来，再根据雨量站实地测量得到的雨量数据，并运用反距离权重法或者克里金插值法进行差值，为每一个网格单元分赋予一个特定的雨量值。反距离权重（inverse distance weighting，IDW）插值法是空间分析中的一种常用方法，被广泛地应用于各领域的插值计算中。反距离权重插值法认为各点的插值误差变化趋势各不相同，相互距离较近的事物要比相互距离较远的事物更相似，即距离预测位置最近的测量值比距离预测位置远的测量值的影响更大，距离预测位置较近的点分配的权重较大，权重随距离的增大而减小。相比于其他几种算法较为简洁，不考虑插值点与样本点之间的空间相关性，只受到插值点与样本点间距离的影响，以距离为权重，插值点与样本点间距离越近，权重越大。其插值结果保留了原来样点的真实值，被广泛应用于测绘领域，其算法公式一般表示为

$$Z = \sum_{i=1}^{n} \frac{1}{(d_i)^p} Z_i \bigg/ \sum_{i=1}^{n} \frac{1}{(d_i)^p} \qquad (4.1-1)$$

式中：Z 为插值点的估值；Z_i 为第 i 个样本点的观测值；d_i 为第 i 个样本点的欧式距离；n 为用于估算插值点值的样点个数；p 为幂指数，其值一般为 2，随着 p 值的变大，反距离插值算法的插值结果就会越平滑。

克里金插值法又称为空间自协方差最佳插值法，是一种求最优、线形、无偏的空间内插方法。在充分考虑观测对象之间的相互关系后，对每一个观测对象赋予一定的权重系数，加权平均得到估计值。随着统计学的发展，克里金插值也衍生出一系列变体，其中常用的是常规克里金插值算法。

常规克里金插值法作为一种数学统计学方法，只受空间相关因素的影响，算法复杂，计算量大，运算速度较慢，变异函数需要根据操作者经验人为选定。估算某测量点 Z 的通用方程为

$$Z_0 = \sum_{x=1}^{s} Z_x W_x \qquad (4.1-2)$$

式中：Z_0 为待估计值；Z_x 为点 x 的已知值；W_x 为点 x 的权重；s 为用于估算的样本点数目。

本书采用了七种不同的颜色来标识每个网格点的降雨量（图 4.1-1），这些颜色包括无色、浅绿色、深绿色、浅蓝色、深蓝色、浅红色以及深红色。其中，无色代表了降雨量为 0 的情况，而浅绿色则表示降雨量在 $0 \sim 50$ mm 之间。随着颜色的加深，降雨量也相应增加，深绿色代表的是 $50 \sim 100$ mm 的降雨量范围。接下来，浅蓝色的出现意味着降雨量已经达到了 $100 \sim 150$ mm，而深蓝色则进一步表明降雨量在 $150 \sim 200$ mm 之间。当出现浅红色时，意味着降雨量已经超过了 200 mm，达到了 $200 \sim 250$ mm 的范围。最后，深红色的出现标志着降雨量已经超过了 250 mm。通过这样的方式，可以将雨量数值数据转变成雨量图斑数据，如图 4.1-2 所

无色	无参数
	RGB:R166,G242,B143 CMYK:C35,M5,Y44,K0
	RGB:R61,G186,B61 CMYK:C76,M27,Y76,K0
	RGB:R97,G184,B255 CMYK:C62,M28,Y0,K0
	RGB:R0,G0,B225 CMYK:C100,M100,Y0,K0
	RGB:R250,G0,B250 CMYK:C0,M100,Y0,K0
	RGB:R128,G0,B64 CMYK:C50,M100,Y75,K0

图 4.1-1　雨量图块示例

示（图中，横轴数值表示经度，纵轴数值表示纬度，下同），以更直观的方式展示各地区的降雨量情况。

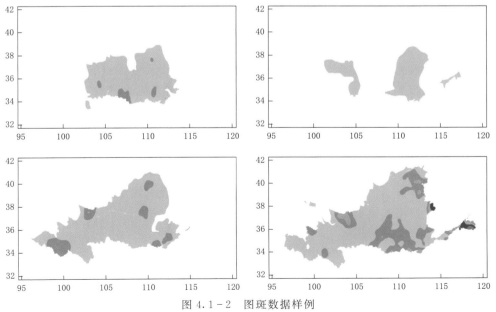

图 4.1-2　图斑数据样例

4.1.2　图斑相似性分析算法

本书的目标是根据当前原型雨图斑数据，从历史图斑数据库中找到与之最相似的降雨场次。根据任务需求，可以将该问题建模为计算机视觉领域中的图像检索，即：给定一场待查询原型雨图斑数据，从历史降雨量图斑库中检索出与之颜色分布最相似的降雨场次图斑数据，并按照相似度大小进行排序输出。为了实现该目标，本书采用图像分割、特征提取以及相似性度量等方法对雨量图斑数据进行相似性分析，大致流程为：首先对雨量图斑数据进行基于阈值法的图像颜色分割，将不同色块分离开来；然后对不同色块所对应的像素值进行重新赋值，再将像素重赋值后的两幅雨量图斑中相同位置的像素值进行均方误差计算，得到单对雨量图斑数据的相似值；最后将场次雨中剩余的雨量图斑数据对进行相同操作，并对图斑数据对的相似值进行加权输出，得到两场降雨最终的相似性。

4.1.2.1　基于阈值法的图像颜色分割

对图斑数据进行色块分割是本算法的第一步，本书采用基于阈值的颜色分割方法对图斑数据进行图像分割。阈值法颜色分割是一种简单而实用的图像分割技术，该方法通过设定一个或多个颜色阈值，将图像中的像素分为不同的区域，这些区域通常对应于图像中的不同物体或特征。以下是基于阈值的颜色分割方法的简要介绍。

1. 灰度阈值分割方法

灰度阈值分割方法是一种常用的图像处理技术，用于将一幅灰度图像分割成多个区域或对象。该方法基于图像中像素的灰度值，通过设置一个阈值来区分目标和背景，大致步骤如下：

（1）将彩色图像转换为灰度图像。这可以通过将 RGB 颜色通道的值加权求和来实现，通常使用下述公式：Gray＝$0.299\times$Red＋$0.587\times$Green＋$0.114\times$Blue。这样可以将彩色图像转换为灰度级别的图像，其中每个像素的值表示其灰度强度。

（2）阈值选择。选择一个适当的阈值来将图像分割为目标和背景。阈值可以是固定的，也可以根据图像的特性进行自适应选择。固定阈值是指在整个图像上使用相同的阈值进行分割，而自适应阈值是指根据图像不同区域的灰度特性选择阈值。常见的自适应阈值选择方法包括 Otsu 方法和基于局部均值的方法。

（3）分割。根据选择的阈值，将图像中的像素分为两个类别：目标和背景。通常，超过阈值的像素被归类为目标，低于阈值的像素被归类为背景。这样就得到了一个二值图像，其中目标像素被置为白色（或前景），背景像素被置为黑色（或背景）。

（4）后处理。根据应用的需求，可以对分割结果进行一些后处理操作，如去除噪声、填充空洞、连接断裂的目标等。

灰度阈值分割方法是一种简单且易于实现的图像分割技术，适用于许多应用领域，如目标检测、图像分析、计算机视觉等。然而，它对光照变化和噪声比较敏感，因此在某些情况下可能需要使用其他更复杂的分割方法来获得更好的结果。

2. 二值阈值分割方法

二值阈值分割方法是一种常用的图像处理技术，用于将灰度图像分割成仅包含两个像素值的二值图像（通常是黑白）。这种方法基于设定的阈值，将图像中的像素分为两个类别：目标和背景。二值阈值分割的步骤如下：

（1）将彩色图像转换为灰度图像，可以使用 RGB 颜色通道的加权求和方法，如前面所述。

（2）阈值选择。选择一个适当的阈值来对图像进行分割。阈值的选择可以是固定的，也可以是根据图像特性进行自适应选择。固定阈值是在整个图像上使用相同的阈值进行分割，而自适应阈值是根据图像不同区域的灰度特性选择阈值。常见的自适应阈值选择方法包括 Otsu 方法和基于局部均值的方法。

（3）分割。根据所选的阈值，将图像中的像素分为两个类别：目标和背景。通常，超过阈值的像素被归类为目标，低于阈值的像素被归类为背景。这样得到的二值图像中，目标像素被置为白色（或前景），背景像素被置为黑色（或背景）。

（4）后处理。根据应用的需求，可以对分割结果进行一些后处理操作，如去除噪声、填充空洞、连接断裂的目标等。

二值阈值分割方法广泛应用于许多图像处理任务，如文档二值化、字符识别、边缘检测等。它的优点是简单易懂、计算效率高，适用于处理许多类型的图像。然而，它对光照变化和噪声比较敏感，因此在某些情况下可能需要使用其他更复杂的分割方法来获得更好的结果。二值阈值分割与灰度阈值分割类似，但在设定阈值后，将图像中的像素直接分为黑色和白色两类，这种方法可以简化图像处理过程，但可能会丢失一些细节信息。

3．多阈值分割方法

多阈值分割方法是一种图像处理技术，用于将灰度图像分割成多个区域，并根据不同的阈值将像素分配到不同的类别。与二值阈值分割方法不同，多阈值分割方法可以将图像分割成三个或更多个不同的灰度级别或颜色区域。下面是多阈值分割方法的详细介绍：

（1）将彩色图像转换为灰度图像，可以使用 RGB 颜色通道的加权求和方法，如前面所述。

（2）阈值选择。选择多个阈值来对图像进行分割。阈值的选择可以是手动设置的，也可以使用自适应的算法来确定。自适应的阈值选择方法可以基于图像的灰度分布、统计学特征或区域特征来确定各个阈值。常见的自适应阈值选择算法包括 Otsu 方法、基于最大类间方差的方法和基于直方图的方法。

（3）分割。根据所选的阈值，将图像中的像素分配到不同的类别或区域。根据阈值的数量，可以将图像分割为多个灰度级别或颜色区域。每个像素根据其灰度值与不同阈值的关系被分配到相应的类别或区域。

（4）后处理。根据应用的需求，可以对分割结果进行一些后处理操作，如去除噪声、填充空洞、连接断裂的目标等。

多阈值分割方法广泛应用于图像分析、目标检测、图像分割等领域，它可以更精细地将图像分割成多个区域，对于复杂的图像场景具有一定的优势。然而，阈值的选择对分割结果影响较大，需要根据具体情况进行调整和优化。此外，多阈值分割方法的计算复杂度较高，对于大尺寸图像或实时应用可能需要考虑效率问题。

4．颜色空间阈值分割方法

颜色空间阈值分割方法是图像处理领域的重要手段，其核心在于利用颜色信息对图像进行区域或物体的分离，此方法的关键步骤为选取适当的色彩空间并设定相应的阈值，以达到准确区分目标与背景的效果。下面是颜色空间阈值分割方法的简要介绍：

（1）颜色空间选择。选择适当的颜色空间来表示图像中的颜色信息。常用的颜色空间包括 RGB（红、绿、蓝）、HSV（色相、饱和度、亮度）、Lab（亮度、a 通道、b 通道）等。选择合适的颜色空间取决于具体应用和图像特性。例如：HSV 颜色空间在处理颜色的饱和度和亮度变化时更具优势。

（2）阈值选择。根据所选的颜色空间，选择适当的阈值对图像进行分割。阈值的选择可以是手动设置的，也可以使用自适应的算法来确定。自适应阈值选择方法可以基于颜色分布、统计学特征或区域特征来确定阈值。常见的自适应阈值选择算法包括 Otsu 方法、基于最大类间方差的方法和基于直方图的方法。

（3）分割。根据所选的颜色空间和阈值，将图像中的像素分为不同的类别或区域。每个像素根据其颜色值与不同阈值的关系被分配到相应的类别或区域。

（4）后处理。根据应用的需求，可以对分割结果进行一些后处理操作，如去除噪声、填充空洞、连接断裂的目标等。

颜色空间阈值分割技术在多种应用场景中发挥着关键作用，包括但不限于颜色目标检测、图像分割以及计算机视觉等领域。其核心功能是通过分析图像中的颜色特征，实现对目标与背景的分离，从而为依赖颜色信息的后续处理提供有效支持。然而，该方法的准确性和效率受到颜色空间选择和阈值设定的显著影响，因此在实际应用中需要根据具体问题进行细致的参数调整和优化。另外，由于该方法对光照变化和噪声干扰较为敏感，因此在实施过程中还需考虑这些因素对分割结果的影响。

5. 自适应阈值分割方法

自适应阈值分割方法是一种基于图像局部特征的图像处理策略，其主要目标是为每个像素设定一个适当的阈值，从而实现对图像的有效分割。相较于固定的阈值分割方式，自适应阈值分割在应对图像中区域灰度变化及光照差异上具有明显优势，其大致步骤如下：

（1）将彩色图像转换为灰度图像，可以使用 RGB 颜色通道的加权求和方法，如前面所述。

（2）窗口选择。将图像分成许多重叠的小窗口（也称为局部区域）或者滑动窗口（移动窗口）。每个窗口的大小可以根据应用需求进行选择，通常是一个正方形或矩形区域。

（3）阈值计算。对于每个窗口，根据窗口中像素的灰度分布或统计特征来计算一个适应性阈值。常见的自适应阈值计算方法包括基于窗口中像素的局部均值、局部中值、局部高斯模型等。

（4）分割。将图像中的每个像素与其所在的窗口的适应性阈值进行比较。如果像素的灰度值高于阈值，则将其归类为目标类别；如果低于阈值，则归类为背景类别。通过对整个图像中的每个像素重复这个过程，得到最终的分割结果。

（5）后处理。根据应用的需求，可以对分割结果进行一些后处理操作，如去除噪声、填充空洞、连接断裂的目标等。

自适应阈值分割技术在处理灰度变化显著或光照差异明显的图像时表现优异。其独特之处在于能够基于局部特征自主调整阈值，因此更能适应图像的多样性。该方法在诸如文本图像处理、医学图像分析以及工业检测等领域的应用广泛。然而，自适应阈值分割方法的计算复杂度较高，对于大尺寸图像或时效性要求较高的应用可能需要考虑效率问题。此外，阈值设定与窗口规模的选择对分割结果有重要影响，因此在实际操作中需要根据具体情境进行相应的调整和优化。

雨量图斑数据由多样的颜色构成，每种颜色都对应于特定的雨量等级。常见的颜色与其相应的降雨量包括：浅绿色（0～50mm）、绿色（50～100mm）、浅蓝色（100～150mm）、蓝色（150～200mm）、浅红色（200～250mm）和红色（250mm及以上）。为了实现对雨量图斑数据的色彩划分，采用颜色空间阈值分割方法，原因如下：

（1）颜色空间阈值分割方法具有直接处理彩色图像的优势，避免了将图像转换为灰度图像的步骤。因为颜色是判断不同雨量等级的重要依据，因此在处理图斑数据时，保持原始的色彩信息对于精确的雨量检索至关重要。

（2）颜色空间阈值分割方法能够适应多类别分割的需求。它可以根据实际情况设置多个阈值，将像素划分为多个区域，从而满足雨量图斑数据中的多类颜色分割需求。

（3）颜色空间的选择具有灵活性。颜色空间阈值分割方法可以在各种颜色空间中实现，包括 RGB、HSV、Lab 等。针对雨量色斑图的特点，可以选择最适合的颜色空间来提升分割效果。比如，在 HSV 颜色空间中，色相（H）往往能更好地反映雨量色斑图中的颜色差异，而亮度（V）和饱和度（S）信息则有助于应对光照和阴影的变化。

为了实现基于颜色空间阈值的图斑数据分割，首先需要明确这六种颜色在色彩空间中的阈值边界。选择 RGB 作为颜色空间，在该色彩空间内，上述六种颜色在该色彩空间中的像素阈值范围分别为：

浅绿色：（[120，220，130]，[170，270，185]）；

绿色：（[190，0，0]，[245，30，40]）；

浅蓝色：（[40，165，40]，[100，210，80]）；

蓝色：（[200，160，70]，[255，200，110]）；

浅红色：（[200，0，190]，[255，30，255]）；

红色：（[40，0，100]，[90，50，150]）。

确定了每个颜色的阈值范围后，应用逻辑运算（如 AND、OR 等）对图像实施分割，仅保持位于阈值范围内的像素点，而剔除超出阈值范围的像素点。这样就能分别对每种颜色进行有效分割。遵循这些步骤，对雨量图斑数据进行颜色分割，结果如图 4.1－3 所示。从图中可以明显地看到，基于颜色空间阈值的颜色分割方法成功地将雨量图斑数据中的不同色块区分开来。

4.1.2.2　像素重赋值

雨量图斑相似性分析的核心是找到与原始雨量图斑数据的色块分布最接近的历史降雨图斑。在此过程中，需考虑两幅雨量图斑数据中相同区域颜色差异的程度。因为采用的相似性分析模型基于距离度量学习，所以希望降雨量差距小的色块之间的像素值距离也小，即浅绿色、绿色、浅蓝色、蓝色、浅红色和红色六种颜色对应的像素区间值能够按照升序排列。然而，在计算机色彩空间中，这些颜色之间的距离排序与预期并不一致。比如，RGB 颜色空间中，浅绿色的阈值范围是（[120，220，130]，[170，270，185]），绿色的阈值范围是（[190，0，0]，[245，30，40]），蓝色的阈值范围是（[200，160，70]，

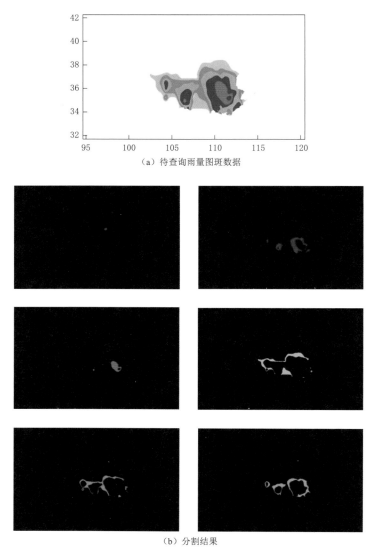

（a）待查询雨量图斑数据

（b）分割结果

图 4.1-3　基于颜色空间阈值的图斑数据分割

［255，200，110］），这显示了浅绿色与绿色之间的像素值距离大于浅绿色与蓝色之间的距离，与预期的色差顺序相悖。为解决此问题，采用重新赋值的策略，如图 4.1-4 所示，对浅绿色、绿色、浅蓝色、蓝色、浅红色和红色重新赋予的像素值分别为 ［1，1，1］、［2，2，2］、［6，6，6］、［7，7，7］、［15，15，15］ 和 ［16，16，16］，以此确保这六种颜色之间的像素值距离满足相似性检索所需的色差距离。

4.1.2.3　基于像素距离的图斑数据相似性分析算法

在对像素值进行重新赋值后，采用均方误差（mean squared error，MSE）计算两幅雨量图斑像素值的差异，以此来评估两幅降雨图斑之间的相似性，以下是使用 MSE 计算图斑数据相似性的步骤：

（1）图斑数据尺寸调整。首先要确保比较的两幅雨量图斑数据具有相同的尺寸（宽度和

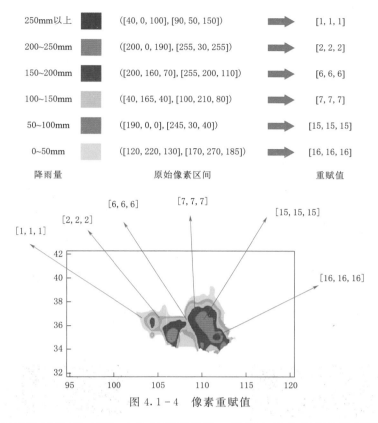

图 4.1-4　像素重赋值

高度）以及相同的数据类型（例如 8 位无符号整数，即每个像素值的取值范围为 0～255）。

（2）计算像素差值。对于每个像素位置，计算两幅图像在该位置的像素值之差，对于 RGB 图像，需要分别计算每个颜色通道的像素差值。

（3）计算像素差值的平方。将每个像素位置的差值进行平方处理。

（4）差值平均。将所有像素位置的差值进行平方求平均，得到 MSE。

MSE 的计算公式如下：

$$MSE = (1/N) \times \sum_{1}^{N} (y_1 - y_2)^2$$

式中：y_1 与 y_2 分别为两幅雨量图斑数据相同位置处的像素值。MSE 值越小，表示两幅雨量图斑数据之间的差异越小，相似度越高。

4.1.2.4　对比算法

为了验证像素重赋值算法的有效性，采用两种方法进行对比验证：基于颜色特征提取和基于深度学习的雨量图斑相似性分析算法。其中，基于颜色特征提取的算法在原型雨图斑数据进行颜色分割后，对历史雨量图斑数据按照相同的区域进行掩膜分割，得到与原型雨位置、面积大小相同的若干单独区域，然后分别提取对应区域的颜色特征，并进行颜色匹配，找到每个区域的色差度是多少，最后将每个区域的色差加权输出，得到两幅雨量图斑数据之间整体差异；在基于深度学习的相似性分析过程中，分别采用预训练的 ResNet - 50 模型对原型雨图斑以及历史图斑进行全局特征提取，并对提取后的特征进行距离度量，得到雨量图斑之间的相似度。下面分别对这两种算法流程进行简要阐述。

1. 基于颜色特征提取的雨量图斑相似性分析算法

不同于像素重赋值，基于颜色特征提取的雨量图斑相似性分析方法在对雨量图斑进行颜色及掩膜分割后，利用颜色特征提取算法分别对分割后的色块进行特征提取，再利用颜色距离度量函数进行相似性计算。

（1）颜色分割。利用基于颜色阈值分割方法对原型雨图斑数据进行分割，将不同色块分离开来并形成对应的形状掩膜，图 4.1-5 展示了二值掩膜生成效果，其中图 4.1-5（a）为待分割雨量图斑数据，图 4.1-5（b）为雨量图斑数据分割后生成的二值掩膜数据。

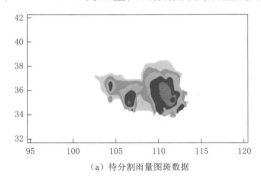

（a）待分割雨量图斑数据

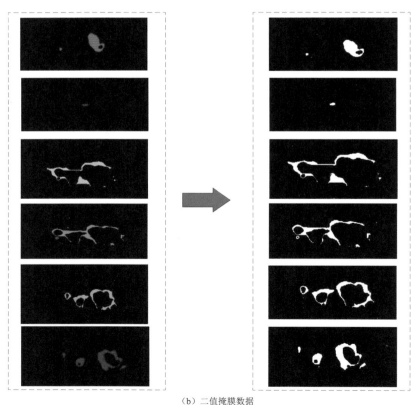

（b）二值掩膜数据

图 4.1-5 二值掩膜示意图

　　（2）掩膜分割。用二值掩膜对历史雨量图用上述二值掩膜图做掩膜分割，得到分割结果如图 4.1-6 所示。

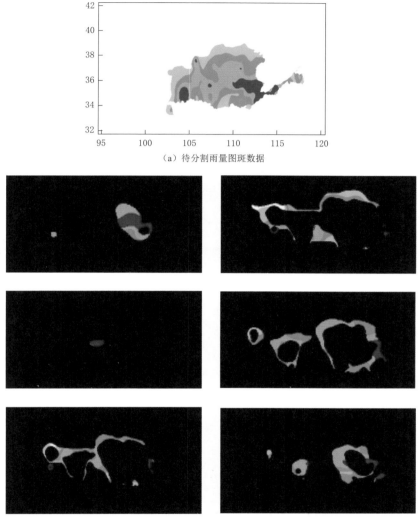

（a）待分割雨量图斑数据

（b）二值掩膜数据

图 4.1-6　掩膜分割结果

　　（3）相似度计算。分别用相似性计算方法对分割后相同形状的雨量块进行特征提取，然后对特征提取后的相同色块对进行相似度估计，得到相同区域中降雨量的相似程度，并根据雨量中心区域的分布特征对不同颜色块的相似度结果赋予不同权重，加权输出得到最终的相似度结果。具体步骤如下：

　　1）颜色空间转换。在进行图斑数据颜色特征提取之前，需要将其进行颜色空间转换。在计算机视觉领域，大多数数字图像使用 RGB 颜色空间表示。然而，RGB 空间的结构并不符合人们对颜色相似性的主观判断，因此有学者提出了基于 HSV 空间、Luv 空间和 Lab 空间的颜色直方图方法，因为它们更接近于人们对颜色的主观认知。其中，HSV 空间是最常用的颜色空间之一，它的三个分量分别代表色彩（Hue）、饱和度（Saturation）和明度（Value）。可以将 HSV 空间想象成图 4.1-7 中的圆柱体，其横截面可以看作是一个极坐标系。在这个极坐标系中，色彩 H 由极角表示，饱和度 S 由极轴长度表示，而明度 V 则由圆柱体的高度表示。与 RGB 颜色空间相比，HSV 颜色空间具有更直观的色彩表示方式，更符合人们对颜色的感知和理解。因此，在颜色特征提取的过程中，常常将图像数据从 RGB 空间转换到 HSV 空间。这样做可以更准确地捕捉到图像中的色彩信息，从而更好地进行颜色特征的分析和提取。RGB 颜色空间可以通过式（4.1-3）进行转换到 HSV 颜色空间。请注意，这里提到的 HSV 空间只是颜色空间转换的一种选择，根据具体的应用场景和需求，也可以选择其他颜色空间进行转换和特征提取。

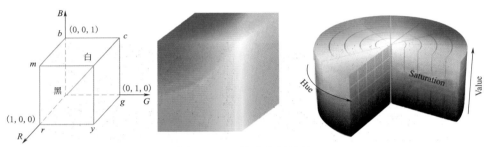

图 4.1-7　掩膜分割结果

$$R' = R/255$$
$$G' = G/255$$
$$B' = B/255$$
$$C_{\max} = \max(R', G', B')$$
$$C_{\min} = \min(R', G', B')$$
$$\Delta = C_{\max} - C_{\min}$$

H 的取值为

$$H \begin{cases} 0°, \Delta = 0 \\ 60° \cdot \left(\dfrac{G' - B'}{\Delta} + 0 \right), C_{\max} = R' \\ 60° \cdot \left(\dfrac{B' - R'}{\Delta} + 2 \right), C_{\max} = G' \\ 60° \cdot \left(\dfrac{R' - G'}{\Delta} + 4 \right), C_{\max} = B' \end{cases} \tag{4.1-3}$$

S 的取值为

$$S \begin{cases} 0, C_{\max} = 0 \\ \dfrac{\Delta}{C_{\max}}, C_{\max} \neq 0 \end{cases}$$

V 的取值为

$$V = C_{\max}$$

2）颜色特征提取。在对色块进行分割和颜色空间转换后，接下来需要进行颜色特征提取。采用的颜色特征包括颜色矩和颜色直方图。其中，颜色直方图是一种简单有效的基于统计特性的特征描述子，在计算机视觉领域得到广泛应用。颜色直方图的计算过程首先需要将颜色空间划分为若干个小的颜色区间，每个小区间成为直方图的一个 bin，这个过程被称为颜色量化。然后，通过计算落在每个小区间内的像素数量，可以得到颜色直方图，直方图中每个 bin 的值表示该颜色区间内的像素数量或像素比例。颜色直方图的优点主要体现在两个方面：首先，对于任意图像区域，提取直方图特征非常简单方便；其次，直方图能够有效地表征图像区域的统计特性，能够很好地表示多模态的特征分布，并且具有一定的旋转不变性。因此，颜色直方图在许多图像检索系统中被广泛采用作为颜色特征。

颜色矩是由 Stricker 和 Orengo（1970）提出的一种简单而有效的颜色特征。该方法原理源于图像中任何颜色的分布均可以用它的矩来表示，由于颜色分布信息主要集中在低阶矩中，因此仅采用颜色的一阶矩、二阶矩和三阶矩就足以表达图像的颜色分布。相较于其他颜色特征，该方法无须对特征进行向量化，可以直接使用矩的数值来表示颜色分布，而无须建立和使用直方图的分组和统计信息。在实际应用中，为了避免低阶矩分辨能力较弱的缺点，颜色矩通常与其他特征结合使用。此外，颜色矩常常用于在使用其他特征之前进行过滤和缩小范围的作用，以提高计算效率和减少特征维度。3 个颜色矩的数学定义为

$$
\begin{cases}
\mu_i = \dfrac{1}{N} \sum_{j=1}^{N} p_{i,j} \\[2mm]
\sigma_i = \left(\dfrac{1}{N} \sum_{j=1}^{N} (p_{i,j} - \mu_i)^2 \right)^{\frac{1}{2}} \\[2mm]
s_i = \left(\dfrac{1}{N} \sum_{j=1}^{N} (p_{i,j} - \mu_i)^3 \right)^{\frac{1}{3}}
\end{cases}
\tag{4.1-4}
$$

式中：N 为图片中的总的像素数；$p_{i,j}$ 为第 i 个颜色通道在第 j 个图像像素的值；μ_i 为第 i 个颜色通道上所有像素的均值；σ_i 为第 i 个颜色通道上所有像素的二阶矩；s_i 为第 i 个颜色通道上所有像素的三阶矩的 3 次方根。

如果一幅图像的 3 个颜色分量分别为 R、G、B，那么该图像的颜色矩为一个 9 维的直方图，颜色矩表示如下：

$$
F_{\text{col-moments}} = \left[\mu_R \cdot \mu_G \cdot \mu_B \cdot \sigma_R \cdot \sigma_B \cdot \sigma_G \cdot s_G \cdot s_B \cdot s_R \right]
\tag{4.1-5}
$$

3）特征匹配。在得到两组位置相同的雨量图块后，采用上述两种颜色特征分别对每个图像块进行特征提取，并将这些特征进行向量化，然后采用欧式距离计算两个颜色特征向量之间的相似度，以此进行特征匹配。

4）相似度加权输出。在计算出两幅雨量图斑相同区块之间的相似度后，将对这些相似度进行加权求和，从而获取两幅雨量图斑的整体相似性。权重的分配依据色块分割信息，主要遵循以下原则：待匹配图斑降雨量越大的区域，其相似性赋予的权重就越高；反之，待匹配图斑降雨量较小的区域，其相似性赋予的权重就较低。在本书中，给深红色、红色、深蓝色、蓝色、深绿色和绿色分别赋予了不同的权重值：[6，5，4，3，2，1]。

2. 基于深度学习的雨量图斑相似性分析算法

近年来，随着计算机硬件的发展以及越来越多的大型数据集被公开，深度学习技术在

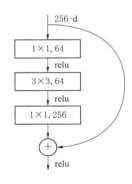

图 4.1-8　ResNet 残差模块

许多计算机视觉任务中均取得了重大的突破，典型的深度网络模型包含 LeNet、VGG、GoogleNet 以及 ResNet-50。ResNet-50 是 2015 年度 ImageNet 图像识别大赛中的冠军网络，由何恺明等提出。此后，ResNet-50 被应用于各大计算机视觉任务中。在 ResNet 被提出来之前，卷积神经网络会随着网络层次的加深而在训练集上出现准确率下降的情况，这种现象是由梯度消失问题引起的。如图 4.1-8 所示，ResNet 为了解决梯度消失问题引入了跳跃链接机制，该机制直接将当前层的输出恒等映射到下一层网络中，与此同时，在反向传播阶段将下一层的梯度值直接恒等映射给上一层网络。通过这种操作，实现了在不增加网络参数量的同时解决了梯度消失问题。

ResNet-50 模型包含 5 个阶段卷积操作，第一个阶段包含有 1 个卷积层和 1 个最大池化层，其余四个阶段分别包含 9、12、18、9 个卷积层，在这些卷积层之后另有一个平均池化层和一个用于分类的全连接层。其关键网络结构介绍如下：

（1）输入层。接收输入图像的数据。

（2）卷积层和池化层。ResNet-50 以一系列的卷积层和池化层作为初始特征提取部分。这些层逐渐减小特征图的尺寸并增加通道数，以捕捉不同尺度和抽象级别的特征。

（3）残差块。ResNet-50 的核心组成部分是残差块。每个残差块由两个或三个卷积层组成，其中包含了跳跃连接和残差映射。跳跃连接允许信息直接跳过一部分层级，通过将输入直接与输出相加，从而构建了一个"短路"，使得梯度能够更快地传播。残差映射则通过多个卷积层和激活函数来学习残差的变换，即通过学习残差来修正输出。

（4）残差块的堆叠。ResNet-50 通过堆叠多个残差块来构建更深的网络。这些残差块可以有不同的结构，但通常遵循相同的设计原则，即通过残差连接和残差映射来学习更复杂和抽象的特征表示。

（5）全局平均池化层。在残差块的堆叠之后，ResNet-50 采用全局平均池化层来将特征图转换为向量。全局平均池化层对每个特征图通道的值进行平均，得到每个通道的池化特征。

（6）全连接层。最后，ResNet-50 使用全连接层来进行最终的分类。这些全连接层包括一个或多个具有 ReLU 激活函数的全连接层，并且通常以一个具有 softmax 激活函数的输出层来预测图像的类别。

该网络的具体模型参数设置见表 4.1-1。

表 4.1-1　ResNet-50 参数设置

层级名字	输出大小	层级结构
Conv1	112×112	7×7，64，最大池化层，步长为 2
Conv2_x	56×56	$\begin{bmatrix} 1×1, & 64 \\ 3×3, & 64 \\ 1×1, & 256 \end{bmatrix} ×3$
Conv3_x	28×28	$\begin{bmatrix} 1×1, & 128 \\ 3×3, & 128 \\ 1×1, & 512 \end{bmatrix} ×4$
Conv4_x	14×14	$\begin{bmatrix} 1×1, & 256 \\ 3×3, & 256 \\ 1×1, & 1024 \end{bmatrix} ×6$
Conv5_x	7×7	$\begin{bmatrix} 1×1, & 512 \\ 3×3, & 512 \\ 1×1, & 2048 \end{bmatrix} ×3$
	1×1	平均池化、全连接层，Softmax

　　由于图斑数据没有标签信息，所以无法利用这些数据对 ResNet-50 模型进行有监督的训练学习，而利用参数随机初始化的 ResNet-50 模型提取出的图斑数据特征的表征能力较差。为此，利用在 ImageNet 数据集上预训练过的 ResNet-50 模型参数对雨量图斑数据进行深度特征提取，得到雨量图斑深度特征信息，具体流程如图 4.1-9 所示。

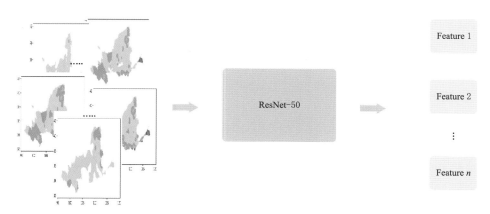

图 4.1-9　ResNet 残差模块

　　同样地，在提取出雨量图斑数据的深度特征信息后，利用欧式距离度量函数来计算两幅雨量图斑数据之间的特征距离：

$$dist(A,B)=\sqrt{[(A_1-B_1)^2+\cdots+(A_n-B_n)^2]} \tag{4.1-6}$$

式中：A、B 分别为两个雨量图斑数据的深度特征向量；$dist(A,B)$ 为两个特征向量之间的距离。

4.1.3　降雨场次相似性分析

　　对于特定流域内的一场降雨，为了更加全面准确地描述其空间分布和强度特征，通常需要使用多张雨量图斑数据进行联合表示。最常用的表达场次降雨配套图片包括场次雨量图斑数据、最大 1 日雨量图斑数据以及最大 3 日雨量图斑数据。场次雨量图斑数据是指该流域内总体降雨量分布情况，它可以反映出整场降雨的空间分布和强度变化。最大 1 日雨量图斑数据和最大 3 日雨量图斑数据则分别代表了该流域内单日降雨量和连续 3 日降雨量的最大值分布情况，这些数据可以更好地理解降雨事件的极端情况和降雨强度的变化趋势。如图 4.1-10 所示，当需要比较两场降雨之间的相似度时，需要分别计算这两场降雨中对应的最大 1 日雨量图斑数据、最大 3 日雨量图斑数据以及场次雨量图斑数据之间的相似性。具体来说，可以采用各种相似性度量方法，如欧几里得距离、余弦相似度或者皮尔逊相关系数等，来计算这些数据之间的差异程度。然后，将三对图斑数据之间的相似值进行加权输出，以得到整个降雨事件的相似度，加权规则为

$$S_{综合}=S_{场次}\times0.7+S_{最大1日}\times0.1+S_{最大3日}\times0.2$$

式中：$S_{综合}$ 为两场降雨的相似度；$S_{场次}$ 为两场降雨对应的场次雨量图斑数据之间的相似度；$S_{最大1日}$ 为两场降雨对应的最大 1 日雨量图斑数据之间的相似度；$S_{最大3日}$ 为两场降雨对应的最大 3 日雨量图斑数据之间的相似度；0.7、0.1 及 0.2 分别为这三类相似值的权重。

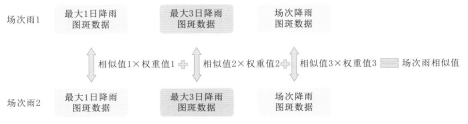

图 4.1-10 降雨场次相似度计算示意图

4.1.4 实验分析

1. 图斑检索效果对比

如图 4.1-11 所示,将黄河流域 1958 年 7 月 16—20 日时间区间内的雨量数据进行图斑合成,得到 12 幅雨量图斑数据,随机选中第四行第一列中的图斑数据作为待检索数据,其余 11 幅作为检索库数据,分别对上述三种算法进行测试,由于篇幅有限,仅将与待检索图斑数据相似度排名前三的搜索结果进行可视化展示,测试结果如图 4.1-12 所示。

图 4.1-12 中,最左列三幅图为待检索雨量图斑数据,右边三列是三种算法检索到的与待检索雨量图斑数据最相似的前三幅雨量图斑数据。从中可以看出,基于像素重赋值以及基于颜色特征提取的检索方法查询到与原型雨最相似的图斑数据为其本身,优于基于深度学习的检索方法的搜索结果;基于像素重赋值的检索方法搜索到的与原型雨第二相似的图斑数据为 4.png,而基于颜色特征提取的检索方法搜索到的图斑数据为 6.png,从视觉效果上来看,原型雨图片 3.png 与 4.png 的降雨中心及其笼罩面积比 6.png 更为接近,由此可知,基于像素重赋值的方法比基于颜色特征提取方法的检索性能更好。综合上述结果分析,基于像素重赋值的图斑检索方法在这三种算法中取得了最优的搜索效果。

2. 图块检索效果对比

本节的主要目标是从历史雨量图库中找到与当前原型雨最相似的图斑数据,衡量两幅雨量图斑数据是否相似的标准除了相同位置颜色是否相同外,还要考虑当相同位置颜色不同时,不同颜色之间的"远近亲疏"关系,例如在雨量色斑图中浅绿色代表的降雨强度为 0~50mm,绿色代表的降雨强度为 50~100mm,蓝色代表的降雨强度为 150~200mm,由于浅绿色与绿色代表的降雨强度较为接近,希望所设计的检索算法计算得到的浅绿色与绿色像素值在空间上的距离小于浅绿色或者绿色与蓝色之间的距离。为了验证上述三种算法对颜色空间距离的度量是否准确,分别提取出相同大小的六种色块,并用这三种算法分别对这六种色块之间的颜色距离进行计算,并排序输出,结果如图 4.1-13 所示。

从图 4.1-13 可以看出,基于像素重赋值的方法检索出的色块相似度排序达到了预期的效果,即降雨强度相近的色块相似度较高,基于颜色特征提取以及基于深度学习的方法并没有很好地按照降雨强度对色块相似度进行排序,这是由于这两种方法直接在 RGB 空间上对色块的颜色特征进行比较,而在 RGB 空间中降雨强度相近的色块空间距离不一定

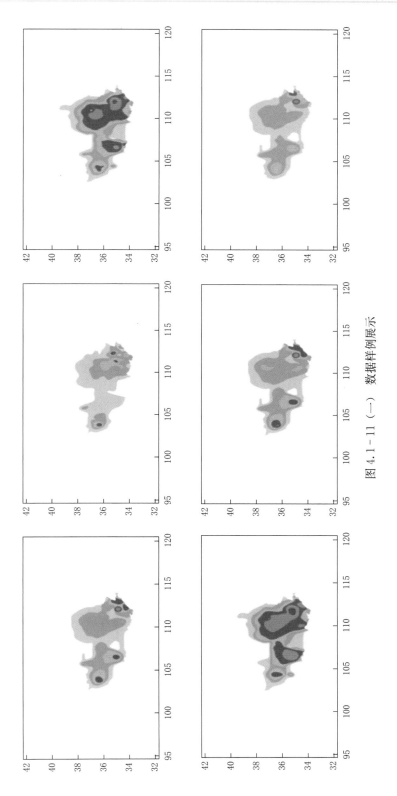

图 4.1 - 11 （一）　数据样例展示

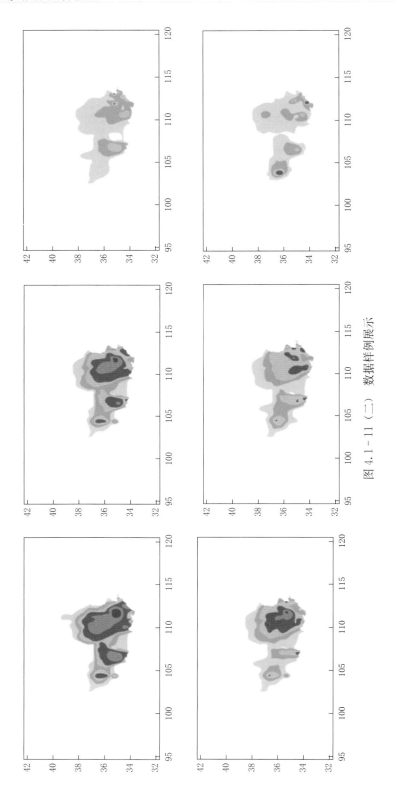

图 4.1-11 （二）　数据样例展示

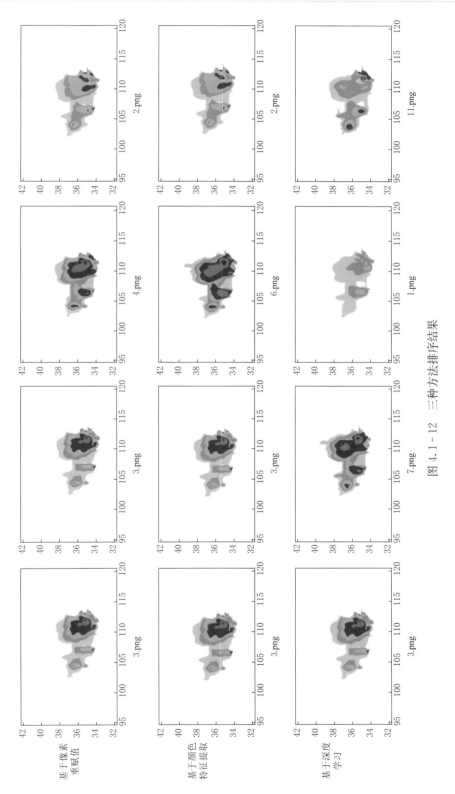

图 4.1-12　三种方法排序结果

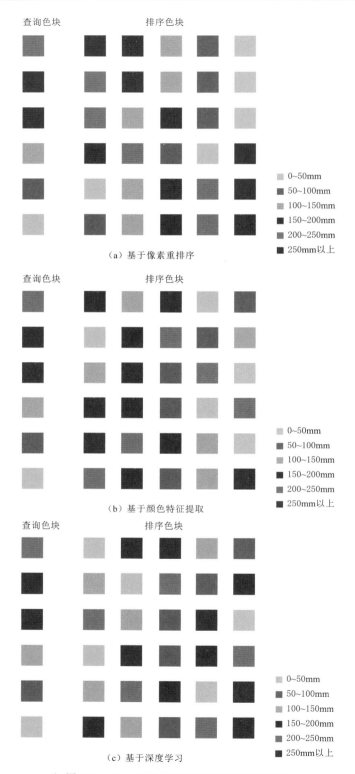

（a）基于像素重排序

（b）基于颜色特征提取

（c）基于深度学习

图 4.1－13　三种方法色块相似度检索结果

相近，举例来讲，浅绿色在 RGB 空间中的像素值区间为（[120，220，130]，[170，270，185]），绿色在 RGB 空间中的像素值区间为（[190，0，0]，[245，30，40]），蓝色在 RGB 颜色空间中的像素值区间为（[200，160，70]，[255，200，110]），这将导致浅绿色与绿色之间的距离要大于浅绿色或者绿色与蓝色之间的距离。本节所提出的方法将这些色块的像素值按照降雨量大小赋予不同的值，使得降雨强度相近的色块之间的像素距离也相近，达到了预期目标。

　　3. 场次降雨效果对比

　　图 4.1-14 展示了利用上述相似性计算规则对降雨场次进行相似性检索的效果，其中第一列代表一场降雨的场次雨量图斑数据，第二列代表场次雨的最大 1 日降雨图斑数据，第二列代表场次雨的最大 3 日降雨图斑数据，第一行为待查询原型雨图斑序列数据，由降雨场次图斑数据、最大 1 日降雨图斑数据以及最大 2 日降雨图斑数据组成，第二到第六行为算法检索到的前五场相似降雨场次序列数据。从视觉效果来看，基于像素重赋值的雨量相似性分析算法可以有效地从历史雨量图库中找到与原型雨相似的降雨场次。

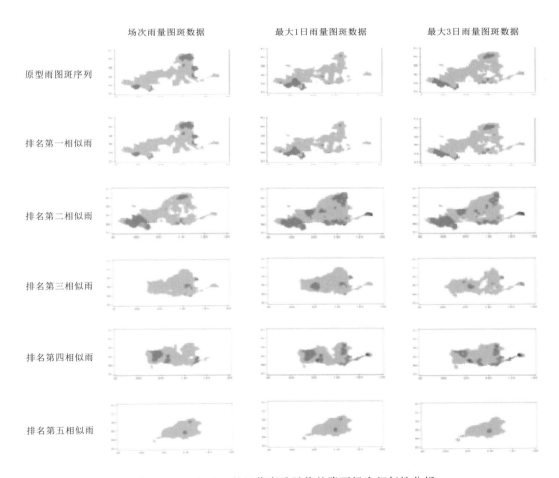

图 4.1-14（一）　基于像素重赋值的降雨场次相似性分析

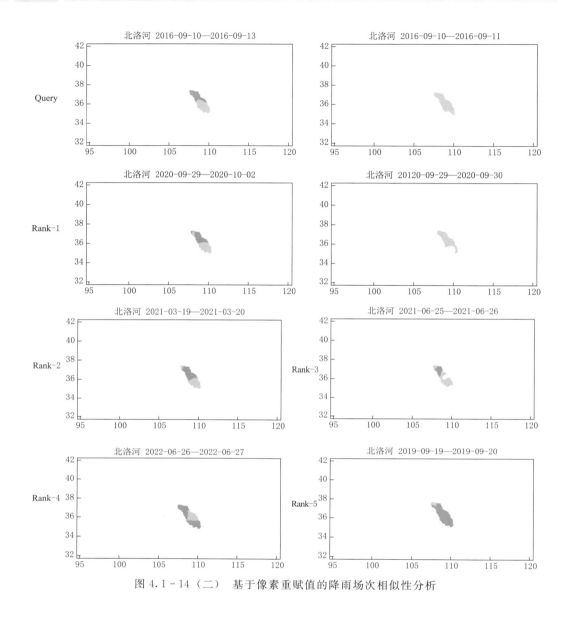

图 4.1-14（二）　基于像素重赋值的降雨场次相似性分析

4.2　基于降雨特征参数的相似分析方法

基于降雨特征参数的相似分析方法主要分为场次降雨划分、特征值统计以及相似性分析三部分，其中场次降雨划分对给定的降雨数据进行时段划分，使得划分为同一时段的降雨为一场完整的场次雨，特征值统计主要是对场次雨提取可以描述其关键特征信息的指标值，相似性分析是指利用距离度量函数对提取到的场次降雨特征值进行计算，并输出相似度排序结果。整体流程框架如图 4.2-1 所示。

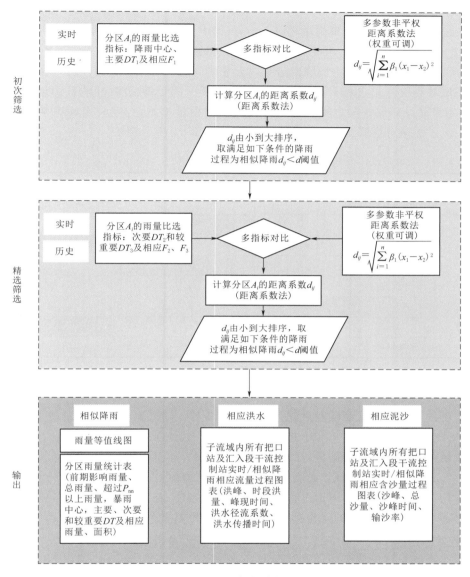

图 4.2-1 相似性分析流程

4.2.1 场次划分

1. 场次降雨过程

基于逐日降雨过程，以累计降雨量超过 P_n、时段间隔小于 D_T 为判别指标，识别区域内各代表站的降雨开始 T_{Si}、结束时间 T_{Ei}，取 $\min(T_{Si})$、$\max(T_{Ei})$ 作为场次降雨起止时间。其中，P_n、D_T 取值与流域产汇流特性有关。P_n 可结合实际情况率定，也可以最后筛选得到的场次雨量大于 1 场小于 5 场为目标函数自动调整。D_T 需结合实际情况率定。

以河龙间及其所覆盖区域内一级子流域场次降雨过程识别为例，说明场次降雨过程提取方法。

（1）统计河龙间雨量站日雨量超过 5mm（即 P_n 值）的连续降雨过程，间隔超过 3 天（即 D_T 值）视为两场降雨。由此可筛选出河龙间场次降雨过程。

（2）假定识别出河龙间 1 场降雨过程，起止时间为 7 月 5—12 日。进一步识别所覆盖的一级子流域场次降雨过程。筛查并提取河龙间 5—12 日期间雨量站日雨量超过 10mm（P_n）的雨量站站码、空间坐标、起止时间，根据雨量站站码/空间坐标识别场次降雨落区及各一级子流域分区降雨过程起止时间（见表 4.2-1 中示例）。

表 4.2-1　　　　　　　　　场次降雨过程识别示例

流域	站码及控制面积	5 日	6 日	7 日	8 日	9 日	10 日	11 日	12 日
无定河	001—A_1	5	2	10	15	8	1		
	002—A_2		1	3	7	15	22	10	9
	003—A_3			3	15	20	1	10	15
	004—A_4	1.5	2		2.5	1	6.9	1	
窟野河	010—B_1	21	20	1	0.5				
	020—B_2					1	15	15	0.2
	030—B_3	1		1.5	1.5				

按照上表所示，假定步骤（2）识别的 1 场降雨过程分属于无定河、窟野河流域，则有共 3 场降雨，分别是：

第 1 场：无定河逐日面雨量过程为 7 月 7—12 日，超过 10mm 的雨量站 3 个数，笼罩面积为 $A_1 + A_2 + A_3$。超过 10mm 的降水过程见表 4.2-1 中的橙色区域。

第 2 场：窟野河逐日面雨量过程为 7 月 5—6 日，超过 10mm 的雨量站 1 个数，笼罩面积为 B_1。超过 10mm 的降水过程见表 4.2-1 中的绿色区域。

第 3 场：窟野河逐日面雨量过程为 7 月 10—11 日，超过 10mm 的雨量站 1 个数，笼罩面积为 B_2。超过 10mm 的降水过程见表 4.2-1 中的黄色区域。

2. 场次洪水过程

采用波峰波谷算法从实测径流过程中自动筛选洪水过程。算法思路如下：曲线的峰值点，满足一阶导数为 0，并且满足二阶导数为负；而波谷点，则满足一阶导数为 0，二阶导数为正。算法首先计算了一阶的导数 Diffv，将其符号化，然后去看那些一阶层数为 0 的地方，发现那些平台上的点，有些并不是波峰与波谷，然后很多处在上坡与下坡的过程中，所以将它们的一阶导数设为与它们所在的坡面梯度方向相同。再计算二阶导数，当其为 2 或者−2 时，曲线斜率发生了变化，由正变负或由负变正。找到这些点，也就找到了原曲线中的波峰或波谷点，计算过程如下：

首先径流过程实际上是一个一维的向量：

$$V(i) = [v_1, v_2, \cdots, v_n], \quad i \in [1, 2, \cdots, N]$$

（1）假设径流过程可以表示为 $V = [v_1, v_2, \cdots, v_n]$。

（2）计算 V 的一阶差分向量 Diffv：

$$\mathrm{Diffv}(i)=V(i+1)-V(i),\text{其中 } i\in 1,2,\cdots,N-1$$

（3）对差分向量进行取符号函数运算，$\mathrm{Trend}=\mathrm{sign}(\mathrm{Diffv})$，即遍历 Diffv，如果 Diffv($i$) 大于 0，则取 1；如果小于 0，则取 -1，否则值为 0。

$$\mathrm{sin}n(x)=\begin{cases} 1,x>0 \\ 0,x=0 \\ -1,x<0 \end{cases}$$

（4）从尾部遍历 Trend 向量，进行如下操作：

如果 $\mathrm{Trend}(i)=0$ 且 $\mathrm{Trend}(i+1)\geqslant 0$，则 $\mathrm{Trend}(i)=1$；

如果 $\mathrm{Trend}(i)=0$ 且 $\mathrm{Trend}(i+1)<0$，则 $\mathrm{Trend}(i)=-1$。

（5）对 Trend 向量进行一阶差分运算，如同步骤（2），得到 $R=\mathrm{diff}(\mathrm{Trend})$。

（6）遍历得到差分向量 R，如果 $R(i)=-2$，则 $i+1$ 为向量 V 的一个峰值位，对应的峰值为 $V(i+1)$；如果 $R(i)=2$，则 $i+1$ 为向量 V 的一个波谷位，对应的波谷为 $V(i+1)$。

4.2.2　特征值统计

1. 降雨指标

场次降雨特征指标包括：场次降雨总历时 $T_\text{总}$、总雨量 $P_\text{总}$、不同时段长雨量、降雨笼罩面积、降雨中心、前期影响雨量，以及降雨主要、次要及较重要时段 DT1、DT2、DT3 相应降雨量、降雨中心、笼罩面积。

（1）一般特征值。

降雨起止时间及历时 $T_\text{总}$，如 7 月 7—12 日，历时 6 天。

总雨量 $P_\text{总}$：包括降雨起止时间内各站累计雨量及面累计雨量。

不同时段长雨量：主要包括 1h、4h、6h、8h、12h、24h、48h、72h，以及 1—30 日时段长累计点、面雨量。

降雨笼罩面积：降雨起止时间内，累计雨量大于 0 的各雨量站控制面积之和。

最大点雨量：$\max\{\mathrm{sum}(P_{001}),\ \mathrm{sum}(P_{002}),\ \mathrm{sum}(P_{003})\}$。

暴雨中心：最大点雨量对应的雨量站坐标。

前期雨量指数 P_a：$P_{a,t}=k\cdot P_{t-1}+k^2 P_{t-2}+\cdots+k^n P_{t-n}$ 前 15 天的影响雨量 P_a。其中：$n=15$，$k=0.85$。

（2）场次降雨主要、次要及较重要 DT1、DT2、DT3 统计。

以第 1 场降雨过程为例，计算第 1 场降雨 7 月 7—12 日面逐小时面雨量过程，依次统计最大 4h、8h、12h、24h、48h、72h、96h、168h、288h 累计面雨量。

DT1 计算方法：以 1h（可调）为步长计算场次降雨的平均 1h（可调）雨强 PP_{1h}，计算最大 24h（可调）平均雨强 $\mathrm{PP}_{\mathrm{max}24h}$，以（$\mathrm{PP}_{\mathrm{max}24h}+\mathrm{PP}_{1h}$）/2 为阈值，统计 1h 时段降雨大于（$\mathrm{PP}_{\mathrm{max}24h}+\mathrm{PP}_{1h}$）/2 的时段长度，如图 4.2-2 所示，计算得到（$\mathrm{PP}_{\mathrm{max}24h}+\mathrm{PP}_{1h}$）/2＝0.41（红色虚线），相应时段长度为 13h，取最接近改值的时段为 DT1，则 DT1=12。（若分析得到长度为 18，与其前（12h）、后（24h）距离都是 6h，则取大值，DT1=24）

DT2 计算方法：统计最大 1h（可调）降雨 $\mathrm{PP}_{\mathrm{max}1h}$，以（$\mathrm{PP}_{\mathrm{max}1h}+\mathrm{PP}_{1h}$）/2 为阈值，

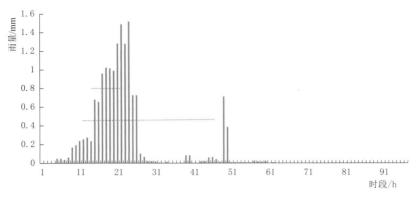

图 4.2-2　DT1 计算示例图

统计 1h 时段降雨大于 $(PP_{max1h}+PP_{1h})/2$ 的时段长度，假定为 $(PP_{max1h}+PP_{1h})/2=0.87$，则用与 DT1 取值形似方法，得到 DT2=8h。

DT3 计算方法：取总历时作为 DT3。

DT1、DT2、DT3 对应的面雨量、笼罩面积、降雨中心计算：面雨量为 DT1 时段内，累计雨量大于 0 的雨量站的加权和；笼罩面积为 DT1 时段内，累计雨量大于 0 的雨量站控制面积之和；降雨中心为 DT1 时段内，累计雨量最大的站点坐标。

2. 洪水指标

场次洪水特征指标包括：洪峰流量、场次洪量、不同时段长洪量、峰现时间、洪水传播时间。

洪峰流量：$\max\{Q_i\}$，其中 Q 小时过程。

场次洪量：$\mathrm{sum}\{Q_i\}\mathrm{d}t$，其中 Q 小时或日过程。

不同时段长洪量：包括最大 1 日、3 日、5 日、12 日洪量。

峰现时间：洪峰流量出现时间。

洪水传播时间：下断面峰现时间与上断面峰现时间之差。

4.2.3　相似分析方法

1. 初步筛选方法

方法一：以 DT1（也可由专家确定，如换成场次降雨时段的、其他 DT 时段的）及相应的各站累计雨量为比选因子，利用式（4.2-1）计算历史暴雨与当前暴雨的距离系数 d_{12}（值越小相似度越高），由小到大排序取前 10（可调）。

$$d_{12}=\sqrt{\beta_1(x_{11}-x_{12})^2+\beta_2(x_{21}-x_{22})^2+\cdots+\beta_n(x_{n1}-x_{n2})^2} \qquad (4.2-1)$$

式中：β 为权重系数；x_{i1} 为原型降雨各站 DT1 时段累计雨量；x_{i2} 为某一场备选降雨相应各站 DT1 时段累计雨量。

方法二：以 DT1（也可由专家确定，如换成场次降雨时段的、其他 DT 时段的）及相应的累计面雨量、笼罩面积、降雨中心为比选因子。

1）分别查找样本 X_1、X_2 序列的最大值 max1、max2。

2）数据标准化公式：$X_{1[i]}$ / max1、$X_{2[i]}$ / max2。

3）计算历史暴雨与当前暴雨的距离系数 D_2（值越小相似度越高）。

方法三：根据专家经验，选用其他指标进行相似分析，比选步骤与初筛方法二相同。

2. 精细筛选方法

精细筛选为可选项，若备选降雨场次少于 10 场，可以选择不进行精筛。

方法一：以 DT2（也可由专家确定，用其他 DT 时段的）及相应的累计面雨量、笼罩面积、降雨中心为比选因子。

1）～2）与初筛方法二相同。

3）计算得到基于 DT2 相关指标计算得到的 D_2'。

4）计算精筛距离系数 $D_2'' = (D_2' + D_2)/2$，对于同一场历史降雨，D_2 为初筛得到的距离系数，D_2' 为精筛得到的距离系数。

5）对 D_2'' 进行排序，值越小相似度越高。

方法二：以 4h（步长可调）时段面雨量过程为比选因子，比选方法与初筛方法一相似，计算得到 D_2'，用公式 $D_2'' = (D_2' + D_2)/2$，计算精筛距离系数。排序后得到相似度。

方法三：根据专家经验，选用其他指标进行相似分析，比选步骤与精筛方法一相同。

3. 特殊处理

（1）关于备选降雨过程提取。

备选降雨历时：若原型雨历时 6 天，则备选雨历时考虑时间变幅 DT−1～DT+1，取 5～7 天（变幅可调）。筛查并提取原型雨覆盖区域雨量站日雨量超过 P_n（同原型雨取值）的降雨过程，若历时为 5～7 天，则满足备选降雨历时要求。

备选降雨相对误差：计算满足备选降雨历时要求的各场降雨总雨量，与第一场降雨总雨量比较，相对误差（原型−备选）/原型的绝对值不超过 20%（可调）的，为满足要求的备选降雨。

根据降雨历时、相对误差找出的备选雨少于 10 场，则取 5～8 天，以此类推。

（2）关于不同时期已建雨量站差别的相似降雨比较。针对备选雨所在年份已建雨量站个数与原型雨所在年份已建雨量站个数不一致的处理：

若备选雨年代已建雨量站个数为 A，原型雨年代已建雨量站个数为 B，且 $A < B$，判断：abs$(A−B)/B \times 100 > 30$%，不能用初筛方法一计算。

备选雨已建雨量站满足比选条件要求时，若备选雨年代已建雨量站个数为 A，原型雨年代已建雨量站个数为 B，且 A 不等于 B，权重取 min(A，B) 相应年份的权重。

（3）距离系数 D 转换为相似度的方法。计算每场备选雨（备选雨要求足够多，如 50 场）与原型雨的 D_i，D_i 最大的相似度最差，将其视为相似度为 0 的雨，则每场雨的相似度换算公式如下：

$$相似度 X_i = (1 - D_i / \max(D_i)) \times 100$$

第5章

水库群联合调度模型

5.1 国内外研究现状

水库调度是实现水资源优化配置的重要方法和有效举措，国外最早有关水库调度的研究起步于 20 世纪 40—50 年代。1955 年，Little 率先将动态规划应用于水库调度，采用马尔科夫链描述入库径流过程，建立了水库调度随机动态规划数学模型，开创了数学规划理论应用于水库调度领域的先河。

水库群系统除具有单一水库的兴利与防洪功能之外，其内部还具有关联性和补偿性，使得调度管理能够从流域整体出发，统筹兼顾各方面的因素，充分开发利用水资源，提高水资源利用率。其关联性体现在上下游水库径流的水力联系和它们之间由水位差形成的电力联系；补偿性包括由各级水库库容差异引起的防洪补偿和其协调蓄放水带来的水文补偿。

大规模水库群联合防洪调度的核心为洪水资源化，是国内外专家学者新的研究热点之一。流域水库群洪水资源化联合调度是在新的流域水资源规划管理需求下，将防洪减灾与抗旱兴利有机地结合起来，利用科学的管理方法和技术手段，安全、合理地利用洪水资源，有效提高洪水资源利用率，使水资源综合效益最大。流域水库群联合调度涉及水库群汛期联合防洪、汛限水位优化设计、汛末联合蓄水、水资源优化配置等多个方面。流域水库群汛期联合防洪调度是以水库自身防洪安全和承担防洪任务为目标，合理利用水库群防洪库容，有计划地调控河道径流过程，使流域防洪效益最大化。

当前国内外学者针对水库群联合调度问题，往往采用建立水库调度模型，并从模型求解算法上进行研究。Schultz 等以下游削峰为优化目标，建立了水库群联合调度的动态规划模型，以实现对支流影响洪水的调控。Windsor 将基于预报信息将汛期划分为短时段，建立并实现了实时水库群联合防洪调度优化。Guo 等针对三峡和清江梯级联合防洪补偿调度问题，基于改进的逐次渐进优化算法实现了梯级联合防洪调度模型的求解与应用。李安强等以溪洛渡、向家坝及三峡水库的防洪调度为目标，基于库容分配法，考虑川江防护区与长江中下游荆江防护区等地区防洪安全提出了协调三库梯级防洪调度的方案，提高了整个流域的防洪标准。流域水库群汛限水位优化设计是在流域水文情势、水利枢纽规模等发生重大变动的情景下，以不降低水库防洪指标为前提，对水库原汛限水位进行极限风险模拟，得到最高安全汛限水位，实现流域水库群汛限水位的优化设计。张金良等为优化黄河中下游水库群运行方式，充分发挥水库群-河道联合调控水沙的优势和潜力，以黄河中下游水库群和河道为研究对象，研究了水库群-河道水沙联合动态调控方法，构建了水库群-河道水沙联合动态调控互馈指标、互馈模式、调控原则和调控方式，研发了水库群-河道水沙联合动态调控模拟模型，分析了黄河中下游现状工程调控效果。吴泽宁等基于黄河中游三门峡、小浪底、陆浑和故县等四梯级水库及中下游防洪体系运行特性及典型洪水、洪水预报及调度时滞等不确定性因素的模拟分析，对比了多种汛期分期汛限水位优化方案的风险指标，以满足流域防洪要求为前提提出了汛限水位动态控制方案。周研来等基于梯级水库汛限水位联合运用和动态控制建模理论和求解方法建立了混联水库群汛限水位联合运用和动态控制模型，解决了单一水库汛限水位动态控制方法无法发挥梯级库群综合效益的问题提高了梯级水库群综合利用效益。流域水库群汛末联合蓄水是针对巨型水库群系统汛末竞争性蓄水问题进行流域整体规划调节，统筹流域上下游各水库蓄水次序和时间，建立统一、协调的流域巨型水库群联合蓄水方案。钟平安等分析了水库群防洪实时调度中应考虑的主要因素，提出了并联水库群防洪联合调度库容分配模型，实现补偿调度模式与削峰调度模式的自由组合，并提出了分步迭代交互求解方法。马光文等从上下游水库间的水力、电力联系的角度分析了水库群协调与反调节作用，综合考虑水库群的发电和供水调度，提出了水库群联合蓄放水最优控制策略等问题。

　　除了从建模理论和求解技术方面进行研究，陈进针对长江中上游水库群竞争性蓄水问题，从长江流域水文情势及水库群集中蓄水等工程实际出发，提出了长江大型水库群统一蓄水的基本原则和建议。流域水库群水资源优化配置综合考虑流域水文气象、下游用水需求和水库运行方式等因素，在兼顾各水库防洪、发电和生态等自身运用的基础上，充分考虑流域水资源供水需求，制定面向流域水资源优化配置的水库群联合优化调度方案。钟平安等提出了基于库容补偿的梯级水库汛限水位动态控制域计算方法，分别建立了上、下库有富余防洪库容情形下的防洪库容置换模型，并从防洪有利和蓄水有利角度建立了改变上库出库过程的调度策略；Sigvaldson针对加拿大安大略省特伦特河水库群汛期面临的防洪、供水和发电问题，建立了水库群联合调度模拟模型，制定水库系统的调度策略。王俊综合考虑动态水文特征、流域需水预测、应急调水等影响因子，建立了基于供需水平衡和水库群水资源联合优化配置的长江流域水资源模型，为未来长江流域水资源建模理论指明了发展方向。方洪斌等从表现形式和研究方法两个层面对水库群调度规则的相关研究进展进行了文献回顾和总结分类；归纳了"总-分"模式的调度规则表现形式，划分了"优化-拟合-修正"和"预定义规则＋（模拟）优化模型"的两大类调度规则研究方法；在此基础上分析相关层面研究所存在的一些问题，并指出未来需要进一步加强研究的方向。

5.2 实时优化调度模型

为了充分发挥水库群的防洪效益，构建了单库优化调度模型，并在单库调度优化调度模型的基础上，构建了逐级交互法、库容分配法水库群联合优化调度模型。

单库优化调度模型主要包括水位控制模型、出库控制模型、补偿调度模型、指令调度模型。逐级交互法水库群联合调度模型在调度过程中，根据实际情况，通过对各个水库的控制条件进行人工设置或修改，在调度中体现出决策者的意图，克服了纯数学方法的不足。库容分配法水库群联合调度模型，从计算的角度看水库群的防洪调度决策，是一个纯水量计算问题，当并联水库群具有共同的防护点时，防洪断面流量是由各库的放水以及区间来水的线性叠加形成的；当防洪点的安全控制流量一定时，水库群调度方案（表现为各库的放水）不是唯一的，模型的输出结果不仅要考虑防洪控制点的控制目标的实现，而且必须考虑各水库子系统解的可操作性，尽可能避免"锯齿"放水过程的出现，以尽可能减少闸门操作频率。

5.2.1 单库优化调度模型

对于承担下游防洪任务的单库实时防洪问题，防洪调度主要关注三个指标，分别为水库最高水位、最大下泄流量与调度期末控制水位。其中，水库最高水位最低体现了水库自身和上游防洪（如果库区有淹没）的效益，最大下泄流量最小体现了下游的防洪效益，调度期末控制水位反映了水库防洪与兴利的协调关系。

单一水库防洪调度模型主要应对局部洪水。为满足不同实时水雨情和防洪形势的阶段性变化以及不同场景的防洪调度需求，构建了四种单库优化调度模型，各种实时优化调度模型的适宜应用条件见表 5.2-1。

表 5.2-1 单一水库防洪调度模型及其应用条件

序号	单库调度模型	适宜的应用条件
1	水位控制模型	水位控制模型的目标是在保证水库水位控制条件的前提下，使水库的最大出库流量最小。该模型通常应用于水库自身防洪形势比较紧张的情形，不考虑水库对区间洪水的补偿
2	出库控制模型	出库控制模型可以迅速准确地将水库最大出库流量规定到希望的范围之内，该模型一般应用于洪峰附近、下游防汛异常紧张的条件下
3	补偿调度模型	补偿调度模型适用于水库有较多的空闲库容的防洪情景。该模型的目标是在保证水库最高水位与调度期末水位约束的前提下，利用水库自身的空闲防洪库容使得防洪控制断面的最大过水流量最小
4	指令调度模型	在水库水位或入库洪水超过某种限值时，调度权归上级防汛指挥部门。此时，应采用指令调度模型水库执行上级防汛指挥部门的调度指令，并进行相关结果的分析和反馈

5.2.1.1 水位控制模型

水位控制模型的调度模式将水位作为关注因子。当洪水位于涨水段，后续降雨难以确知时，保持适当的水库最高控制水位非常重要，水位控制模型的目标是在保证水库水位控制条件的前提下，使水库的最大出库流量最小，即以通常所说的最大削峰准则进行调度。水位控制模型，通常应用于水库自身防洪形势比较紧张的情形，不考虑水库对区间洪水的补偿。

1. 目标函数

目标函数为

$$\text{Min } F = \sum_{t=1}^{m} (q_t)^2 \tag{5.2-1}$$

式中：m 为调度期的时段数；q_t 为 t 时刻出库流量，m^3/s。

2. 约束条件

（1）水库最高水位约束：

$$Z_t \leqslant Z_m(t) \tag{5.2-2}$$

式中：Z_t 为 t 时刻水库水位；$Z_m(t)$ 为 t 时刻容许最高水位。

（2）调度期末水位约束：

$$Z_{end} = Z_e \tag{5.2-3}$$

式中：Z_{end} 为调度期末计算的库水位；Z_e 为调度期末的控制水位，该水位在涨洪段反应为后续降雨预留的库容，在洪水尾部可保证水位正常回蓄。

（3）水库泄流能力约束：

$$q_t \leqslant q(Z_t) \tag{5.2-4}$$

式中：q_t 为 t 时刻的下泄流量；$q(Z_t)$ 为 t 时刻相应于水位 Z_t 的下泄能力，包括溢洪道、泄洪底孔与水轮机的过水能力。

（4）泄量变幅约束：

$$|q_t - q_{t-1}| \leqslant \nabla q_m \tag{5.2-5}$$

式中：$|q_t - q_{t-1}|$ 为相邻时段出库流量的变幅；∇q_m 为相邻时段出库流量变幅的容许值。

当下游为堤防时，该约束可避免河道水位陡涨陡落，保证堤防安全。

3. 求解算法

在已知入库流量过程时，水库调度模型的求解常常采用的方法有动态规划法（DP）、增量动态规划法（IDP）、POA 方法等。但这些方法的计算工作量都较大，计算耗时较长，在实时洪水调度中，尤其在人机交互分析、灵敏度分析、群会商过程中，往往会造成难耐的等待。当时段数固定，调度期末的水库水位及入库洪水过程确定时，水库泄洪设施的泄流总量是确定的，水库的泄流过程实际上是水库应泄水量的时段分配，在这种条件下，可以证明，水库最大泄量最小化等价于水库泄流量在调度期内尽可能地均匀。因此，利用分段试错方法求解上述模型，求解原理如图 5.2-1 所示。

5.2.1.2 出库控制模型

出库控制模型的调度模式将出库作为关注变量，与水位控制模式不同，该模式可以迅速准确地将水库最大出库流量规定到希望的范围之内。该调度模式同时考虑出库流量限制和最高水位限制，当出库流量限制条件生效时其目标是使水库最高水位最低。当出库流量不起约束时，则尽可能利用允许最高水位规定的允许调蓄库容削减洪峰。

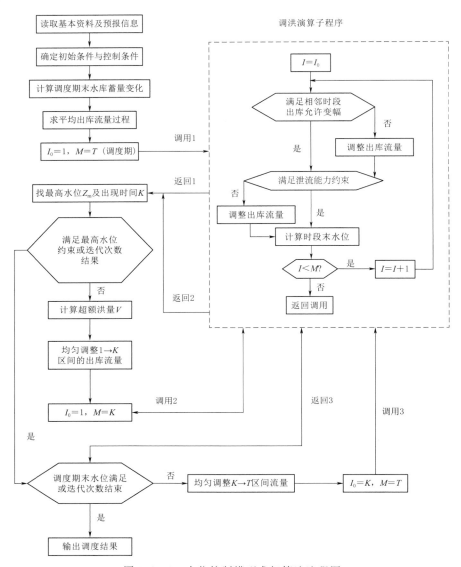

图 5.2-1 水位控制模型求解算法流程图

1. 目标函数

当最高容许水位约束与出库控制条件矛盾时：

$$\text{Min} \quad \text{Max}\{Z_t / t \in [1, m]\} \qquad (5.2-6)$$

当最高容许水位约束与出库控制条件不矛盾时：

$$\text{Min} \quad \text{Max}\{q_t / t \in [1, m]\} \qquad (5.2-7)$$

式中：m 为调度期的时段数。

2. 约束条件

（1）水库最大出库流量约束：

$$q_t \leqslant q_m(t) \qquad (5.2-8)$$

式中：q_t 为 t 时刻水库出库流量；$q_m(t)$ 为 t 时刻容许出库流量。

（2）最高水位约束（当最高容许水位约束与出库控制条件不矛盾时有效）：

$$Z_t \leqslant Z_m(t) \tag{5.2-9}$$

式中：Z_t 为 t 时刻水库水位；$Z_m(t)$ 为 t 时刻容许最高水位。

（3）调度期末水位约束：

$$Z_{end} \geqslant Z_e \tag{5.2-10}$$

式中：Z_{end} 为调度期末计算的库水位；Z_e 为调度期末的控制水位。

（4）水库泄流能力约束：

$$q_t \leqslant q(Z_t) \tag{5.2-11}$$

式中：q_t 为 t 时刻的下泄量；$q(Z_t)$ 为 t 时刻相应于水位 Z_t 的下泄能力。

（5）泄量变幅约束：

$$|q_t - q_{t-1}| \leqslant \nabla q_m \tag{5.2-12}$$

式中：$|q_t - q_{t-1}|$ 为相邻时段下泄量的变幅；∇q_m 为相邻时段泄流量变幅的容许值。

3. 求解算法

采用分类判断、分段试算方法求解，计算流程如图 5.2-2 所示。

5.2.1.3　补偿调度模型

补偿调度模型的调度模式在水库有较多的空闲库容时较为完善，它将关注的水库水位与出库流量，转移到关心水库水位与防洪控制断面的过水流量。根据水库距保护区的距离不同，可采用完全补偿调节与近似错峰调节的方式。

补偿调度的目标为在保证水库最高水位与调度期末水位约束的前提下，使防洪控制断面的最大过水流量最小。

防洪补偿模型适用于水库有较多的空闲库容的防洪情景，该模型关注的重点是水库水位与防洪控制断面的流量过程。根据水库距防洪断面距离的不同，可采用完全补偿调节与近似错峰调节两种调度方式。补偿调度的目标是在保证水库最高水位与调度期末水位约束的前提下，利用水库自身的空闲防洪库容使得防洪控制断面的最大过水流量最小。

如图 5.2-3，水库 A 至防洪区 B 的区间入流为 $Q_B(t)$。B 处的安全泄量为 q_B，为保证 B 处的防洪安全，则水库 A 的放水应满足：

$$q_A(t) \leqslant q_B - Q_{区}(t-\tau)$$

式中：τ 为区间来水汇集到 B 的汇流时间与水库放水传播到 B 的传播时间之差。

当 $\tau > 0$ 或 $\tau + t_{预} \geqslant 0$（$t_{预}$ 为洪水预报的预见期），可以实施完全补偿调节，使 B 断面流程过程控制为 q_B（忽略流量误差和河道洪水变形因素）。

当 $\tau < 0$ 或 $\tau + t_{预} \leqslant 0$ 时，可以结合预报预见期实施近似补偿调度。

1. 目标函数

目标函数为

$$\text{Min } F = \sum_{t=1}^{m} \left[q_t + Q_B(t-\tau) - q_B \right]^2 \tag{5.2-13}$$

式中：m 为调度期的时段数。

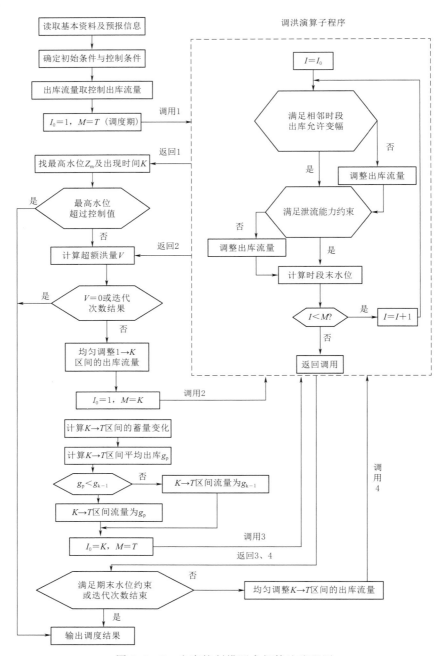

图 5.2-2　出库控制模型求解算法流程图

2. 约束条件

（1）水库最高水位约束：

$$Z_t \leqslant Z_m(t) \tag{5.2-14}$$

式中：Z_t 为 t 时刻水库水位；$Z_m(t)$ 为 t 时刻容许最高水位。

（2）调度期末水位约束：

$$Z_{end} = Z_e \qquad (5.2-15)$$

式中：Z_{end} 为调度期末计算的库水位；Z_e 为调度期末的控制水位。

（3）水库泄流能力约束：

$$q_t \leqslant q(Z_t) \qquad (5.2-16)$$

式中：q_t 为 t 时刻的下泄量；$q(Z_t)$ 为 t 时刻相应于水位 Z_t 的下泄能力。

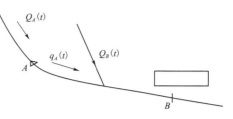

图 5.2-3　补偿防洪系统示意图

（4）出库变幅约束：

$$|q_t - q_{t-1}| \leqslant \nabla q_m \qquad (5.2-17)$$

式中：$|q_t - q_{t-1}|$ 为相邻时段出库流量的变幅；∇q_m 为相邻时段出库流量变幅的容许值。

3．求解算法

补偿调度模型求解算法流程如图 5.2-4 所示。

5.2.1.4　指令调度模型

重要的防洪水库，其调度是分级的，在水库水位或入库洪水超过某种限值时，调度权归上级防汛指挥部门，水库调度人员在执行上级防汛指挥部门的调度指令时，需要对调度指令所产生的后果进行分析，并将分析的结果反馈给上级防汛指挥部门。

指令模拟模型在技术上是固定泄量的调洪计算，只需要考虑泄洪设备的泄流能力约束即可。

5.2.2　逐级交互法库群联合优化调度模型

逐级交互法库群联合优化调度模型要点概括如下：

（1）按照水库及水库之间的相互关系，建立水库级序，每个水库一个序号，按先上后下、先支后干原则编序。

（2）建立水库群源汇关系矩阵，反映各水库之间的水力联系，即

$$A = \begin{pmatrix} A_1 \\ \vdots \\ A_N \end{pmatrix} = \begin{pmatrix} a_{11} & \cdots & a_{1m} \\ \vdots & a_{ij} & \vdots \\ a_{n1} & \cdots & a_{nm} \end{pmatrix} \qquad (5.2-18)$$

其中

$$a = \begin{cases} 0, & \text{第 } i \text{ 库与第 } j \text{ 库无水力联系} \\ 1, & \text{第 } i \text{ 库与第 } j \text{ 库有水力联系} \end{cases}$$

（3）根据各单库的防洪任务及水库在库群中的作用建立单库优化调度模块，该模块具有多种可选择的单库优化调度运用方式，并可根据入流条件规定各自的调度期，模拟各种不确定性因素的影响，其入流按下式确定：

$$R_i = A_i \cdot B \qquad (5.2-19)$$

其中

$$B = \begin{pmatrix} b_{11} & \cdots & b_{1m} \\ \vdots & b_{ij} & \vdots \\ b_{n1} & \cdots & b_{nm} \end{pmatrix}$$

式中：R_i 为第 i 库的入流；m 为时段数；b_{kj} 为第 k 库入第 j 库的流量过程。两库之间的

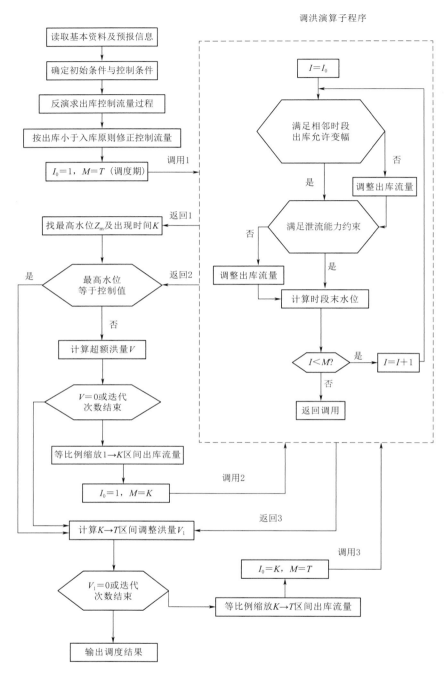

图 5.2-4　补偿调度模型求解算法流程图

河道洪水演进采用马斯京根法计算。

（4）根据水库群逐级交互调度初步结果结合其时空位置，对相关水库的工情与蓄水状态、控制区域的水情作联合分析，进一步修改完善调度方案。

5.2.3　库容分配法库群联合优化调度模型

库容分配法库群联合优化调度模型主要用于解决库群有共同防护对象，需要进行水库群联合补偿调度的场景。库容分配法库群联合优化调度模型建立了基于超额水量分配与轮库补偿迭代算法，依据自下而上的顺序进行计算，首先给定下游防洪控制节点的控制条件，计算防洪控制节点的超额洪量；其次，综合考虑水库的空间位置、空闲库容、入库洪水过程以及后续降雨四个因素，根据实时调度中水库起调水位不断变化的情形，采用反映水库动态调节能力的动态调节系数对各个水库依次进行迭代优化求解，自动生成上游工程群的联合调度方案和安全运行边界条件，从而加快方案生成速度、提高防汛会商决策的效率。

5.2.3.1　超额水量分配算法

在水库群联合补偿调度中，为使防洪断面的流量过程达到安全流量，就要对防洪断面上游水库群进行合理调度，将防洪断面的超额水量按照均衡的原则分配到各个水库。在现有的超额水量分配方法中往往是只考虑到水库的剩余库容，并未考虑到水库本身的来水情况，往往会出现水库分得的拦蓄水量大于水库自身来水总量的不合理情况。综合考虑水库的空间位置、空闲库容、入库洪水过程以及后续降雨等四个因素，建立防洪控制断面超额水量分配模型，将防洪断面的超额水量分配到各个水库。

1. 超额水量计算

对于由水库群与区间河道构成的防洪系统，控制断面的洪水由区间来水和水库放水两部分组成，由于区间来水是不可控制的，所以只有通过水库群的联合调度，使得各水库泄流和区间来水过程在防洪控制断面叠加所形成的洪峰最小，实现防洪系统的效益最大化。

在图 5.2-5 中，$Q(t)$ 为单一洪峰防洪断面天然洪水（无水库调蓄状态下的洪水）过程，q_A 为防洪断面的安全泄量；防洪断面以上有 n 个防洪水库，$Q_i(t)$ 为第 i 水库的入库洪水过程，$Q_i'(t)$ 为 $Q_i(t)$ 在防洪断面的响应过程（考虑洪水演进）。定义防洪断面超过安全泄量的水量为超额水量为 $W_{超额}$，则 $W_{超额}$ 为影响防洪断面安全的水量：

$$W_{超额} = \begin{cases} \sum_{t=t_0}^{t_1} [Q(t) - q_A] \cdot \Delta t, & \max\{Q(t), /t \in [1,T]\} \geqslant q_A \\ 0, & \max\{Q(t), /t \in [1,T]\} < q_A \end{cases} \quad (5.2-20)$$

式中：Δt 为时段长；t_0 为 $Q(t) > q_A$ 的起始时序；t_1 为 $Q(t) > q_A$ 的终止时序；T 为洪水时段数。

对于 $W_{超额} > 0$，水库群防洪补偿调度的任务，就是要利用各水库的有效调蓄库容，尽可能拦蓄掉 $W_{超额}$，以解除或减轻防洪断面的防洪压力。

图 5.2-5 中 W_i 为第 i 水库入库洪水过程在防洪断面的响应过程位于 $[t_0, t_1]$ 时段内的水量，即

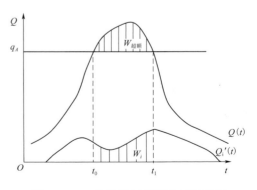

图 5.2-5　防洪断面超额水量示意图

$$W_i = \sum_{t=t_0}^{t_1} Q'_i(t) \cdot \Delta t \qquad (5.2-21)$$

W_i 考虑了洪水在水库到防洪断面之间的洪水演进规律，一定程度上反映了各水库空间位置和入库洪水过程的差异。当 $\sum_{i=1}^{n} W_i \geqslant W_{超额}$ 时，表示超额水量可完全被上游水库群拦蓄；当 $\sum_{i=1}^{n} W_i < W_{超额}$ 时，表示超额水量中有部分为区间来水造成。

2. 超额水量分配

各水库具体拦蓄多少超额洪量，不仅取决于反映自然状况的 W_i，而且受到水库实时状态的制约，设第 i 水库，在当前水位下，可供进一步使用的调蓄库容为 V_i，综合考虑自然和工程两个条件，第 i 水库承担的拦蓄水量 $W_{i,拦}$ 应为

$$W_{i,拦} = \min\{V_i, W_i\} \qquad (5.2-22)$$

水库群的极限拦洪量 $W_拦$ 为

$$W_拦 = \min\left\{W_{超蓄}, \sum_{i=1}^{n} W_{i,拦}\right\} \qquad (5.2-23)$$

根据安全均衡原则，各水库均衡承担需拦蓄的洪量，各库的分担系数可由下式确定：

$$\lambda_i = \frac{W_{i,拦}}{\sum_{i=1}^{n} W_{i,拦}} \qquad (5.2-24)$$

在实际调度中，如果后续降雨是可预测的，则在分配需拦蓄洪量时应加以考虑。设第 i 水库的后续降雨量为 h_i，水库控制面积为 S_i，由于后续降雨可近似当作净雨，则后续入库水量为 $h_i S_i$，水库为后续降水所预留库容为

$$\Delta V_i = h_i \cdot S_i - \Delta W_i \qquad (5.2-25)$$

式中：ΔW_i 为第 i 水库计算期内的出库水量。

综合考虑自然、工程和后续降雨三个条件，第 i 水库承担的拦蓄水量 $W'_{i,拦}$ 应为

$$W'_{i,拦} = \min\{V_i - \Delta V_i, W_i\} \qquad (5.2-26)$$

水库群的极限拦洪量 $W'_拦$ 为

$$W'_拦 = \min\left\{W_{超蓄}, \sum_{i=1}^{n} W'_{i,拦}\right\} \qquad (5.2-27)$$

各水库拦蓄水量分担系数为

$$\lambda'_i = \frac{W'_{i,拦}}{\sum_{i=1}^{n} W'_{i,拦}} \qquad (5.2-28)$$

综合考虑各水库空间位置、空闲库容、入库洪水过程和后续降雨等四个因素的水库分担的拦蓄水量为

$$\Delta W_i = \begin{cases} \lambda_i \cdot W_拦, & 不考虑后续降雨 \\ \lambda'_i \cdot W'_拦, & 考虑后续降雨 \end{cases} \qquad (5.2-29)$$

5.2.3.2 水库群轮库补偿调度算法

采用水库群轮库补偿调度算法对水库群联合调度模型求解。

1. 补偿调度次序的确定

水库群补偿调度采用轮库补偿调度方法，为了确定轮库补偿调度次序，引入动态调节系数的概念，第 i 库动态调节系数 α_i 由下式确定：

$$\alpha_i = \begin{cases} 1 - \dfrac{\min(W_i, V_i)}{V_i}, & \text{不考虑后续降雨} \\ 1 - \dfrac{\min(W_i, V_i - \Delta V_i)}{V_i - \Delta V_i}, & \text{考虑后续降雨} \end{cases} \qquad (5.2-30)$$

α_i 越大，水库的动态调节能力越大。水库群中各水库按 α_i 值，由小到大（α_i 相同时传播时间短的水库优先）依次轮库补偿调度。

2. 轮库补偿调度原理

水库群轮库补偿调度过程如下：

（1）首先对不参与补偿调度的水库按单库进行防洪调度计算，得到各水库的出库洪水在防洪断面相应过程 $q'_i(t)$，从而得到参与补偿调度的水库群的错峰补偿洪水过程 $q'_0(t)$：

$$q'_0(t) = \sum_{i=1}^{K} q'_i(t) + Q_{\text{区}}(t) \qquad (5.2-31)$$

式中：K 为不参与补偿调度的水库数；$Q_{\text{区}}(t)$ 为区间来水过程。

（2）对参与补偿调度的水库按动态调节系数（动态调节系数相同时传播时间短的优先）从小到大排序。

（3）对参与补偿调度的水库群，按拟定的先后次序轮流作补偿优化调度，补偿调度的目标为防洪控制断面的最大过水流量最小。第 i 个参与补偿调度水库的优化调度模型如下：

目标函数为

$$\min F_i = \sum_{t=1}^{T} \left\{ q'_i(t) + \sum_{j=0}^{i-1} q'_j(t) - q_A \right\}^2 \qquad (5.2-32)$$

式中：T 为调度期时段数；$q'_i(t)$ 为第 i 水库泄流在防洪断面的响应过程；其他变量意义同前。

约束条件如下。

1）水量平衡约束：

$$V_i(t) = V_i(t-1) + \left[\left(\frac{Q_i(t) + Q_i(t-1)}{2} \right) - \left(\frac{q_i(t) + q_i(t-1)}{2} \right) \right] \cdot \Delta t \qquad (5.2-33)$$

式中：$V_i(t-1)$、$V_i(t)$ 为第 i 水库 t 时刻始末水库的蓄水量；$Q_i(t-1)$、$Q_i(t)$ 为第 i 水库 t 时刻始末入库流量；$q_i(t-1)$、$q_i(t)$ 为第 i 水库 t 时刻始末出库流量；Δt 为时段长。

2）水库最高水位约束：

$$Z_i(t) \leqslant Z_{\max,i} \qquad (5.2-34)$$

式中：$Z_i(t)$ 为第 i 水库 t 时刻水库水位；$Z_{\max,i}$ 为第 i 水库最高控制水位。

在取得各库分摊的拦蓄水量后，根据水库调度期起调水位，可确定第 i 水库的最高控制水位 $Z_{\max,i}$，具体计算公式如下：

$$Z_{\max.i} = Z(V(Z_i^0) + \Delta W_i) \tag{5.2-35}$$

式中：Z_i^0 为第 i 水库调度期起调水位；ΔW_i 第 i 水库分配的拦蓄水量。

3）调度期末水位约束：

$$Z_{i,\text{end}} \geqslant Z_{i,\text{e}} \tag{5.2-36}$$

式中：$Z_{i,\text{end}}$ 为第 i 水库调度期末计算的库水位；$Z_{i,\text{e}}$ 为第 i 水库调度期末的控制水位，在其他约束允许时，取"＝"。

4）水库泄流能力约束：

$$q_i(t) \leqslant q_i(Z_i(t)) \tag{5.2-37}$$

式中：$q_i(Z_i(t))$ 为第 i 水库 t 时刻相应于水位 $Z_i(t)$ 的下泄能力。

5）出库流量变幅约束：

$$|q_i(t) - q_i(t-1)| \leqslant \overline{\nabla q_i} \tag{5.2-38}$$

式中：$|q_i(t) - q_i(t-1)|$ 为第 i 水库相邻时段出库流量的变幅；$\overline{\nabla q_i}$ 为相邻时段出库流量变幅的允许值。

（4）依次直到完成最后水库（α_i 最大库）的补偿调度。

5.3　黄河上游水库群联合调度模型（实例）

5.3.1　黄河上游洪水特点及防洪工程体系

5.3.1.1　黄河上游洪水特点

黄河上游唐乃亥以上降雨量较丰，植被较好，多沼泽和草原，滞洪作用明显，为黄河上游的主要产洪区；龙羊峡—刘家峡区间（贵德站—上诠站，以下简称"龙刘区间"）和刘家峡—兰州区间（上诠站—兰州站，以下简称"刘兰区间"）是黄河上游两个主要暴雨区，加入水量较多。

黄河上游洪水特性为涨落缓慢，历时较长，一次洪水过程平均约 40 天，洪水大多为单峰型，峰量关系较好。黄河上游年最大洪水发生时期为 6—10 月，其中大洪水多出现在7 月和 9 月。

5.3.1.2　黄河上游防洪工程

黄河上游防洪工程体系包括以龙羊峡、刘家峡为主的梯级水库群，以及青海、甘肃、宁夏、内蒙古河段两岸堤防、护岸工程。

1. 梯级水库群

龙羊峡水库位于青海省共和县、贵南县交界处的黄河干流龙羊峡进口处，距青海省会西宁市 147km。坝址以控制流域面积 13.1 万 km²，约占黄河全流域面积的 17.5%。水库开发任务以发电为主，并配合刘家峡水库担负下游河段的防洪、灌溉和防凌任务。枢纽挡水建筑物由重力拱坝（主坝）、重力墩、混凝土重力坝（副坝）组成。水库正常蓄水位为2600m（大沽），设计汛限水位为 2594m，相应库容为 218.5 亿 m³（2017 年实测，下同），设计洪水位为 2602.25m，相应库容为 252.3 亿 m³，校核洪水位为 2607m，相应库容为272.6 亿 m³。

刘家峡水库位于甘肃省永靖县境内的黄河干流上，距兰州市 100km，控制流域面积 18.18 万 km^2，约占黄河全流域面积的 1/4。水库开发任务以发电为主，兼有防洪、灌溉、防凌、养殖、供水等综合任务，为不完全年调节水库。挡水建筑物为混凝土重力坝，水库正常蓄水位为 1735m，设计汛限水位为 1726m，相应库容为 28.55 亿 m^3（2018 年实测，下同），设计洪水位为 1735m，相应库容为 39.93 亿 m^3；校核洪水位为 1738m，相应库容为 44.01 亿 m^3。

拉西瓦水库位于青海省贵德县与贵南县交界处的黄河干流上，上距龙羊峡水库 32.8km。拉西瓦水库挡水建筑物为混凝土双曲拱坝，工程主要任务是发电。校核洪水位为 2457m，水库总库容为 10.79 亿 m^3，调节库容为 1.50 亿 m^3。

李家峡水库位于青海省尖扎县与化隆县交界的李家峡峡谷中段，上距龙羊峡水库 108.6km，是以发电为主，兼顾灌溉、供水等综合利用的大型水利工程。工程挡水建筑物为混凝土双曲拱坝（主坝）、重力墩和混凝土重力坝（副坝），水库正常蓄水位为 2180m（黄海），校核洪水位为 2182.6m，总库容为 17.5 亿 m^3，调节库容为 0.6 亿 m^3。

公伯峡水库位于青海省循化县与化隆县交界的黄河公伯峡峡谷出口段，上距龙羊峡水库约 185km。工程主要任务是发电，兼顾灌溉及供水，挡水建筑物为钢筋混凝土面板堆石坝，水库正常蓄水位为 2005m（黄海），设计洪水位为 2005m，校核洪水位为 2008m，总库容为 6.2 亿 m^3，水库调节库容为 0.75 亿 m^3。

积石峡水库位于青海省循化县境内的黄河干流上，上距龙羊峡水库约 254km，工程任务以发电为主，挡水建筑物为钢筋混凝土面板堆石坝，水库死水位为 1852m（1985 国家高程基准），正常蓄水位为 1856m，设计洪水位为 1854m，校核洪水位为 1860.4m，总库容为 2.635 亿 m^3。

2. 河道防洪工程

上游干流河道防洪工程（龙羊峡水库大坝至内蒙古自治区准格尔旗马栅乡），涉及青海、甘肃、宁夏、内蒙古四省（自治区）。根据防护对象不同，防洪工程分为堤防、护岸两种型式。黄河上游堤防设防标准各段不一，除水库、电站、三盛公枢纽库区河段按其自身标准设防外，河道堤防设防标准基本为 10～100 年一遇，其中青海段堤防为 10～30 年一遇，甘肃段堤防为 10～100 年一遇，宁夏、内蒙古段堤防为 20～50 年一遇。

5.3.2 黄河上游防洪调度系统

黄河上游实时防洪调度系统集成了规则调度模型和逐级交互法库群联合优化调度模型，主要的调度对象为上游的龙羊峡、刘家峡水库。系统的主界面采用地形图、概化图两种方式展现黄河上游主要防洪工程、水文站位置及主要控制站的实时水情信息，系统的主界面主要由系统名称、各功能模块主菜单、地形图显示区三部分组成，如图 5.3-1 所示。

黄河上游实时防洪调度系统功能模块主要包括防洪形势分析、防洪调度方案计算、实时调度方案计算、调度方案对比分析、调度成果管理、调度成果上报、调度系统管理等，其结构如图 5.3-2 所示。

1. 防洪形势分析

防洪形势分析模块使用户能及时、有效地获取系统范围内雨情、水情以及工情等基本防洪信息，提高防洪调度业务的工作效率，主要包括雨情信息、水情信息、工情信息、防

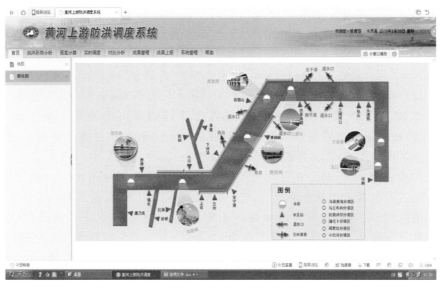

图 5.3-1　黄河上游实时防洪调度系统主界面

洪形势结果、历年度汛方案五个子菜单。

在"雨情信息"子菜单，以图表的形式显示站点或区间降水量。用户在操作页面下拉选择站点或者区间，选择起止日期，点击查询按钮，可以查询选定站点在选定时间段内的降水量过程，如图 5.3-3 所示。

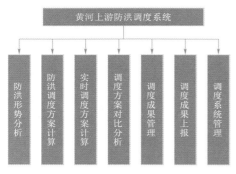

图 5.3-2　黄河上游实时防洪调度系统组成图

"水情信息"子菜单主要实现重点站水情信息查询显示，特征值、时段洪量计算，洪水预估功能。用户点击左侧功能菜单"水情信息"，进入水情信息显示页面。该页面以图表的形式显示站点的实时或预报水位、流量，如图 5.3-4 所示。

"工情信息"子菜单主要实现的功能为查询流域调度系统内涉及的各个水利工程的基础工情信息、内容包括特征值和特征曲线等信息；查询工程的实时信息，内容包括目前工程运用情况、水库的实时水位、库容、入库及出库流量等，如图 5.3-5 所示。

"防洪形势结果"子菜单以文本框和数据表的形式显示最新雨情、河道水情及水库水情；在数据表中列出了前日、昨日和最新的龙羊峡水库、刘家峡水库以及兰州站的流量等水情信息，如图 5.3-6 所示。

点击"历年度汛方案"子菜单，进入历年度汛方案列表，选择某年的度汛方案，显示选定年份度汛方案，如图 5.3-7 所示。

2. 防洪调度方案计算

防洪调度方案计算主要调用规则调度模型进行龙羊峡、刘家峡水库的调度计算，调度规则如下：

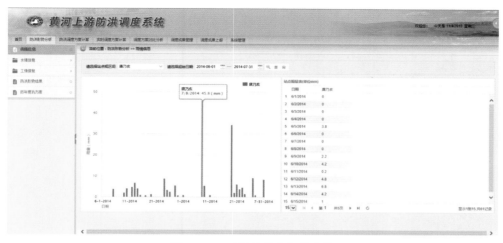

图 5.3－3 "雨情信息"子菜单

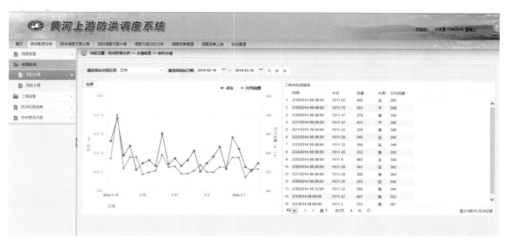

图 5.3－4 "水情信息"子菜单

图 5.3－5 "工情信息"子菜单

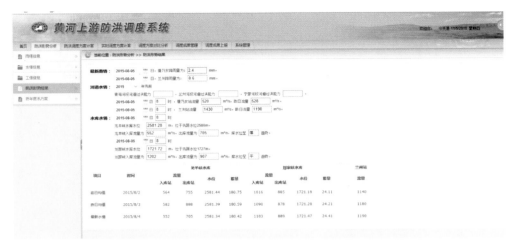

图 5.3-6 "防洪形势结果"子菜单

图 5.3-7 "历年度汛方案"子菜单

（1）龙羊峡水库。

1）以库水位和入库流量作为下泄流量的判别标准。

2）当库水位低于汛限水位时，水库合理拦蓄洪水，在满足下游防护对象防洪要求的前提下，按工农业用水、发电和协调水沙关系等要求合理安排下泄流量。

3）当库水位达到汛限水位后，龙羊峡、刘家峡两水库按一定的蓄洪比同时拦洪泄流，满足下游防护对象的防洪要求。

（2）刘家峡水库配合龙羊峡水库运用。

1）以天然入库流量和龙、刘两库总蓄洪量作为下泄流量的判别标准（天然入库流量为龙羊峡水库入库流量加上龙刘区间汇入流量）。

2）刘家峡水库下泄流量应满足下游防护对象的防洪要求。

具体运用方式：①刘家峡水库，当发生100年一遇及以下的洪水时，水库控制下泄流

量不大于 $4290 \mathrm{m}^3/\mathrm{s}$；当发生大于 100 年一遇小于等于 1000 年一遇洪水时，水库控制下泄流量不大于 $4510 \mathrm{m}^3/\mathrm{s}$；当发生大于 1000 年一遇小于等于 2000 年一遇洪水时，水库控制下泄流量不大于 $7260 \mathrm{m}^3/\mathrm{s}$；当发生 2000 年一遇以上洪水时，刘家峡水库按敞泄运用。②龙羊峡水库，若发生小于等于 1000 年一遇的洪水时，水库按最大下泄流量不超过 $4000 \mathrm{m}^3/\mathrm{s}$ 运用；当入库洪水大于 1000 年一遇时，水库下泄流量逐步加大到 $6000 \mathrm{m}^3/\mathrm{s}$。两水库按蓄洪比例蓄洪。

防洪调度方案计算主要功能包括设计洪水选取、洪水调度预案设定、调度预案计算（包括水库群调洪演算、河道洪水演进计算等）、调度预案分析评价等。

设计洪水过程选取有三个步骤：选取典型年、地区组成、洪水频率。设计洪水过程均存储于数据库中。点击左侧功能菜单"设计洪水过程选取"，进入设计洪水过程选取页面，对方案计算中的设计洪水过程进行选取。用户在操作页面下拉选择洪水典型年、地区组成及洪水重现期，点击提取按钮，可以选取设计洪水过程，并可在页面中以图表的方式查看。其中，左侧为流量过程线图，右侧为流量过程数据表，如图 5.3－8 所示。

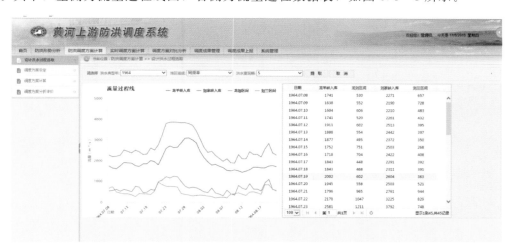

图 5.3－8　"设计洪水过程选取"子菜单

防洪调度方案设定有两种供选择：一是按设计防洪运用方式，水库的运用参数按默认值；二是按现状运用方式，可手工修改水库运用参数。"按设计运用"时，龙羊峡、刘家峡水库的汛限水位和起调水位全部采用设计值，不允许更改；"按现状运用"时，可对龙羊峡和刘家峡水库的起调水位、年度汛限水位等条件进行更改。用户点击确定按钮，完成对调度方案的设定，页面提示"设定完成"，如图 5.3－9 所示。

在输入洪水过程、选择运用方式并设定好参数后，模型计算在后台完成。点击左侧功能菜单"调度方案计算"，进入调度方案设置检查及计算页面。如果设计洪水过程选取和调度方案设定完成，则相应完成状态会显示 ✓ ；否则则相应完成状态会显示 ✕ ，表示需要设定条件。如果设计洪水过程选取和调度方案设定完成状态显示 ✓ ，则可以输入相应的方案名称及备注。用户点击计算按钮，计算完成，页面显示相应的方案结果，如图 5.3－10 所示。

图 5.3-9　"防洪调度方案设定"子菜单

图 5.3-10　"调度方案计算"子菜单

在"调度方案计算结果"界面，以文本形式显示方案结果的概要信息、设计洪水情况及方案设定情况；以图表的形式显示水库入出库以及下游各站（至头道拐站）流量过程、刘家峡水库、龙羊峡水库的运用情况及洪水组成情况，如图 5.3-11 所示。

调度方案分析评价主要是对计算的方案成果进行评价，内容包括防洪工程运行情况评价、防洪效果评价、方案可行性评价，如图 5.3-12 所示。

3. 实时调度方案计算

实时调度方案计算依据实时洪水预报或预估得到的龙羊峡水库入库洪水，龙羊峡、刘家峡两库区间洪水，刘家峡至兰州区间洪水等，对龙羊峡水库、刘家峡水库实时防洪调度方案进行模拟计算，主要功能包括洪水过程获取、洪水调度方案设定、调度方案计算、调度方案分析评价。

实时防洪调度方案计算时，首先选择洪水过程。点击左侧功能菜单"预报洪水过程选

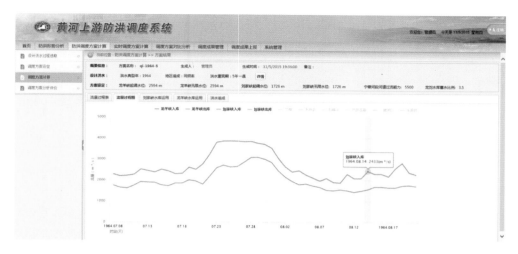

图 5.3-11　"调度方案计算结果"界面

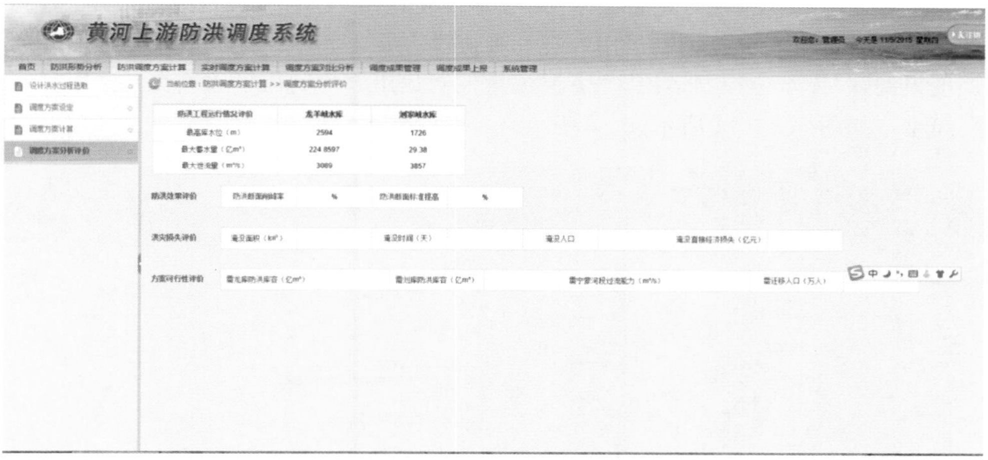

图 5.3-12　"调度方案分析评价"子菜单

取"，进入"预报洪水过程选取"界面，对方案计算中的预报洪水过程进行选取。在操作界面，系统提供了 3 种预报洪水过程的读取方式：提取预报洪水过程、从本地电脑导入以及读取典型洪水过程，如图 5.3-13 所示。选择"提取预报洪水过程"后，对于过程历时小于一个场次（45d）的预报洪水过程，提供了自动延长和人工延长两种延长方式。

洪水调度方案设定需要设定水库调度参数和水库运用方式，点击左侧功能菜单"实时调度方案设定"，进入"实时调度方案设定"界面，对需要计算方案的计算条件进行设定，在"水库调度参数设定"条件组框中，需对龙羊峡和刘家峡水库的起调水位、年度汛限水位等条件进行设定。系统已经对各种计算条件给出默认值，用户可以进行修改。

在"水库运用方式设定"条件组框中，勾选"计算任务选择"项，可以选择龙羊峡水库和刘家峡水库中的一个进行单库计算，也可以选择两个水库进行联调；在"调洪方式"

图 5.3 - 13　"预报洪水过程选取"界面

项中，系统提供了"按调度规则控泄""库水位控制运用""下泄流量控制运用""完全自由敞泄"以及"分时段混合控制运用"等 5 种调洪方式，其中"按调度规则控泄"调用了规则调度模型，"库水位控制运用""下泄流量控制运用"均利用了逐级交互法库群联合优化调度模型，如图 5.3 - 14 所示。

图 5.3 - 14　"实时调度方案设定"界面

点击左侧功能菜单"实时调度方案计算"，进入"实时调度方案计算"界面。如果预报洪水过程选取和实时调度方案设定完成，则相应完成状态会显示 ✓ ；否则则相应完成状态会显示 ✗ ，表示需要设定条件。如果预报洪水过程选取和实时调度方案设定完成状态显示 ✓ ，则可以输入相应的方案名称及备注。用户点击计算按钮，计算完成，页面显示相应的方案结果，如图 5.3 - 15 所示。

在"方案结果"界面，以文本形式显示方案结果的概要信息、预报洪水情况及方案设

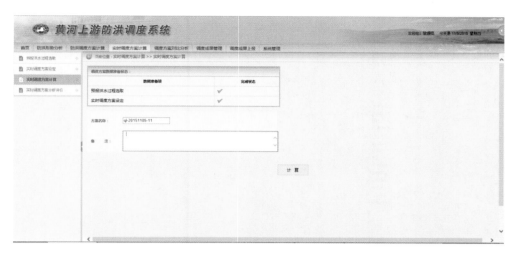

图 5.3-15 "实时调度方案计算"界面

定情况；以图表的形式显示水库入出库以及下游各站（至头道拐站）流量过程、刘家峡水库、龙羊峡水库的运用情况及洪水组成情况，如图 5.3-16 所示。

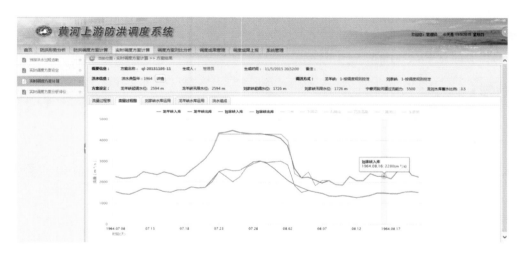

图 5.3-16 "方案结果"界面

4. 调度方案对比分析

"调度方案对比分析"模块的主要业务需求是对所选调度方案的计算结果进行比较，从而分析方案优劣。该模块包括对不同调度方案下防洪工程运行情况比较、运行效果比较，其中运行情况比较的要素是龙羊峡、刘家峡水库运用后的水位、蓄量、泄流量及防洪库容，运行效果比较的要素是主要防洪断面兰州站的最大流量、断面削峰率。

在操作页面选择方案 1 和方案 2，点击"确定"按钮，页面显示两个方案的对比分析结果，包括龙羊峡水库、刘家峡水库的水位、蓄水量、泄流量，兰州的最大流量、削峰率以及宁蒙河段的淹没情况，如图 5.3-17 所示。

图 5.3-17　"调度方案对比分析"界面

5. 调度成果管理

调度成果管理是对调度方案制定、调度方案计算、实时调度方案计算等各模块的成果进行存储，具有调度成果检索、方案信息查询功能。在用户操作界面，通过设定方案生成日期，选择方案类型，输入方案名称（支持模糊输入）以后，用户点击"查询"按钮，可以查询相应的方案，如图 5.3-18 所示。

图 5.3-18　"调度成果管理"界面

在结果列表中，点击"详细"，可以查看方案结果的详细信息，如图 5.3-19 所示。

6. 调度成果上报

调度成果上报模块的业务需求是将黄河上游实时防洪调度系统生成的防洪形势分析报告以及调度方案计算结果上报至中央调度系统，具有对上报信息进行管理、上传等相关功能。

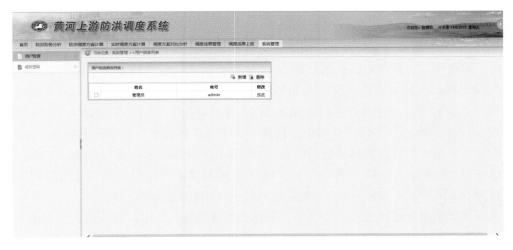

图 5.3 - 19　"调度成果详情"界面

7. 调度系统管理

调度系统管理是整个系统的基础模块，是对用户、单位、角色、权限等信息进行统一管理，具有系统维护功能，包括用户管理、密码修改等。点击左侧功能菜单"用户管理"，进入用户管理页面，对系统用户进行管理。在操作界面，页面提供了用户信息修改列表，可对用户信息进行修改。用户点击"新增"按钮，可以增加用户信息；用户点击"删除"按钮，可以对用户信息进行删除。其中，在新增用户时，提供了两种用户权限，即"一般用户"和"系统管理员"，分别可以进行一般操作及管理员操作，如图 5.3 - 20 所示。

图 5.3 - 20　"用户管理"界面

点击左侧功能菜单"修改密码"，进入修改密码页面，对当前用户密码进行修改，如图 5.3 - 21 所示。

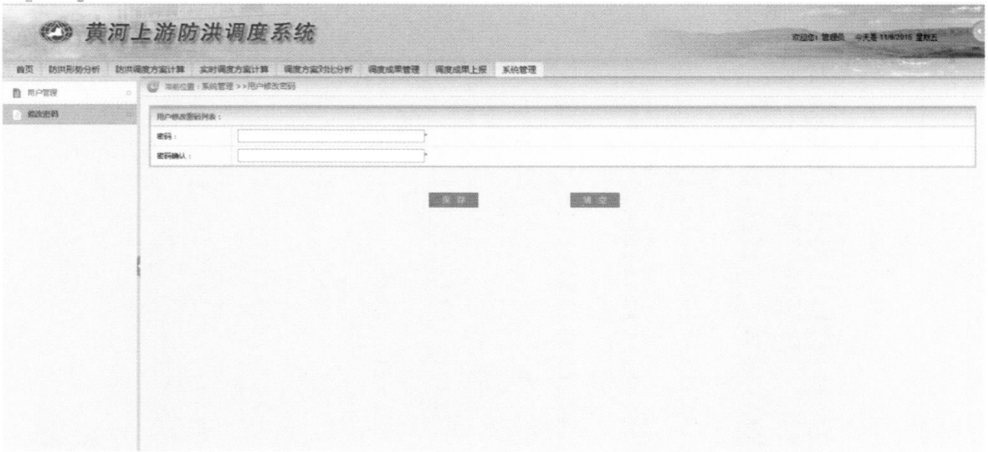

图 5.3-21　"修改密码"界面

5.4　黄河中下游水库群联合调度模型（实例）

5.4.1　黄河中下游洪水特点及防洪工程体系

5.4.1.1　黄河中下游洪水泥沙特点

根据黄河中下游洪水时空分布规律，下游大洪水主要来自中游三个地区，即河口镇—龙门区间（以下简称"河龙间"），龙门—三门峡区间（以下简称"龙三间"）和三门峡—花园口区间（以下简称"三花间"）。三个不同来源区的洪水，组成花园口站不同类型的洪水。

"上大洪水"指以河龙间和龙三间来水为主形成的洪水，特点是洪峰高、洪量大、含沙量高，对黄河下游防洪威胁严重。如 1843 年调查洪水，三门峡站、花园口站洪峰流量分别为 36000m³/s 和 33000m³/s；1933 年实测洪水，三门峡站、花园口站洪峰流量分别为 22000m³/s 和 20400m³/s，三门峡站最大 12 日洪量为 92.0 亿 m³，最大 12 日沙量为 22.1 亿 t。"下大洪水"指以三花间干支流来水为主形成的洪水，特点是洪峰高、涨势猛、预见期短，对黄河下游防洪威胁最为严重。如 1761 年调查洪水，三门峡站、花园口站洪峰流量分别为 6000m³/s 和 32000m³/s；1958 年实测洪水，三门峡站、花园口站洪峰流量分别为 6520m³/s 和 22300m³/s，花园口站最大 12 日洪量为 81.5 亿 m³。

黄河多年平均年输沙量约为 16 亿 t，平均含沙量为 35kg/m³，在我国大江大河中名列第一。最大年输沙量达 39.1 亿 t（1933 年），最高含沙量为 911kg/m³（1977 年）。黄河的泥沙年内分配十分集中，90% 的泥沙集中在汛期；年际变化悬殊，往往集中在几个大沙年份，最大年输沙量是最小年输沙量 3.75 亿 t（2000 年）的 10.4 倍。

5.4.1.2　黄河下游防洪工程体系

目前黄河已基本建成了"上拦下排、两岸分滞"的下游防洪工程体系，包括黄河中游的三门峡、小浪底、陆浑、故县、河口村水库，下游两岸堤防及河道整治工程，下游东平湖、北金堤蓄滞洪区。黄河下游防洪工程体系如图 5.4-1 所示。

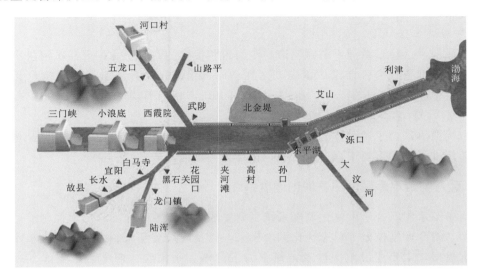

图 5.4-1　黄河下游防洪工程体系示意图

1. 上拦工程

三门峡水库位于河南省陕县（右岸）和山西省平陆县（左岸）交界处的黄河干流上，距河南省三门峡市约 20km，坝址控制流域面积 68.8 万 km²。枢纽的任务是防洪、防凌、灌溉、供水和发电。水库大坝为混凝土重力坝，现状防洪运用水位 335.0m，相应库容约 55 亿 m³。

小浪底水库位于河南省洛阳市以北 40km 处的黄河干流上。上距三门峡水库 130km，下距花园口站 128km。坝址控制流域面积 69.4 万 km²，占花园口以上流域面积的 95.1%。小浪底水库的开发任务是以防洪（防凌）、减淤为主，兼顾供水、灌溉、发电。设计总库容为 126.5 亿 m³，包括拦沙库容 75.5 亿 m³，防洪库容 40.5 亿 m³，调水调沙库容 10.5 亿 m³。

陆浑水库位于洛河支流伊河中游的河南省嵩县境内，坝址控制流域面积 3492km²。水库的开发任务是以防洪为主，结合灌溉、发电、供水和养殖等。校核洪水位为 331.8m，总库容为 13.2 亿 m³。

故县水库位于黄河支流洛河中游的洛宁县境内，坝址控制流域面积 5370km²，水库开发任务是以防洪为主，兼顾灌溉、发电、供水等综合利用。校核洪水位为 551.02m，总库容为 11.75 亿 m³。

河口村水库位于黄河一级支流沁河最后一段峡谷出口处的河南省济源市克井乡。坝址以上控制流域面积 9223km²。水库开发任务是以防洪、供水为主，兼顾灌溉、发电、改善河道基流等综合利用。校核洪水位为 285.43m。总库容为 3.17 亿 m³，防洪库容为 2.3 亿 m³。

2. 下排工程

黄河下游除南岸邙山及东平湖至济南区间为低山丘陵外，其余全靠堤防约束洪水。黄河下游堤防属于特别重要的 1 级堤防，堤防左岸从孟州中曹坡起，右岸从孟津县牛庄起，共长 1371.1km，其中左岸长 747.0km，右岸长 624.1km。黄河大堤各河段的设计防洪流量为花园口 22000m³/s、高村 20000m³/s、孙口 17500m³/s、艾山以下 11000m³/s。

3. 分滞洪工程

东平湖滞洪区位于黄河下游宽河道与窄河道相接处的右岸，承担分滞黄河洪水和调蓄大汶河洪水的双重任务。滞洪区由老湖区和新湖区组成。设计防洪运用水位，老湖区为 46.0m，相应库容 12.3 亿 m³；新湖区为 45.0m，相应库容 23.7 亿 m³；全湖区为 45.0m，相应总库容 33.8 亿 m³。

北金堤滞洪区位于黄河下游高村至陶城铺宽河道转为窄河道过渡段的左岸，是防御黄河下游超标准洪水的重要工程设施之一，设计分滞黄河洪量 20 亿 m³。

5.4.2　黄河中游水库联合防洪优化调度系统

黄河中游水库联合防洪优化调度系统主要集成了水位控制模型、出库控制模型、补偿调度模型、指令调度模型等单库优化调度模型，以及逐级交互法、库容分配法水库群联合优化调度模型，主要建设范围涉及黄河中游三门峡、小浪底、西霞院、陆浑、故县、张峰、河口村等 7 座骨干水库，系统的主界面采用地图、卫星图、地形图、概化图四种方式展现黄河中下游主要防洪工程、水文站位置信息（图 5.4 - 2）。

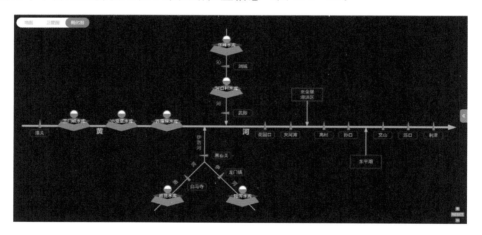

图 5.4 - 2　黄河中游水库联合防洪优化调度系统主界面

黄河中游水库联合防洪优化调度系统功能模块主要包括基本信息、单库调度、库群联合调度等，其结构如图 5.4 - 3 所示。

1. 基本信息

基本信息模块包含流域基本情况、水库基本信息、历史洪水管理和马斯京根法（以下简称"马法"）参数信息等，流域基本情况展示了黄河流域自然地理、源干支流、气象水文、泥沙、主要湖泊等信息（图 5.4 - 4）。

水库基本信息包含基本曲线、频率曲线、常用数据、报警阈值设置等，基本曲线可以展示水位库容关系曲线、水位面积曲线、总泄流能力曲线、水位-淹没人口曲线和水位-淹没面积曲线。当切换曲线类型后，曲线图、曲线数据和数据查询都会根据选择的曲线进行数据展示，可对曲线数据的横纵轴数据进行输入互查，曲线数据表格可以进行修改操作，修改后可点击"存库"按钮保存至数据库中，也可点击"重置"还原曲线，取消本次修改操作，如图5.4-5所示。

频率曲线可以展示洪峰流量频率曲线、1日洪量频率曲线、3日洪量频率曲线和5日洪量频率曲线，可以展示曲线特征值，包括均值、离差系数 C_v、偏态系数 C_s，可对特征值进行输入修改，修改后可点击"存库"按钮保存至数据库中，也可点击"重置"还原曲线，取消本次修改操作，可对曲线数据对应的横纵轴数据进行输入互查，如图5.4-6所示。

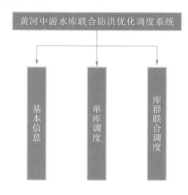

图 5.4-3　黄河中游水库联合防洪优化调度系统结构

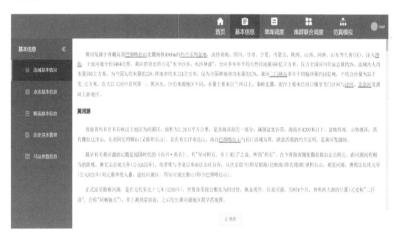

图 5.4-4　"流域基本情况"界面

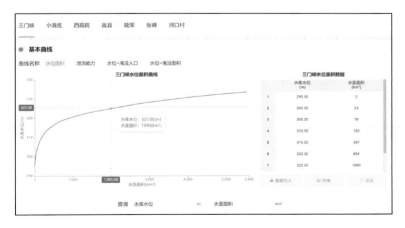

图 5.4-5　"水库基本曲线"界面

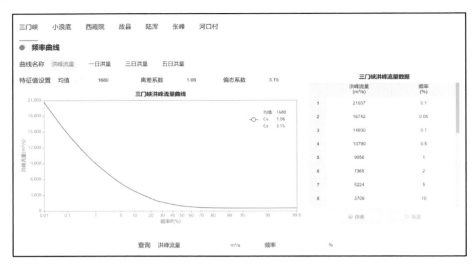

图 5.4-6　"频率曲线"界面

"常用数据"界面主要是对水库特征水位与特征库容等数据进行展示（图 5.4-7）。

图 5.4-7　"常用数据"界面

"报警阈值设置"界面主要是设置水库水位差、入库流量差、出库流量差报警相关阈值（图 5.4-8）。

图 5.4-8　"报警阈值设置"界面

"历史洪水管理"界面（图 5.4-9）展示了不同场次历史洪水的基本信息，包括区间流量、天然径流、入库出库流量等，存在多场历史洪水的情况下，用户可以通过次洪名称检索相应历史洪水，同时可以进行修改、存库或删除操作。

图 5.4-9 "历史洪水管理"界面

"马法参数信息"界面（图 5.4-10）展示了不同河段区间，在不同流量情况下进行马斯京根法演算时需要的相关参数，参数主要包括河段数 MP，蓄流流量关系曲线坡度 KK 和流量比重系数 X，用户可以对表格数据进行操作，修改后可点击"存库"按钮保存至数据库中，也可点击"重置"还原曲线，取消本次修改操作。

图 5.4-10 "马法参数信息"界面

2. 单库调度

单库洪水调度模块包括方案生成、方案跟踪和方案查询三个部分，方案生成可以按照操作向导逐步设置计算边界。点击功能菜单"单库调度"，首先进入洪水过程选取页面，对某个水库的洪水过程进行选取。在操作界面，系统提供了 3 种预报洪水过程的读取方式：实时预报、历史洪水、外部引入（图 5.4-11）。

洪水过程选取完毕后，相关的洪水过程线以图表联动的形式进行展示（图 5.4-12），

图 5.4 - 11　"洪水选取"界面

允许对预报的入库洪水过程进行修改和调整，并能够自动统计洪峰流量、一日洪量、三日洪量、五日洪量及各自对应的频率、重现期等特征值数据。

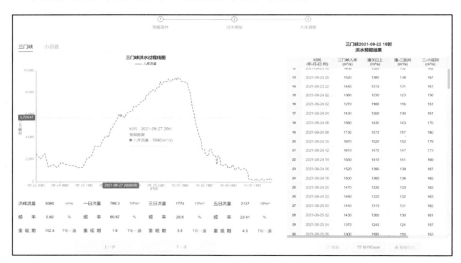

图 5.4 - 12　"洪水预报图表展示"界面

在水库调度界面，可以选取水位控制、出库控制、补偿调度、指令调度等单库调度运用方式对指定的水库进行调洪计算，如图 5.4 - 13 所示。

"方案跟踪"界面（图 5.4 - 14）可以实时对比调度结果与实际选择之间的差异，并在水位或出库流量等指标差异过大时发出警告。

"方案查询"界面（图 5.4 - 15）可以将历次计算中保存的调度方案详细信息进行展示。该界面中左侧列表框中列举了保存的所有方案，选中要查询的方案，可以将水库入库出库流量及水位过程线、方案特征等调洪演算结果进行展示。

3. 库群联合调度

库群联合调度模块包括逐级交互、库容分配、方案跟踪和方案查询四个部分。逐级交

图 5.4-13 "单库调度计算"界面

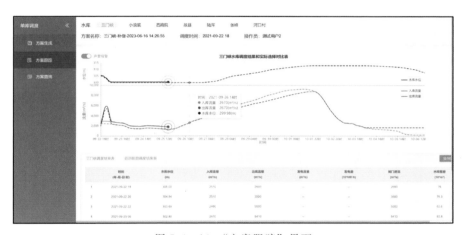

图 5.4-14 "方案跟踪"界面

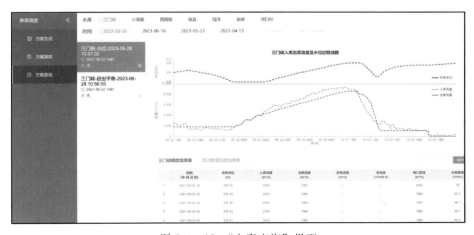

图 5.4-15 "方案查询"界面

互是采用逐级交互法水库群联合优化调度模型进行调度计算。逐级交互选取洪水的过程与单库调度一致，洪水选取后，单击逐级交互计算单元选择选项框（图 5.4－16），可以选择参与库群联合调度的单元，在调度模型选择选项框中，选择各个水库要计算调度方案所用的模型，设置必要的水库控制条件后，即可进行调度计算。

图 5.4－16 逐级交互计算单元选择选项框

调度计算生成的方案会显示在下方表格中，如图 5.4－17 所示。

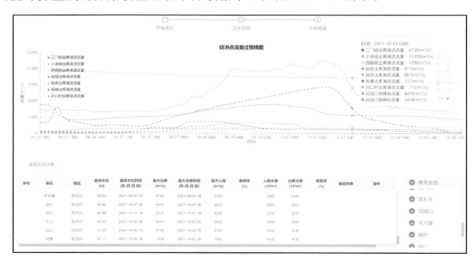

图 5.4－17 "调度计算结果"界面

库容分配是采用库容分配法库群联合优化调度模型进行调度计算。库容分配选取洪水的过程与单库调度一致，洪水选取后，点击超额水量分配按钮，调用水库群超额水量分配模型，分配每座水库所需的防洪库容，然后进行库群联合补偿调节计算，如图 5.4－18 所示。

调度计算生成的方案会显示在下方表格中（图 5.4－19）。方案跟踪和方案查询的功能与单库调度功能基本一致，不再赘述。

图 5.4-18　"库容分配库群联合优化调度计算条件设置"界面

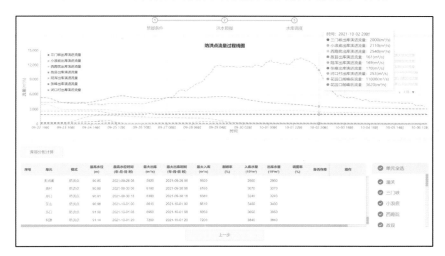

图 5.4-19　"库容分配调度计算结果"界面

第6章

防汛知识图谱构建技术

知识图谱是结构化的语义知识库，用于以符号形式描述物理世界中的概念及其相互关系，其基本组成单位是"实体-关系-实体"三元组，以及实体及其相关属性-值对，实体之间通过关系相互联结，构成网状的知识结构。知识图谱以结构化的方式描述客观世界中概念、实体及其关系，将互联网的信息表示成接近人类认知世界的形式，提供了一种高效地组织、管理和理解互联网海量信息的能力。知识图谱旨在建模、识别、发现和推断事物、概念之间的复杂关系，是事物关系的可计算模型，已经被广泛应用于搜索引擎、智能问答、语言理解、视觉场景理解、决策分析等领域。防汛知识图谱的构建需要知识抽取、知识表示、知识融合、知识存储等技术的综合应用。这些技术可以帮助人们更好地组织和利用大量的防汛知识，提高防汛工作的效率和准确性。知识图谱构建所需相关技术及其关系如图6.0-1所示。

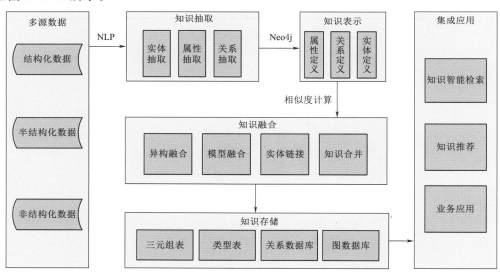

图 6.0-1　知识图谱构建技术

（1）知识抽取：通过自然语言处理和信息抽取技术，从大量的文本数据中提取与防汛相关的知识。这包括文本的预处理、实体识别、关系抽取等技术，可以将文本中的关键信息进行提取和结构化。

（2）知识表示：将抽取得到的知识进行表示，可以使用图结构来表示知识之间的关系。常用的方法包括基于本体论的知识表示（如 RDF、OWL 等）或者图数据库的表示（如 Neo4j 等）。

（3）知识融合：将不同来源的知识进行融合，消除冗余和矛盾。可以使用一些知识融合算法，如基于规则的融合、基于相似度的融合等。

（4）知识存储：知识存储是指将获取到的知识以特定方式存储在计算机中，以便后续的检索、分析和应用。按照存储方式分类，知识图谱的存储有基于表结构的存储和基于图结构的存储两种方式。

6.1 知识图谱构建技术流程

知识图谱的构建过程是从原始数据出发，采用自动或半自动的技术手段，从原始数据中提取出知识要素，并将其存入知识库的数据层和模式层的过程，知识图谱构建技术流程如图 6.1-1 所示。知识图谱的构建技术流程通常包括以下几个主要步骤。

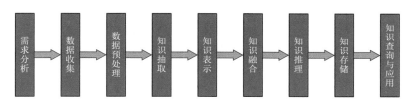

图 6.1-1　知识图谱构建技术流程

6.1.1　需求分析

需求分析需要明确构建知识图谱的目标和需求，了解用户对知识图谱的使用场景和功能需求，确定知识图谱所要覆盖的领域和知识范围。知识图谱构建流程的需求分析主要从下述几方面考虑：

（1）确定构建知识图谱的目标和应用场景。定义知识图谱的目标并明确知识图谱的目的是什么，例如支持智能问答、知识推理、关联分析等。根据知识图谱的目标确定它将被应用于哪些领域或场景，如防汛调度、会商决策等。

（2）确定知识图谱的使用者。识别主要使用者并确定知识图谱的主要用户群体，包括专业人员、决策者、普通用户等。

（3）确定知识图谱所覆盖的数据范围和数据来源。确定知识图谱将涉及哪些领域或主题，例如水利工程、流域调度等。确定获得相关数据的渠道，包括公开数据集、专业机构、文献库等。

（4）确定数据收集、清理和预处理方案。首先选择合适的数据收集方式，如爬虫、

API 接口调用、人工标注等。然后定义数据清洗的步骤和规则，包括去除重复数据、统一命名实体等。最后确定对原始数据进行哪些预处理操作，如分词、词性标注、实体识别等。

（5）确定知识图谱的结构和表示方法。首先设计知识图谱的结构，包括实体、属性和关系的组织方式，如图数据库、RDF 等；然后确定如何表示实体、属性和关系，如使用词向量、数值编码等方式；最后选择适当的知识存储方式和查询接口，以支持高效的存储和检索操作。

6.1.2　数据收集

收集与知识图谱相关的数据，可以包括结构化数据、非结构化文本数据、语义标注数据等。数据的来源可以是网络上的公开数据、专业领域的数据库、企业内部的数据等。收集知识图谱构建所需的数据按照以下步骤进行。

1. 数据来源选择

数据的来源可以从以下公开数据集、专业机构以及文献库进行选择，不同数据来源的具体描述如下：

（1）公开数据集。搜索和评估已经公开发布的数据集，可以使用搜索引擎或专门的开放数据平台。注意选择与知识图谱目标和应用场景相关的数据集。

（2）专业机构。与领域专家、专业团队或行业机构合作，获取他们所持有的数据。这些机构可能已经对数据进行了筛选和整理，具备较高的质量和专业性。

（3）文献库。查阅领域相关的学术论文、技术报告等文献，提取其中的关键信息和数据。这可以补充公开数据集中缺失的领域特定知识。

2. 确定数据收集方法

数据收集的方法包括以下三种：

（1）网络爬虫。根据知识图谱的目标和应用场景，在互联网上设计和运行网络爬虫，抓取相关数据。可以使用 Python 编程语言的库（如 Scrapy）来实现爬虫。

（2）API 接口调用。如果目标数据可通过 API 访问，并且提供了相应的接口文档，可以通过编程方式调用 API 来获取所需数据。通常需要了解 API 授权、参数传递等方面的知识。

（3）人工标注。如果没有现成的数据源可用，可以通过人工标注的方式进行数据收集。组织专家团队对文献、网页等进行阅读和标注，提取有用的信息。

3. 数据质量和准确性验证

数据质量和准确性验证过程如下：

（1）数据验证。对于采集到的数据，进行验证和校验来确保数据的准确性和完整性。可以利用已有知识或领域专家的指导进行验证。

（2）数据清洗。对采集到的数据进行清理，去除重复、冗余和错误数据。这包括处理缺失值、统一格式等操作，以提高数据质量。

（3）专家验收。将采集的数据提交给领域专家或相关团队进行审查和验证，以确保数据的正确性和专业性。

4．法律和道德问题

数据收集过程中必须遵循法律法规并注意敏感信息，相关描述如下：

（1）遵循法律法规。在进行数据收集时，必须遵守相关的法律法规，包括个人隐私保护、版权保护等。不得获取违法或侵权的数据。

（2）注意敏感信息。避免收集和使用可能涉及个人隐私、商业机密或政治敏感信息的数据。尊重他人的权益是构建知识图谱的基本原则之一。

上述步骤是一个常见的数据收集过程，需要根据具体情况进行灵活调整。在实际操作中，可能需要与领域专家或相关团队密切合作，并利用合适的工具和技术来支持数据收集工作。确保数据源的可靠性、数据的准确性和法律合规性，对于构建准确、有用的知识图谱至关重要。

6.1.3　数据预处理

对收集到的数据进行清洗和转换，使其符合知识图谱构建的要求。这包括文本的分词、实体识别、关系抽取、去除噪声和冗余等处理步骤。

1．数据清洗

数据清洗的具体步骤如下：

（1）缺失值处理。检测数据中的缺失值并采取相应的策略进行处理。可以使用统计方法（如均值、中位数）或机器学习方法（如 K 近邻插值、回归模型）来填充缺失值，或者根据业务规则删除包含缺失值的数据点。

（2）噪声处理。通过数据分析、异常检测算法或领域专家的知识来识别和处理数据中的异常值和噪声点。可以使用统计方法（如 Z - score 标准化方法）或基于模型的方法（如聚类、离群点检测算法）来识别和修复异常值或噪声点。

（3）重复数据处理。检测和剔除数据集中的重复记录。可以通过比较记录的关键特征或使用哈希函数等方法来确定是否存在重复。重复数据可以直接删除或进行合并处理。

2．数据转换

数据转换的具体步骤如下：

（1）标准化/归一化。将数值型特征转换为具有相同尺度的标准分布。常见的方法包括 Z - score 标准化（减去均值并除以标准差）和 Min - Max 归一化（线性映射到指定的范围）。

（2）编码与映射。将类别型特征转换为数值型表示，以便于机器学习算法的处理。独热编码将每个类别映射为一个二进制向量，标签编码则将类别映射为整数。

（3）文本处理。对于文本数据，可以进行分词（将文本切分为单词或短语）、去除停用词（如"的""是"等无实际含义的词汇）、词干提取（将单词还原为其原始形式）等预处理操作。然后可以使用词袋模型（将文本表示为词频向量）或更高级的方法（如词嵌入技术）来将文本转换为数值型特征表示。

3．数据集成与对齐

数据集成与对齐的具体步骤如下：

（1）数据集成。将来自不同数据源的数据进行整合，创建一个一致的数据集。这涉及确定共享实体、属性或其他连接方式，并通过规范化数据格式和结构，使它们能够在同一个数据集中相互关联。

（2）数据对齐。当数据集成时，可能会遇到属性名称或值的差异，需要进行数据对齐来确保语义一致性。可以使用字符串匹配算法、词典映射或规则定义来解决属性对齐问题，以确保不同数据源中的相似属性能够正确匹配。

4. 数据可视化

数据可视化的方式如下：

使用图表、图形或其他视觉工具展示和分析数据，这有助于发现数据集中的关系、趋势和模式，以及验证数据质量和正确性。常见的可视化工具包括 Tableau、Matplotlib、Seaborn 等。通过进行交互和探索性分析，可以更好地理解数据，并为后续的知识图谱构建提供指导。

6.1.4　知识抽取

通过自然语言处理和信息抽取技术，从预处理后的数据中提取有用的知识。这可以包括实体识别、关系抽取、属性抽取等任务，将文本数据转化为结构化的知识形式。常见的知识抽取技术如下。

1. 命名实体识别

命名实体识别（named entity recognition，ENR）是识别文本中具有特定语义角色的实体的任务，如人物、地点、组织机构等。NER 可以使用基于规则的方法或基于机器学习/深度学习的方法来实现。常用的深度学习模型包括序列标注模型（如条件随机场）、循环神经网络（如 LSTM、GRU）和预训练模型（如 BERT、RoBERTa）。

2. 关系抽取

关系抽取是从文本或结构化数据中识别实体之间的关系的任务。它涉及解析文本、分析数据模式和推断实体之间的关联。关系抽取可以使用基于规则的方法、模式匹配算法或基于机器学习/深度学习的方法来实现。深度学习方法包括将实体对映射到特征空间的嵌入模型和使用卷积神经网络或递归神经网络进行关系分类的模型。

3. 属性抽取

属性抽取是从文本或结构化数据中提取实体的属性信息的任务。它可以涉及文本解析、特征提取和基于模式的方法，例如从产品描述中提取颜色、价格等属性信息。属性抽取可以使用基于规则的方法、模式匹配算法或基于机器学习/深度学习的方法来实现。

4. 事件抽取

事件抽取是从文本中识别和提取特定事件的任务。它涉及通过语义角色标注和关系抽取来识别事件的触发词、参与者、时间等要素。事件抽取可以使用基于规则的方法、序列标注模型或基于远程监督的方法来实现。

5. 知识补全和链接

知识抽取还可以通过将已抽取的知识与现有的知识库进行链接和补全，来丰富和完善知识图谱。这可以通过实体识别和消歧、关系推理和链接等技术来实现。例如：根据上下文信息和实体特征，将抽取的实体链接到现有的知识库中的对应实体。

这些知识抽取技术可以单独应用，也可以互相组合，根据具体的应用场景和数据类型选择合适的方法。同时，随着深度学习和自然语言处理领域的发展，预训练模型和迁移学习等技术也在知识抽取中发挥着越来越重要的作用。

6.1.5　知识表示

将抽取得到的知识进行表示，通常以图结构来表示知识之间的关系。可以使用本体论的知识表示语言（如 RDF、OWL），将实体、属性和关系进行建模。在构建知识图谱时，常用的知识表示技术包括以下几种。

1. 本体

本体是一种形式化的知识表示方法，用于定义和描述领域中的实体、属性和关系。本体通常使用描述逻辑或语义网络来表示，其中包含概念层次结构、属性定义和约束规则等。本体可以提供丰富的语义关系和推理能力，有助于理解和推断知识的含义。

2. 图表示

图表示是通过节点和边的形式来表示知识的方法。在构建知识图谱时，每个实体可以表示为一个节点，而实体之间的关系可以表示为节点之间的边。图表示可以使用图数据库或图计算框架进行存储和查询，具有高效的图遍历和关系推理能力。

3. 语义向量

语义向量是一种将实体或属性表示为连续向量的方法。这种表示方法通过将实体映射到向量空间，使得语义相似的实体在向量空间中距离较近。常用的语义向量表示方法包括词向量（如 Word2Vec、GloVe）、实体嵌入（如 TransE、TransR）和关系嵌入（如 DistMult、ComplEx）。语义向量可以用于相似性计算、推荐系统和知识补全等任务。

4. 逻辑表示

逻辑表示是一种基于逻辑语言的形式化知识表示方法，如一阶谓词逻辑和描述逻辑。逻辑表示能够提供丰富的推理能力和逻辑规则，支持知识的推理、问答和推断。

5. 文本表示

文本表示是将自然语言文本转换为机器可处理的向量或矩阵表示的方法。常见的文本表示方法包括词袋模型、TF–IDF（Term Frequency–Inverse Document Frequency）、词嵌入等。文本表示可以用于搜索引擎、信息检索和文本分类等任务。

这些知识表示技术可以互相结合，根据具体的应用场景和需求选择合适的方法。在知识图谱构建中，常常需要根据实际情况综合考虑多种技术，并根据数据特点和任务需求进行优化和调整。

6.1.6　知识融合

知识融合是指将来自不同数据源、不同格式、不同领域的知识进行整合和合并，从而构建一个更完整、一致且具有丰富语义的知识图谱。在知识图谱构建过程中，常用的知识融合技术包括以下几种。

1. 实体对齐

实体对齐是将不同知识图谱中相似或相同的实体进行关联的过程。通过分析实体属性、上下文信息、关系等，可以判断两个知识图谱中的实体是否表示相同的概念或现实世界实体，进而将它们进行对应。

2. 关系挖掘

关系挖掘是从不同知识源中发现和抽取关系的过程。通过分析实体之间的共现关系、语义相似性、关系特征等，可以挖掘出未知的关系并添加到知识图谱中。

3. 知识对齐

知识对齐是将来自不同知识源的知识进行匹配和整合的过程。它可以通过处理知识之间的冲突、消歧和一致性检测，将不同知识源中的相关知识进行融合。

4. 知识融合规则

知识融合规则是为了解决知识图谱中的不一致性和冲突问题而定义的一系列规则。这些规则可以基于专家知识、统计分析或机器学习等方法，通过考虑数据质量、置信度、权重等因素来融合多个知识源的信息。

5. 语义映射

语义映射是将不同本体或模式之间的概念、属性和关系进行映射和转化的过程。通过解析本体结构、语义规则和推理机制等，可以实现不同知识源之间的语义桥接和互操作性。

这些知识融合技术可以在知识图谱构建的不同阶段中应用，帮助整合多样化的知识资源，提高知识图谱的覆盖范围和准确性。同时，需要根据具体场景和需求选择适合的知识融合技术，并综合考虑数据质量、一致性和可扩展性等因素。

6.1.7 知识推理

知识推理是指在知识图谱中基于已有的事实和规则进行推理和推断，以获得新的知识和结论。知识推理可以帮助发现隐藏的关联关系、填补缺失的信息、验证假设和解决问题。在知识图谱构建中，常用的知识推理技术包括以下几种。

1. 基于规则的推理

基于规则的推理使用事先定义好的逻辑规则来进行推理。这些规则可以基于形式化的逻辑语言（如一阶谓词逻辑），也可以基于规则引擎或专家系统。通过运用规则对已知的事实进行逻辑推理，可以得出新的知识或推断结论。

2. 语义推理

语义推理是基于知识图谱中的语义关系进行推理的技术。它可以利用知识图谱中实体之间的关系来进行推理，例如通过路径推理、相似性计算、关系传递等方式，发现实体之间的间接关联或隐含关系。

3. 推荐算法

推荐算法通过分析用户的偏好和行为，基于知识图谱中的知识进行个性化推荐。这种推理可以根据用户的历史记录、喜好和兴趣，推断出用户可能感兴趣的实体、属性或关系，并为其提供个性化的推荐结果。

4. 逻辑推理

逻辑推理是基于形式化逻辑规则和推理机制进行的推理过程。它可以通过应用逻辑规则进行演绎推理，或通过模糊逻辑、不完全信息等方式进行归纳推理，从而得出新的知识或结论。

5. 统计推理

统计推理利用统计方法和机器学习技术，通过分析已有的数据和模式进行概率推断和预测。它可以根据统计模型、特征学习和数据挖掘等技术，从数据中发现模式和规律，并应用于知识图谱的推理和补全。

这些知识推理技术可以结合使用，根据具体的应用场景和需求选择合适的方法。在构建知识图谱时，利用知识推理技术可以增强知识图谱的智能性和灵活性，使得它能够自动推理、自动补全和自动回答问题。

6.1.8 知识存储

知识存储是指将从不同数据源、不同格式获取的知识存储在一个统一的数据结构中，以支持高效的知识检索和查询。常用的知识存储技术包括以下几种。

1. 图数据库

图数据库是最常用的知识存储技术之一。它使用图的数据结构来存储实体、属性和关系，并提供高效的图遍历和图查询功能。图数据库通常采用基于节点和边的模型来表示知识图谱，例如使用属性图模型或标签化有向多重图模型，这样可以方便地存储和管理复杂的知识图谱。

2. 关系型数据库

关系型数据库也可以用来存储知识图谱中的知识，尤其是对于较小规模和结构化程度较高的知识图谱。关系型数据库使用表格形式存储数据，通过定义表之间的关系进行查询和连接操作。知识图谱中的实体、属性和关系可以分别存储在不同的表中，并利用关系定义和外键约束进行关联查询。

3. 文档数据库

文档数据库适用于存储半结构化或非结构化的知识。它以文档为单位存储数据，每个文档可以包含不同结构的属性和关系。文档数据库通常采用 JSON、XML 等格式来表示文档，并提供灵活的查询和索引功能。

4. 分布式文件系统

分布式文件系统可以用于存储大规模的知识图谱数据。它将数据分布在多个节点上，通过水平扩展和冗余备份来提高存储和查询性能。常见的分布式文件系统包括 Hadoop HDFS、Google File System（GFS）等。

根据知识图谱的规模、结构和应用需求，可以选择适合的知识存储技术或将不同的存储技术组合使用。此外，还可以考虑数据可扩展性、数据一致性、并发性能等因素来进行选择和优化。

6.1.9 知识查询与应用

为用户提供查询接口，使其能够通过关键词、语义查询等方式检索和获取知识图谱中的相关知识。同时，可以将知识图谱应用于具体的应用场景，如智能问答、信息检索、推荐、决策支持等，相关场景描述如下。

1. 智能问答系统

基于知识图谱的智能问答系统可以解析用户提出的自然语言问题，将其转化为结构化查询，并在知识图谱上执行查询操作，最终生成满足用户需求的答案。该应用可以用于在线客服、智能助手等场景，提供便捷的信息查询和问题解答。

2. 信息检索系统

知识图谱中的实体和关系可以用于构建强大的信息检索系统。通过用户输入的关键词或查询语句，系统可以对知识图谱中的实体、属性和关系进行检索，并返回相关的信息。该应用可用于文档检索、知识库查询等场景，提供精准的信息搜索和查找功能。

3. 推荐系统

基于知识图谱的推荐系统可以利用知识图谱中的实体、属性和关系，为用户提供个性化推荐。通过分析用户的兴趣和行为，系统可以推荐符合用户喜好的实体、相关文章、产品等。该应用可用于电子商务、社交媒体等领域，提供精准的个性化推荐服务。

4. 决策支持系统

知识图谱中的实体、属性和关系可以为决策支持系统提供丰富的背景知识。通过查询知识图谱中的数据，系统可以进行数据分析、预测、推理等操作，帮助决策者做出明智的决策。这种应用广泛用于金融、医疗、风控等领域，提供决策辅助的功能。

5. 数据分析和挖掘

知识图谱中的数据可以被用于数据分析和挖掘任务。通过查询和分析知识图谱中的实体、属性和关系，可以发现隐藏的模式、关联规则和趋势变化，从中获取有价值的洞察。该应用可用于市场分析、用户行为分析、风险评估等领域，提供数据驱动的决策支持。

6. 可视化展示和交互分析

利用知识图谱中的数据，可以构建交互式的可视化展示系统。通过图表、地图、图谱等形式，将知识图谱的内容以直观的方式展现出来，并提供交互式的操作和分析功能。这种应用可用于数据探索、知识发现等场景，帮助用户更好地理解和利用知识图谱中的信息。

以上是一个典型的知识图谱构建技术流程，具体实施时可以根据实际需求和数据情况进行调整和扩展。

6.2　地理知识图谱构建

随着信息科学技术的发展，各类数据内容呈现海量化、复杂化的态势，使得数据和知识的获取越来越具有挑战。知识图谱具有强大的语义抽取、分割能力、开放组织能力以及可视化的数据表征能力，为大数据时代的各类知识抽取、存储、检索及人工智能应用奠定了技术基础。知识图谱广泛应用于电商、金融、法律、医疗、智能家居等多个领域。

在地理学领域，近年来国内多位学者对地理知识图谱进行了研究：慎利等系统地研究了从地理信息服务到地理知识服务的基本问题与发展路径；罗强等较为系统地阐述了知识图谱的内涵及其在 GIS 领域的发展和应用情况；黄梓航等提出了一种结合地理知识的遥感影像目标实体关联方法。目前，国内外已经建立了多个大规模知识图谱，其中包括通用知识图和行业知识图谱。在水利领域，知识图谱在防洪调度、水资源调配、水工程运管等方面得到了一些应用，包括防汛职能问答、水利业务信息综合查询等，赋能水利业务管理。但是当前水利知识图谱的应用很少将水利实体对象的空间地理信息作为知识表达的一部分，这样就很难进行地理信息语义的查询。

6.2.1　地理知识图谱研究

1. 知识图谱简介

知识图谱技术是人工智能的一个重要分支，越来越多地被应用于生产实践中。知识图谱本质上是一种大型的语义网络，用以描述客观世界中的概念、实体及其相互关系。实体是知识图谱的基本元素，关系是两个实体之间的语义关系，属性是对实体的说明。知识图谱可以被看作是人类对世界的描述和认知的新载体，成为人工智能应用的重要基础设施，在语义搜索、智能问答、预测决策等方面凸显了越来越重要的应用价值。

2. 知识图谱逻辑架构

知识图谱在逻辑上可分为模式层与数据层。数据层主要是由一系列的事实组成的，通常以"实体-关系-实体"或者"实体-属性-值"三元组作为事实的基本表达方式，节点表示实体，边表示实体间关系或实体的属性，可以选择图数据库来存储这些三元组。在数据层之上是模式层，模式层是知识图谱的核心，通常采用本体库来管理知识图谱的模式层，基于本体库构建的知识库，具有层次结构较强、冗余较小的特点。知识图谱的数据层是本体的实例。

3. 知识图谱数据模型

知识图谱的核心数据模型是资源描述框架（resource description framework，RDF），由万维网联盟（W3C）制定与发布。RDF 由节点和边组成，使用三元组集合的方式来描述事物和关系，节点表示实体/资源、属性，边代表了实体和实体之间的关系、实体和属性的关系。知识图谱可以通过 RDF 三元组提供更准确的语义信息，并为从结构化语义数据中获得深层信息和价值提供了一个创造性的方式。

4. 知识图谱构建方式

知识图谱主要有两种构建方式：从上到下与从下到上。从上到下的构建方式需要先为知识图谱定义好本体及数据模式，再将实体加入知识库。从下到上的构建方式指的是从一些公开的信息中（如官方网站、百科）提取出实体，选择其中可信度较高的加入知识库，再构建顶层的本体模式。

5. 地理知识图谱

地理知识图谱是一种对地理位置、地理实体及其相互关系进行形式化描述的知识系统，能够提供标准化、层次化和可视化的地理知识表达，是结构化的地理元素语义知识库。地理知识图谱为地理信息行业的发展提供了新的数据提取、表达、存储、检索技术，是当前地理信息服务向地理知识服务拓展的核心。水利地理知识图谱是地理知识图谱在水利领域的应用，它由节点和边构成了一个大规模的水利语义网络。

6.2.2　水利地理知识图谱构建

以《水利对象分类与编码总则》（SL/T 213—2020）中所定义的核心术语及概念为基础，以水利对象间的空间关系及属性关系为核心，采用从上下到的方式，使用 Protege 本体编辑器进行水利领域地理本体的构建，定义水利地理本体的抽象概念、关系及属性。

　　水利地理知识图谱实例的构建，首先以水利地理信息数据库、水利业务属性数据库数据为主要数据源，基于定义的水利地理本体语义知识框架，提取水利对象实体及空间关系，并将空间关系转换为水利语义描述形式，以 RDF 格式存储；然后通过知识融合，对多源地理信息进行合并及标准化表达，同时消除具有歧义的水利知识语义信息；最后将融合后的知识单元以三元组的形式表示，并且采用图数据库进行存储。下面详细介绍面向水利领域的地理知识图谱构建流程（图 6.2 - 1）。

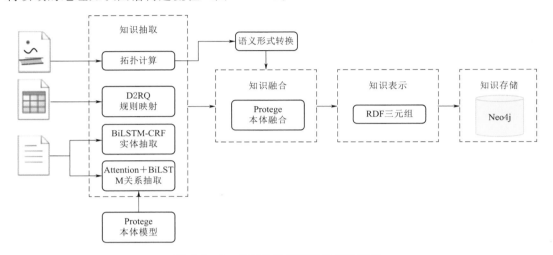

图 6.2 - 1　水利地理知识图谱构建流程

6.2.2.1　地理数据准备

　　水利地理实体对象信息纷繁复杂，具有数据量大且关系复杂的特点。数据源主要包括水利一张图数据、水利普查数据、水行政主管部门各业务数据、水利工程建管数据、涉水感知设备的地理空间数据及实时监测数据等结构化与非结构化数据；对于水利对象属性数据，数据形式有电子的和纸质的；对于水利地理空间数据，存储类型有 Shapefile 矢量图层存储及 Geodatabase 地理数据库存储。在地理知识图谱实例构建之前，需要将这些多源异构的结构化及非结构化数据通过数据清洗、数据提取、实体化处理、实体编码，构建适用于地理知识图谱实例构建的水利地理实体数据库及水利实体属性数据库，详见表 6.2 - 1。

表 6.2 - 1　水利地理实体分类

序号	实体类别	属性（类码、类名、实体码、实体名）
1	干流	河源、长度
2	支流	所属流域、河源距离、长度
3	流域	行政区、面积
4	水文站	所属政区、所在河流、类型
5	雨量站	汇流流域、编号
6	灌区	类型、用水量、灌溉面积（设计、有效、实际）
7	蓄滞洪区	河段、岸别、行政区

6.2.2.2　知识抽取

　　1. 水利对象空间特征分析

　　在地理信息学科中，将地理实体对象抽象为点、线、面，而空间拓扑关系则描述了点、线、面之间的邻接、关联和包含关系。常用的平面几何图形间的拓扑关系模型是 OGC 制定的 "九交" 模型 (DE-9IM)：相交、不相交、包含、包含于、相等、叠置、临接、穿越、涵盖及被涵盖。

水利实体对象间的空间关系包括干流、支流与流域的隶属关系，支流与干流的隶属关系，水文站与干流支流的隶属关系，雨量站与流域的隶属关系，滩区、蓄滞洪区与行政区的隶属关系，水利工程与行政区的隶属关系，水利工程与河流的隶属关系，等等。

（1）河流与河流。河流之间存在源汇关系，在空间中表现为相接关系，而在水利场景中表现为支流汇入干流的关系。

（2）河流与流域。流域是由一条干流和若干条支流组成的集水区域，在空间中流域及其组成单元的空间关系表现为拓扑包含，在水利场景中一般描述为某条河流属于哪个流域。

（3）流域与流域。以流域中的众多支流为基础，可形成若干范围较小的流域，这个流域和其流域内的小流域在空间中具有拓扑包含的关系，在水利场景中描述为小流域属于它的上级流域。

（4）河流与湖泊。湖泊根据泄水形式分为外流湖和内陆湖，不论是哪种类型，河流都会作为湖泊的来水水源之一，河流与湖泊之间的这种源汇关系在空间中表现为相接关系，在水利场景中描述为河流汇入或流入湖泊。

（5）河流、湖泊与行政区。河流、行政区是水网对象中最基础的两类实体，一条河流的生命周期包括：发源、流动、汇流或者消亡，河流与行政区的流经关系是水网中最基本的关系，每条河流都有发源地，发源地隶属某级行政单位，这样河流始终会和行政区建立联系。

（6）水库与河流。水库是由拦河大坝拦截河流形成蓄水区域，河流流入水库，经水库流出后汇入上一级河流时，该条河流与水库在空间中表现为拓扑相接；若河流流入水库，经水库流出后单独存在，不汇入其他河流时，则该条河流与水库在空间中是拓扑相交的关系。

2. 实体空间关系转换与提取

水利对象地理空间关系提取的实现过程主要有两步：首先，在 GIS 软件中计算任意两水利实体图层的拓扑关系，并将水利实体图层的拓扑关系以文本的形式存储；然后，根据定义的水利地理本体语义知识框架，将空间拓扑关系转换为空间关系的语义表达，例如：××河流（线）与××行政区（面）的拓扑关系为相交，经过语义转换之后为××河流流经××行政区，详见表 6.2-2。

表 6.2-2　水利实体空间关系及语义转换示意

实体图层1	实体图层2	空间拓扑关系	空间关系语义
河流	政区	相交	流经
支流	干流	相交于	汇入
流域	河流	包含	包含
水文站	河流	包含于	位于
雨量站	流域	包含于	位于
水利工程	政区	包含于	位于
滩区	政区	包含于	位于
蓄滞洪区	政区	包含于	位于
取水口	政区	包含于	位于
排口	政区	包含于	位于

　3. 实体属性抽取

大部分的水利专业数据库设计原则是空间数据与属性数据分开存储，属性数据主要以关系型数据库存储和管理为主，实际应用中两者通过水利对象统一的编码实现空间数据与属性数据的挂接。

D2R（Database to RDF）是一种能够将关系型数据库中的数据转换为虚拟 RDF 图的工具，其主要通过 Web 来访问数据库内容，既支持 Sparql 语言查询非图数据内容，也能够将 MySQL 中的内容转化为 RDF 格式进行存储，其主要包括 D2RQ 服务器、D2RQ 查询引擎以及 D2RQ 查询映射语言。其中，D2RQ 服务器提供了对 RDF 格式数据进行查询访问的接口，以供上层的 RDF 浏览器、SPARQL 查询及 HTML 浏览器调用，并返回查询结果；D2RQ 映射语言定义了关系型数据转换成 RDF 模型的映射规则；D2RQ 查询引擎主要将 SPARQL 查询语言转换成 SQL 查询语言，并将 SQL 查询结果转换为 RDF 三元组或 SPARQL 查询结果。

采用 D2R 工具将关系数据库中的属性数据转换为 RDF 格式，D2R 将数据表名映射到 RDF 中的类、将数据表字段映射到 RDF 属性。

6.2.2.3　知识融合

在知识图谱构建的过程中，由于数据来源广泛，数据质量参差不齐，同一事件的表达前后不一、来自不同数据源的知识重复，知识间的关系不够明确等问题，造成数据的异构性。在完成知识抽取之后，需要通过不同知识之间的融合来解决知识图谱异构的问题，知识融合可以看作是知识在更高层次的组织，其核心目的是使不同来源的知识在同一框架、同一规范下，通过数据整合、消歧、加工、推理、验证、更新等过程，在数据、信息、方法、经验等方面进行融合，消除知识的异构性，形成高质量的知识图谱。

对于面向水利行业的地理知识图谱的知识融合存在三方面的融合：第一是水利实体对象描述的融合，由于数据来源不同，水利对象名称可能不同，在知识抽取的过程中，会判定为两个不同的地理实体，例如"小浪底工程"和"小浪底水利枢纽"；第二是水利实体对象空间关系的融合，不同数据源对于空间对象之间的拓扑关系描述可能不一致，例如：庄浪河在兰州市"汇入"黄河、庄浪河在兰州市"注入"黄河；第三是水利实体对象属性信息的融合，同一水利实体对象的属性信息在不同数据来源的表述可能不一致。

知识融合具体实现是使用 Protege 本体编辑器中的 Merge ontogies 工具，采用本体融合机制的方法，对构建的本体及添加的实例与用知识映射或者抽取方法得到的 RDF 文件进行融合。将抽取出的水利节点信息、关系信息、属性信息进行融合，建立面向水利行业的地理知识图谱。

6.2.2.4　知识存储

采用 Neo4j 图数据库存储三元组形式的水利地理知识单元。Neo4j 是一个高性能的图形数据库，它建立了概念和概念之间的关系，Neo4j 作为一款强大且开源的图数据库，具有多种优势。它的基本单元是节点、关系及属性，不同节点有不同的标签，标签用于标识节点，节点与节点之间用关系进行连接，一个起始节点与一个终止节点构成一个关系。节点与属性是一对多的关系，属性以键值对的形式存在，关系同节点一样，一个关系对应一个标签，包括 0 至多个属性，节点通过定义的关系连接，形成关系网络结构，通过一个节点获取该节点数据以及跟它通过关系相连的其他节点的数据。Neo4j 导入数据效率高且可存储的数据量大，同时具有可视化功能，能够将数据及数据关系以图的形式展示出来（图 6.2－2）。

图 6.2－2　Neo4j 数据库主界面

将获取的实体、关系及属性三元组转换为 CSV 格式文件，采用 Neo4j 内置的 Cypher 语言，通过 LOAD、CREATE、DELETE、MATCH 等命令语句完成知识的存储。语句示例如下：

#导入重要流域数据
LOAD CSV WITH HEADERS FROM 'file：///ZYLY. csv' AS line
#创建流域名称关系
MERGE(p：重要流域{ZYLY_ID：toInteger(line. ZYLY_ID)})
ON CREATE SET p. NAME ＝ line. NAME，p. SHAPETYPE ＝ line. SHAPETYPE，p. Shape ＿ Length ＝ line. Shape_Length
#查询 属于黄河流域的雨量站有哪些
Match (a：重要流域)＜－[：belong_to]－(b：雨量站) return b. NAME
#删除关系
MATCH（a：重要流域{NAME：黄河流域}）－[r：belong_to]－＞(b：水文站')
WHERE a. name ＝ '黄河流域' AND b. name ＝ '花园口'
DELETE r.

6.3　防汛预案知识图谱构建

防汛预案知识图谱的构建涉及空间信息、河流信息、工程信息、监测信息、防汛业务信息等种类众多的数据对象，对象属性多样，对象间关系丰富，其数据获取渠道和方式也各不相同。因此，知识图谱的构建对于后续的应用效果具有重要的影响。

147

6.3.1　防汛预案知识图谱构建流程

基于数据服务平台提取、汇聚、整合防汛业务相关的流域信息、工程信息、监测信息及业务信息数据，通过知识建模、知识抽取、知识融合、知识存储、知识推理和质量评估等环节构建智慧防汛对象知识图谱，用于描述黄河流域防汛事件涉及的河流水系、水库工程、监测站点等对象概念、实体及其关系，形成基础对象关系网络。

以《黄河 2021 年调水调沙预案》研究对象为例，按照预案篇章结构，选取第一章"2021 年汛前黄河调水调沙预案"和第二章"2021 年汛期黄河调水调沙预案"作为本次知识图谱构建的主题内容。以行业通用标准及专家经验为依据，对《黄河 2021 年调水调沙预案》进行结构划分，按照时间区间划分为汛前和汛期两大类别，其中汛前包含边界条件、调水调沙和调度方案三个子类，汛期包括边界条件、调水调沙、典型洪水分析三个子类，并在此基础上进一步展开细分。《黄河 2021 年调水调沙预案》类别划分框架如图 6.3 - 1 所示。

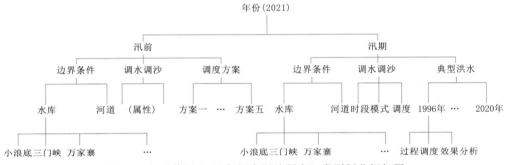

图 6.3 - 1　《黄河 2021 年调水调沙预案》类别划分框架图

在知识抽取阶段，按照《黄河 2021 年调水调沙预案》类别划分框架图中分类情况开展对预案中的实体、属性和关系标注工作，标准化实体表达方式，定义成由（label，name）组成的二元组，将每个实体及其属性按照分类级别自上而下整合成实体集。累计标注实体和属性 299 个、实体间的关系 289 个。

知识表示环节中，根据已经标注的实体和属性信息，对实体、属性和关系进行语义建模，即定义它们的语义含义。使用三元组（实体、关系、实体）来明确表示知识元素之间的语义关联，知识表示旨在将现实世界中的各类知识表达成计算机可存储和计算的结构，为知识存储打下基础。

在知识融合阶段，自上而下按层级关系读取实体集，定义上下级关联关系，以三元组的方式存储，实体层级关系如图 6.3 - 2 所示。在图数据库中，从一级类别开始作为根节点，逐级构建实体节点和关系，完整知识图谱如图 6.3 - 3 所示。图谱构建完成后，开展实体消歧和实体链接工作，对照层级关系复核并处理可能存在的节点关联错误等问题，实现图谱优化。

知识推理环节中，通过已知的事实和规则，发现隐藏的关联，推断新增的知识或回答特定的查询问题。通过基于规则的推理，匹配已知的防汛知识，推断出新的防汛事实或者关系。

在知识存储阶段，防汛预案知识图谱的存储采用图数据库实现，以支持防汛业务相关的知识检索和查询。行业常用的知识存储解决方案是依赖以点、边为基础存储单元，支持

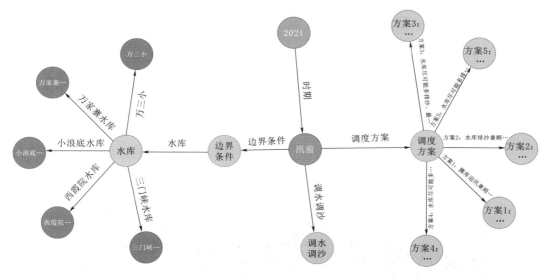

图 6.3-2 《黄河 2021 年调水调沙预案》实体层级关系

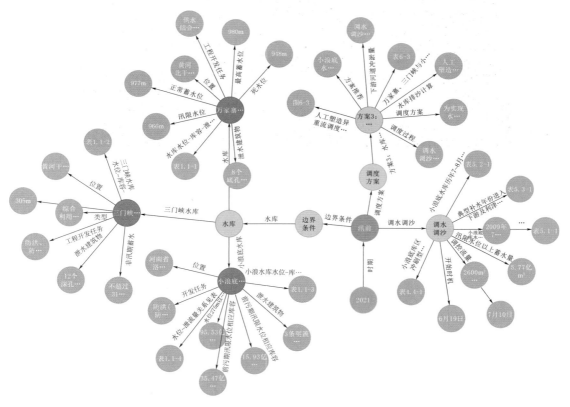

图 6.3-3 《黄河 2021 年调水调沙预案》完整知识图谱

高效存储和查询的图数据库。不同于传统的关系型数据结构，图数据结构存储对象为节点之间的依赖关系，而图数据库把数据间的关联作为数据的一部分进行存储，关联上可添加标签、方向及属性，而其他数据库针对关系的查询必须在运行时进行具体化操作，这也是图数据库在关系查询上相比其他类型数据库有巨大性能优势的原因。

6.3.2　知识图谱的应用

智能检索系统利用知识图谱技术，将结构化后的数据以图表的形式呈现给用户，更加直观地呈现水利数据中各个实体间的关联信息。同时，采用智能分词技术识别用户输入的自然语言中的查询关键词，明确检索意图，将准确精细的结果返回给用户。通过知识图谱对信息源的原生数据进行处理，将产生出的结构化关联数据用于机器学习算法训练，得到能解决防汛调度具体业务场景问题的研判模型。如图 6.3-4 所示，是将知识图谱应用于数字孪生水库智能检索的一个案例。

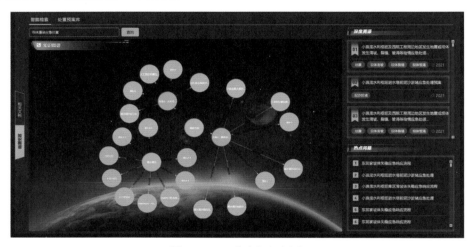

图 6.3-4　水库知识图谱

通过防汛业务知识图谱的构建，将知识图谱技术应用于智慧防汛业务，利用各类对象间的关联关系，扩展检索结果的广度，并在此基础上进行基于推理规则的知识推理，进一步挖掘隐藏在防汛业务知识图谱中的隐性知识，支撑智慧防汛系统语音问答、智慧分析及关联信息推荐等功能，从而实现智能语义问答、面向特定业务的全文检索、面向防汛业务场景的跨模态信息推荐等业务需求。

知识图谱的主要应用场景有知识检索、知识推荐、知识溯源等，各个场景描述如下。

1.知识检索

知识检索的研究和建设是为了实现"一切皆可搜索，搜索必答"。在防汛相关业务流程中，能否快速精准地检索到所需知识将极大程度地影响决策。本书防汛预案知识图谱的知识检索工作主要从基于图谱的实体与关系查询方面展开。

实体与关系查询的技术基础是图数据库。通过模糊匹配算法，检索所有名称中包含该检索词的节点与关联关系。在防汛业务应用场景中，可以实现基于某检索词的知识及关联关系的模糊查询，进而为智能决策提供可信任的数据支撑。基于防汛预案知识图谱的节点模糊查询结果如图 6.3-5 所示。

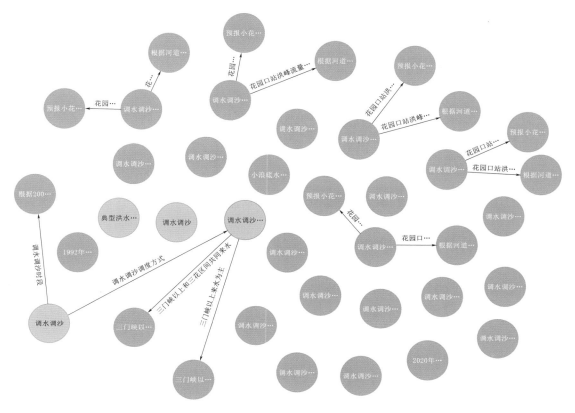

图 6.3-5　节点模糊查询"调水调沙"查询结果

2. 知识推荐

知识推荐的建设目标是"精准感知任务与场景，想用户之未想"。在实际应用场景中，基于图谱的知识查询不足以满足实际应用需求，精准输入库中已有数据并进行知识查询是难以实现的。因此，需要加入语义相似性分析来补充和完善平台的知识检索和推荐能力。基于语义相似性分析的知识检索算法流程如下：

步骤一：整理构建自定义词库。基于防汛预案抽取水利专业名词，构建自定义词库，在后续对检索语句做 NLP 分词处理时跳过水利专业名词。

步骤二：构建预案的知识检索库。获取图谱中所有实体，将三元组类型的实体转化成格式规范的文字描述，构建预案知识检索库，作为检索数据源。

步骤三：匹配与检索语句相关的所有描述。依据语义相似性分析算法，在检索库中匹配与检索语句相关的所有描述。

步骤四：将相似程度最高的十条记录作为最终反馈结果。根据语义相似程度得分对检索结果排序，选取得分最高的十条记录，作为最终检索结果。

基于语义相似性分析的知识推荐实例如图 6.3-6 所示。

3. 知识溯源

知识溯源的建设宗旨是"来源可解释是结果被采信的前提"。知识溯源的本质是探索

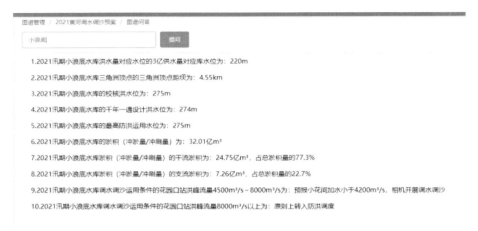

图 6.3-6 检索"小浪底"时推荐并展示的相关知识

两个知识节点之间符合条件的全部路径或最短路径。在知识图谱的防汛预案研究中，通过探索节点到根节点间的最短路径，实现实体节点的溯源。基于防汛预案知识图谱的知识溯源如图 6.3-7 所示。

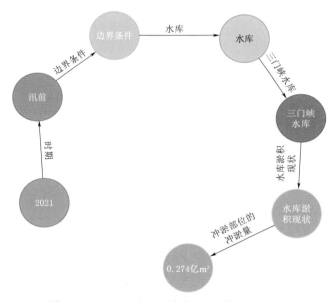

图 6.3-7 基于防汛预案知识图谱的知识溯源

第7章

防汛语音智能问答技术

随着科技的不断发展，监测站的数量在水文领域及其他相关领域迅速增加。这种增长在许多方面都带来了积极的影响，但同时也引发了一系列新的挑战。增加的监测站数量意味着更全面的地理覆盖，可以更好地监测不同地区的雨水情况，包括城市、农村、山区、河流和湖泊等各种地理环境，为防汛工作提供更准确的数据基础。然而这也导致了数据的大量积累，在洪涝季节，降雨通常是不规律且具有高度不确定性，在短时间内就能引发危险情况。及时和准确的雨水情信息对于灾害管理和公众安全至关重要，这些数据不仅是决策制定的基础，还为应对潜在风险提供了关键支持，因此需要有效的监测系统和数据传递机制，以确保在关键时刻能够做出明智的决策并采取适当的措施，从而降低洪涝等自然灾害的风险。

传统的交互系统通常需要用户了解复杂的水利工程原理和专业术语，一些关键功能和设置往往深埋在系统的深层级中，用户难以快速访问所需的信息和功能，需要不断点击和浏览才能找到，增加了操作的复杂性。在进行一些水利模型的计算前，往往需要离线填写表格、提交文件，还可能涉及复杂的数据输入、参数设置和计算过程。用户可能需要花费更多的时间来熟悉系统的结构和操作流程，这不仅降低了操作效率，还可能导致操作错误，这对于非专业人员来说是个挑战。

实时性对于防汛工作至关重要，监测站生成的数据需要能够实时上传、查询和分析，以便及时做出决策和采取行动，与此同时，多样化的数据查询需求也愈加显著，包括历史数据回顾、长期趋势分析、不同地区的对比、特定事件的数据回顾等，传统的数据查询方法可能无法满足这种多样化的需求，因为往往需要通过手动操作和大量的时间，容易出现疏漏，为了有效地利用这些监测站生成的丰富数据资源，现代科技如人工智能、大数据分析和智能查询平台变得至关重要，它们可以提供高效、自动化的数据处理方法，使防汛工作更加智能和高效。

小禹智慧防汛系统基于 AIUI 平台（科大讯飞智能语音理解平台）及智能语音技术，构建防汛知识图谱、水利行业高频词汇专业语料库，结合自然语音处理和语义解析服务，研发了面向水利防汛工作自然语句的智能问答系统。

基于 AIUI 平台的小禹智慧防汛系统通过语音识别语义解析，降低了和系统交互的层级，简化了大量复杂操作，使更多的人能够轻松使用系统，只需像与人对话一样，提出问题或给出指令，系统会自动理解并回答。在应对汛情的日常工作中，当需要了解有关防汛的信息时，不再需要费时费力地查找大量文件或搜索其他资源，系统能够迅速找到答案，这节省了大量获取数据的时间，特别是在紧急情况下，这对于迅速做出决策非常重要，小禹智慧防汛系统能够实时响应用户的查询和指令，及时地提供支持，有助于应对紧急情况。

7.1　AIUI 平台

AIUI 平台是一项由科大讯飞股份有限公司（以下简称"讯飞"）于 2015 年研发上市的创新性软硬件结合的开放平台。这个平台的使命是通过整合多种关键语音技术模块，为不同领域的应用提供先进的自然语言处理能力。

在 AIUI 平台中，包括了语音唤醒、语音识别、语义理解、语音合成等多个关键模块。

（1）语音唤醒。这个模块使得设备能够根据特定的语音命令被唤醒，例如：用户可以说"小禹，小禹"来启动语音交互。这种技术的引入增强了用户体验，使得人机交互更加自然和便捷。

（2）语音识别。AIUI 平台的语音识别模块能够将口头语言转化为文字信息，这对于语音转写、语音搜索及语音指令的理解都非常重要。这项技术有助于提高工作效率，让用户无须键盘输入，仅凭语音即可完成任务。

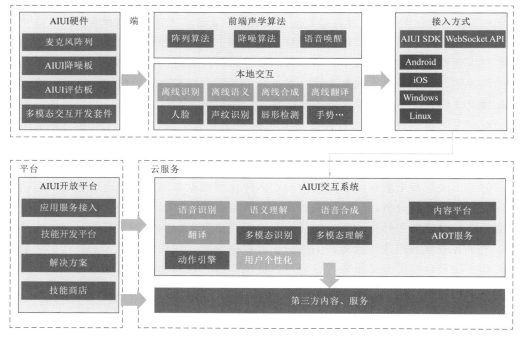

图 7.1-1　AIUI 平台架构图

（3）语义理解。这个模块使得系统能够理解言语背后的含义和上下文。它不仅可以识别单个词语，还能够理解整个句子的意思。这种深层次的理解使得系统能够提供更精准的回应，解决了多义性和模糊性问题，并且可以通过配置高频词汇来解决水利业务中专有名词的识别和日常生活中识别有冲突的问题。

（4）语音合成。AIUI 平台的语音合成模块可以将文字信息转化为自然流畅的口头语言。可根据实际的业务播报对应的内容，例如语音播报查询的水利工程的基本信息和实时水情，提供了人性化的交互体验。

AIUI 平台还提供了设备接入的解决方案，支持多种操作系统的 SDK 接入和 Web-Socket API 接入，包括 Android、iOS、Windows、Linux 等。这使得不同类型的设备和应用可以轻松集成 AIUI 的强大能力，可为用户提供更多个性化的服务。

AIUI 平台架构如图 7.1-1 所示。

7.2　大模型技术

7.2.1　大模型定义

大模型，又称为大规模预训练模型或基础模型，是指通过海量数据训练而成的具有数十亿甚至数千亿参数的深度学习模型。这些模型通常采用 Transformer 架构，能够处理和理解自然语言，执行各种复杂的认知任务。在防汛领域，大模型的应用为智能语音问答系统带来了革命性的变革，使系统能够更好地理解和响应复杂的防汛相关查询。

大模型技术的发展可以追溯到 2018 年，当时 Google 发布的 BERT 模型首次展示了大规模预训练模型在自然语言处理任务中的巨大潜力。随后，OpenAI 推出的 GPT 系列模型，进一步推动了大模型技术的发展。GPT-3 的发布更是将大模型的规模和能力提升到了一个新的高度，其 1750 亿参数的规模和令人惊叹的自然语言生成能力引发了学术界和产业界的广泛关注。

在防汛领域，大模型技术的应用前景广阔。通过整合水利防汛知识及水利行业通识知识，构建专门的水利防汛大语言模型，可以为防汛智能问答系统提供强大的语义理解和知识推理能力。这不仅可以提高系统的响应准确性和智能化水平，还能为防汛决策提供更全面、更深入的智能支持。

大模型的核心优势在于其强大的上下文理解能力和知识迁移能力。通过在大规模语料上进行预训练，大模型能够捕捉语言的深层语义和知识，从而在特定领域的任务上表现出色。在防汛智能语音问答系统中，这种能力尤为重要，因为防汛工作涉及大量专业术语、复杂的水文数据和多变的气象条件，需要系统具备深度的理解能力和灵活的应对能力。

大模型的另一个关键特征是其多任务学习能力。一个经过充分训练的大模型可以同时执行多种任务，如自然语言理解、信息抽取、文本生成等。这种多功能性使得大模型能够在防汛智能语音问答系统中扮演多重角色，不仅可以理解用户的语音输入，还能进行知识推理、数据分析和决策支持。

7.2.2　基座模型选取

在小禹智慧防汛系统的开发过程中，选择了两种开源基座模型：通义千问和 Chat-GLM。这两种模型各具特色，为系统提供了强大的语言理解和生成能力。

通义千问是由阿里巴巴达摩院开发的大规模预训练语言模型。它以其强大的中文理解能力和广泛的知识覆盖范围而著称。通义千问在通用领域知识和任务处理上表现出色，这使得它在处理多样化的防汛相关查询时具有优势。该模型能够理解复杂的语言表达，并能根据上下文生成恰当的回答。在小禹智慧防汛系统中，通义千问主要用于处理开放式问题和需要综合分析的复杂查询。

ChatGLM 是由清华大学开发的双语对话语言模型。它在中英文对话生成和理解方面表现优异，特别是在处理特定领域的专业问题时展现了出色的性能。ChatGLM 的一个显著特点是其高效的推理能力和相对较小的模型规模，这使得它在实际部署中具有明显的优势。在小禹智慧防汛系统中，ChatGLM 主要用于处理专业性较强的防汛术语和技术问题，以及需要快速响应的实时查询。

选择这两种基座模型的原因主要有以下几点：

（1）互补性。通义千问和 ChatGLM 在功能和性能上相互补充。通义千问提供了广泛的知识覆盖，而 ChatGLM 则在特定领域和快速响应方面表现出色。

（2）开源可定制。两种模型都是开源的，这为根据防汛领域的特殊需求进行定制和微调提供了可能。

（3）中文优化。两种模型都对中文进行了深度优化，这对于处理中文防汛术语和表达至关重要。

（4）社区支持。这两个模型都有活跃的开发者社区，这有利于及时获取最新的改进和优化方案。

7.2.3　大模型技术在小禹智慧防汛系统中的应用

在小禹智慧防汛系统中，大模型技术的应用场景广泛，覆盖了防汛工作的多个关键环节。主要包括以下几个方面：

在自然语言理解方面，大模型显著提升了系统对复杂防汛查询的理解能力。例如，当用户询问"最近一周黄河流域的降雨情况如何影响下游水库的水位变化"时，系统能够准确理解查询的多个维度：时间（最近一周）、地理位置（黄河流域）、气象因素（降雨情况）以及水文影响（水库水位变化）。大模型不仅能够识别这些关键信息，还能理解它们之间的逻辑关系，从而为后续的数据检索和分析提供准确的指导。

在知识推理和决策支持方面，大模型的应用使系统能够进行更深入的分析和推理。当面对复杂的防汛情况时，系统不再局限于简单的数据展示，而是能够结合历史数据、当前情况和预测模型，提供更有价值的见解。例如，系统可以基于多种因素（如上游降雨量、水库蓄水量、下游河道容量等）推断可能发生的洪水风险，并给出相应的防汛建议。

在多模态交互方面，大模型技术使小禹智慧防汛系统能够更自然地处理语音、文本甚至图像等多种输入形式，大大提高了系统的灵活性和适用性。例如，用户可以通过语音询问某个地区的实时雨量数据，系统不仅能准确理解并回答问题，还能根据需要生成相应的图表或地图，以可视化的方式呈现信息。

大模型在防汛知识库的构建和更新中也发挥了重要作用。系统能够自动从各种文本资料中提取关键信息，整合到现有的知识库中，确保防汛知识的及时更新和完整性。这种动态知识库极大地增强了系统应对新情况、新问题的能力。

在应急响应方面，大模型的快速推理能力为防汛决策提供了强有力的支持。在紧急情况下，系统能够迅速整合多源数据，生成简洁明了的情况报告和行动建议，帮助决策者快速做出反应。

大模型技术在小禹智慧防汛系统中的应用，极大地提升了系统的智能化水平和实用性。它不仅使系统能够更好地理解和响应用户的需求，还能提供更深入的分析和更有价值的决策支持。这种技术的应用，标志着防汛工作向着更智能、更精准、更高效的方向迈进，为提高防汛工作的整体效率和效果奠定了坚实的技术基础。

7.3　基础工作

7.3.1　防汛数据查询的梳理

结合防汛任务的工作需求，通过分析和收集大量高频数据查询需求，例如：根据防汛业务侧的查询数据需求，梳理出典型防汛数据查询场景（表7.3－1）。

表7.3－1　　　　　　　　　典型防汛数据查询场景

序号	场　　景	高　频　场　景
1	雨情	全国实况降雨
2	雨情	全国预报降雨
3	雨情	××区域降雨情况
4	雨情	××区域降雨中心
5	雨情	××区域降雨等值面
6	河道水情	××水文站实时水位、流量
7	河道水情	××水文站××日水位、流量过程
8	水库水情	××水库实时水位、流量、入库流量、出库流量
9	水库水情	××水库××水位、流量、入库流量、出库流量过程
10	基础信息	××流域基本信息（水资源特点、历史洪水、防汛特点等）
11	基础信息	××水库基本信息（库容曲线、设计洪水位、汛限水位等）
12	基础信息	××水文站基本信息（水位流量关系曲线、警戒水位、警戒流量等）
13	文档检索	××水库调度规程、调度文档等
14	文档检索	××水文站历史洪水等
15	文档检索	××调令信息等

7.3.2　语音问答后反馈机制设计

这些典型的场景可以明确防汛人员在防汛工作中最常见的需求，通过对场景分析可以确定关键词、短语、数据结构，从而提高后续语音识别的准确性，通过对这些场景的梳理也有助于设计后续的反馈机制，以满足用户可能后续查询或是其他预期的交互操作。例如：当询问"××水库实时水位"时，系统通过分析用户的查询需求，最终通过语音合成输出"××水库在××年××月××日×时×分的水位是××米"的播报信息，同时系统页面跳转到对应的水库水情的数据查询页面，定位到语音询问的水库在过去×日到现在的数据过程线上，方便用户进行后续的数据查询操作。设计反馈机制的目的是确保用户可以在与语音识别系统互动时获得更全面、详细和有用的信息，以满足他们可能在防汛数据查询过程中的多样化需求。这可以提高系统的实用性，使其更符合用户的期望和实际需求。

7.3.3　水利行业专业词汇和语料库构建

水利行业涵盖了广泛的领域，包括水资源管理、灾害防控、工程设计等多项领域。构建专业词汇和语料库有助于准确提高对应名词的识别率，防止术语混淆或误解，由于部分测站名称可能和平时日常用语中的部分词汇易发生冲突，对于此类测站名称需要进行数据词汇的训练，否则在识别过程中可能会出现识别失败等情况，例如："武陟实时流量"可能会被识别为"5—10 时流量"，小禹智慧防汛系统通过 AIUI 平台构建了水利行业的专业词汇，作为语义解析的实体对象（表 7.3-2），以便更好地理解水利领域的术语和背景知识。

表 7.3-2　　　　　　　　　实体对象及其用例

序号	实体对象	用例
1	水库名称	龙羊峡水库、刘家峡水库、万家寨水库、三门峡水库、小浪底水库等
2	测站名称	唐乃亥、头道拐、武陟、黑石关、潼关、花园口、利津等
3	河流名称	窟野河、大汶河、渭河、沁河、无定河、伊洛河等
4	滞洪区名称	东平湖、北金堤等
5	水文区间名称	兰托区间、龙三区间、兰州以上、三小间、小花间等
6	控导名称	娘娘店、苏泗庄、徐巴士、肖庄、下巴等
7	险工名称	白龙湾、梯子坝、打渔张、黑岗口、马渡等
8	监测信息	水位、流量、库容、入库流量、出库流量、水势等
9	特征属性	总库容、防洪库容、设计洪水位、汛限水位、保证流量、警戒流量等
10	洪水频率	十年一遇、百年一遇、万年一遇等

语料库的构建在小禹智慧防汛系统的构建中也发挥着重要的作用，语料库是用于训练语音识别模型的重要数据源，文字语料库包含了大量的书面文本（表 7.3-3），可用于为语音识别系统提供上下文和语境，这有助于系统更好地理解和解释用户的口头输入，通过将语音识别结果与文字语料库中的文本进行匹配，可以检测和校正识别错误，可以大幅度

提高系统识别的准确性。

表 7.3 - 3　　　　　　　　　　　　　　语 料 及 其 类 型

序　号	语 料 类 型	语　　　　料
1	雨情	今天的降雨情况是什么样的？
2	雨情	××流域/范围当前的降雨中心位于哪里？
3	雨情	降雨实况
4	水库水情	现在××水库的实时水位是多少？
5	水库水情	请查询××水库的出库流量？
6	水库水情	上周水库的平均水位是多少？
7	河道水情	××实时水位是多少？
8	河道水情	××过去一周流量变化趋势？
9	河道水情	××站昨日平均流量
10	基本信息	××水库汛限水位是多少？
11	基本信息	××站左岸高程
12	基本信息	××警戒水位
13	文档检索	打开××水库调度文档
14	文档检索	打开××水库调令
15	文档检索	显示××水库预案信息

7.3.4　语义解析和意图识别配置

在语音识别领域，意图是指识别语音中的语义意图或用户意图。语音识别系统旨在将人类语音转换为文本形式，但仅仅将语音转为文字还不足以完全理解用户的意图和需求。为了更好地理解用户的意图，语音识别系统通常与自然语言处理（natural language processing，NLP）技术结合使用。通过应用 NLP 技术，系统可以进一步分析识别到的文本，并尝试理解用户的意图和需求。在语音识别中，意图识别是一个重要的任务。它涉及理解语音中的关键信息，包括用户的意图、问题类型、需求和动作等。通过准确地识别语音中的意图，系统可以根据用户的需求提供更准确和有针对性的响应，从而实现更好的用户体验。例如：假设一个语音助手系统正在进行语音识别，用户说"小浪底在昨天上午的出库流量是多少"。语音识别系统将转换这段语音为文本形式，然后，NLP 技术将分析这段文本，并识别出用户的意图是"查询水库出库流量"，指定的查询对象是"小浪底水库"，时间是"昨天上午"。通过意图识别，语音识别系统可以进一步处理用户的请求，例如，通过后续数据查询逻辑，查询小浪底水库在昨日上午 8 时的出库流量。

AIUI 平台配置了先进的语义解析和意图识别功能，能够理解防汛人员提出的查询语句，并确定其意图（表 7.3 - 4）。

表 7.3 - 4　　　　　　　　　　　　　　意 图 及 其 分 类

序号	意图分类	意　　图	序号	意图分类	意　　图
1	水库	历史数据查询	10	雨情	降雨中心查询
2	水库	基本信息查询	11	雨情	降雨情况查询
3	水库	实时数据查询	12	内涝点	积水深度查询
4	水库	库容曲线查询	13	内涝点	预警警示查询
5	水库	特征属性查询	14	内涝点	实时数据查询
6	水文站	历史数据查询	15	文档	打开文档
7	水文站	基本信息查询	16	文档	文档检索
8	水文站	实时数据查询	17	系统交互	打开指定业务功能
9	水文站	特征属性查询	18	系统交互	打开指定菜单

7.3.5　热词识别率训练

AIUI 平台训练了识别高频查询热词的模型,热词的创建可以提高特定的生僻词汇的识别效率,尤其是在水利领域的部分水利工程、设施、监测站点的名称往往较为生僻,通过对热词的创建和配置,实现了当防汛人员提出特定问题时,系统可以高度识别这些关键词汇,无须繁琐的手动操作。

7.3.6　精准数据匹配

通过对 AIUI 平台的深度配置和二次开发,可以借助 AIUI 的语音识别完成对用户意图的精准识别,根据其意图进一步解析得到用户在通过语音交互的过程中携带的关键有效信息量,通过对信息量的后处理,以及防汛系统对数据的加工,最后得到具体的响应结果。

通过引入 AIUI 平台和智能查询系统,防汛工作效率取得了显著提高。数据的获取不再需要大量的人力和时间成本,而是可以通过简单的自然语言查询得到。这种技术创新大幅提高了防汛工作的效率,同时减少了人为错误的风险,使防汛工作更加智能化、高效化,更好地服务于社会大众的安全和福祉。通过 AIUI 平台的应用,防汛工作走在了科技创新的前沿,为应对自然灾害提供了更强大的工具和支持。

防汛工作是一项十分重要的社会公共安全事业,它关系到广大人民群众的生命财产安全和社会稳定。传统的防汛工作需要大量的人力和物力投入,而且往往需要长时间的监测和预警,一旦出现灾害,损失将不可估量。近年来,随着人工智能技术的不断发展,防汛工作也开始引入了 AIUI 平台和智能查询系统,取得了显著的进步。

通过引入 AIUI 平台和智能查询系统,数据的获取不再需要大量的人力和时间成本,而是可以通过简单的自然语言查询得到。例如:当用户想了解某个地区的降雨量、水位等信息时,只需通过语音或文字输入相关关键词,系统便可以在几秒钟内返回准确的数据结果。这种技术创新大幅提高了防汛工作的效率,同时也减少了人为操作错误的风险。另外,当某个地区出现强降雨或水位异常升高等情况时,小禹智慧防汛系统会自动发出警报并通知相关部门及时采取措施。这样不仅可以更快地发现和解决问题，还可以避免因信息滞后而导致的损失。小禹智慧防汛系统中智能查询系统还可以为防汛工作提供更加精准的预测和决策支持。通过对历史数据的分析和学习，系统可以预测出可能出现的洪涝灾害情况，并提出相应的应对措施建议。这样可以帮助防汛部门更好地制定防汛计划和应急预案，提高应对灾害的能力。

通过引入 AIUI 平台和智能查询系统，防汛工作走在了科技创新的前沿，为应对自然灾害提供了更强大的工具和支持。未来随着技术的不断发展和应用的不断推广，相信防汛工作将会更加高效、精准、智能化。

7.4　防汛智能语音应用构建

7.4.1　AIUI 平台的接入

AIUI 目前支持提供多种集成模式，包含 SDK、硬件接入、WebSocket API 协议的方式。用户需根据产品需求和场景选择适合的接入方式。

7.4.2　SDK 接入

SDK 目前提供 Android、iOS、Linux、Windows 平台，可以运行在手机或者搭载了相关系统的开发板上。除 Android 平台提供 Java 的封装以外，其他平台的接口函数均为 C/C++ 封装。平台 AIUI SDK 提供的语音接口只接收单路音频，不具备降噪能力，如需前端降噪处理功能，需由讯飞提供。

7.4.3　WebSocket 接入

基于 WebSocket 协议的 AIUI WebSocket API 接口，支持语音识别、语义理解、语音合成。适用于各种编程语言及各种系统，甚至是单片机，支持多路并发。同时支持流式交互，低延迟，双向通信。基于该接口协议客户端可以由 Java、C♯、C++、Python、JavaScript、Golang 等开发语言实现。

7.4.4　硬件接入

AIUI 评估板（量产板）是 AIUI 软硬一体解决方案，讯飞魔飞智能麦克风是成品级解决方案。相比于 AIUI SDK，具有远场拾音、回声消除、全双工交互的特点。

针对不同业务的应用场景，AIUI 提供了多种功能接入的方式（表 7.4－1），不同的接入方式实现的效果各有差异。

表 7.4－1　　　　　　　　AIUI 提供的多种功能的接入方式

序号	功能依次递增	方　式	序号	功能依次递增	方　式
1	音频文件、文本语义	WebSocket API	3	远场拾音、自动降噪	AIUI 评估板（量产板）
2	单路音频流识别、自动断句	SDK	4	成品级解决方案	讯飞魔飞智能麦克风

随着 5G 技术的普及和应用，未来的移动设备将更加智能化和多功能化。例如：智能手表、智能眼镜、智能家居控制器等产品都将会成为未来移动设备的发展趋势。因此，在选择移动端设备时也需要考虑未来的发展趋势和应用场景。合理地选择和使用移动端设备，可以提高应用程序的性能和用户体验，从而更好地满足不同业务需求。

可根据不同的业务需求选用不同的集成方式，目前市场上的移动设备主要为 Android、iOS，由于 iOS 系统相对闭塞，系统开发自由度较低，Android 平台设备种类，设备型号较多，且市场上的智能人形机器人也都搭载 Android 操作系统，推荐使用 Android 系统作为移动端设备的开发平台，从而可以兼容更多的使用设备。

AIUI 语音平台的接入概化设计流程如图 7.4 - 1 所示。

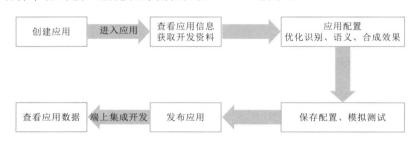

图 7.4 - 1　AIUI 语音平台的接入概化设计流程

首先需要确定使用 AIUI 平台所完成的需求和功能，梳理在应用过程中可能产生的交互过程及相关专业名词，对专业名字和高频语句进行分类，规范对应的命名规则，便于后期对数据的管理和修改。

这些操作可以帮助开发人员更好地理解业务需求和技术要求，从而更加准确地设计和实现 AIUI 平台的功能和服务。规范化的命名规则可以降低系统维护的难度和成本，提高代码的可读性和可维护性，减少后期修改数据时的错误率。规范化的命名规则也可以方便其他开发者或使用者理解和使用 AIUI 平台，通过这些操作，AIUI 平台的应用过程具有高效性、规范性和可维护性，有助于保证平台的稳定运行和长期发展。在 AIUI 平台的前期设计和开发中，应该注重这些操作的实施和落实，以提升平台的质量和竞争力。AIUI 系统平台业务开发应用流程如图 7.4 - 2 所示。

在完成注册 AIUI 平台开发账号，并进行开发者认证后，根据专业名词和高频语句在平台中创建对应的交互模型和语音意图。完成创建后对意图进行测试，确保意图的命中符合预期，如果命中效果不尽如人意，可尝试优化意图和对应的实体。

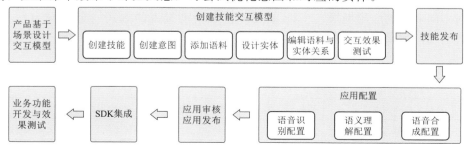

图 7.4 - 2　AIUI 系统平台业务开发应用流程

在 AIUI 的系统平台中，技能包括自定义技能、问答、设备人设和官方技能。其中，自定义技能是指用户可以根据自己的需求和场景，通过 AIUI 平台提供的接口和工具，自主开发的技能；问答是指用户可以通过对 AIUI 平台提问，获取到自己想要的答案；设备人设是指用户可以通过 AIUI 平台对自己的设备进行人设，从而实现设备的智能化管理；官方技能是指 AIUI 平台提供的一些基础技能，如语音识别、语音合成、自然语言处理等。

（1）按粒度划分：1 个应用（设备）包含多项技能；1 个技能包含多个意图；1 个意图包含多个语料（图 7.4 - 3）。

（2）技能场景定义。定义技能的应用场景是确保 AIUI 平台的功能和服务与用户需求和期望相匹配的关键步骤。在定义技能的应用场景时，需要考虑到用户的具

图 7.4 - 3   粒度划分示意图

体需求和使用场景，避免一个技能完成多个功能。这样会降低系统的效率和用户体验。为了更好地描述用户请求和期望的结果，可以画一个流程图来展示技能的使用过程。流程图中应该包括用户的输入、系统的处理和输出等环节，以及各个环节之间的关系。通过流程图，可以清晰地了解用户的操作步骤和系统的反应过程，从而更好地优化技能的设计和实现。在流程图中，可以将用户的请求抽象成意图。意图是指用户对 AIUI 平台的期望和要求，是用户与系统进行交互的基本单位。将用户的请求抽象成意图可以帮助开发人员更好地理解用户的需求和期望，从而更加准确地设计和实现技能的功能和服务。在定义技能时可以考虑以下一些问题以便于更好地完成技能的创建：

1）这个技能能做什么？为什么用户需要这个技能？

2）用户在使用这个技能之前、当时、之后，会干什么？

3）在这个技能中，有什么是用户不使用这个技能或使用别的技能得不到的？

4）有什么信息是用户希望得到的？

5）用户通过说/做什么能唤醒这个技能？

6）哪一个功能点能直接支持这个技能？

7）技能提供的信息是否需要从别的网页或应用中调用？

（3）语料设计。语料指用户发出指令后技能做出回应的话术，语料是用户与 AIUI 平台进行交互时的重要部分，需要尽可能地考虑用户和技能之间的对话的发展，通过深入了解用户的需求和期望，以及技能的使用场景和特点，可以更好地设计出符合用户需求和技能特性的话术。好的语料应该：①使用简洁、口语化语言；②回应简洁，避免重复；③避免无意义交互；④避免要求用户用特定的方式表达意图。

（4）技能测试。技能和实体的配置保存并构建完成后，在页面右侧的测试窗，输入预先配置好的意图或是语料，可查看结构化数据结果。

在测试时你会遇到以下几种情况：①测试窗正常返回了你预期的回复；②测试窗对话中未返回你预期的回复，但语义理解结果正确；③此时请确认你的技能是否已打开技能后处理，并查看后处理是否正确执行；④测试窗对话中未返回你预期的回复，且语义理解结果不正确；⑤此时请确认你的输入是否正确，若输入正确，则完善你的交互模型。

讯飞服务器智能语音解析应用流程如图 7.4 - 4 所示。

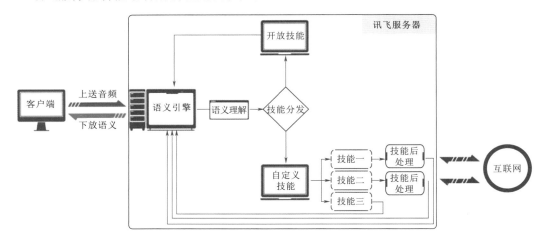

图 7.4 - 4　讯飞服务器智能语音解析应用流程图

当平台可以完成对语音意图的解析后，可以根据选用的接入方式，完成后续功能的开发工作，强大的 AIUI 可以提供对语音的识别和对语义的理解，但具体要实现的需求是复杂且多种多样的。首先需要确定具体的功能模块和操作流程，例如用户与语音服务之间的交互方式、语音指令的种类和数量等。同时，还需要考虑到语音识别的准确性和语义理解的能力，以确保系统能够准确地理解用户的意图并给出正确的回复。

开发者需要选择合适的接入方式来完成后续功能的开发工作。目前市场上常见的接入方式包括 SDK 接入、API 接入和 WebSocket 接入等。不同的接入方式具有不同的特点和适用范围，开发者需要根据具体情况进行选择，另外还需要针对具体实现的需求完成对复杂业务的处理，例如：当询问"×××水库的汛限水位"时，需要结合询问的时间和水库的特点来判断是否存在"前汛期"或是"后汛期"汛限水位不同的情况。在查询对应的最新数据后，完成结果数据的组装，最终响应到前端的交互设备上。

当面对复杂业务的逻辑时，要获取用于业务交互的关键数据，可能需要对用户产生多轮交互，每次请求都会触发技能后处理，开发者拿到语义结果（request：JSON），处理后返回（response：JSON），引擎解析 response 来决定最终下发到客户端的数据。

防汛系统是一个复杂的业务系统，需要处理大量的数据和信息，复杂业务交互流程如图 7.4 - 5 所示。在面对复杂多样的业务时，防汛系统需要提供大量的系统菜单和对应的交互页面，以便于用户进行操作。然而，由于系统菜单和交互页面的数量众多，用户往往需要在多个页面之间来回切换才能完成所需的操作。这不仅增加了用户的学习成本和使用难度，还可能导致用户的操作失误和系统的运行效率低下。

防汛系统通过与 AIUI 平台的结合，实现对系统菜单的跳转和特殊响应。具体来说，AIUI 平台可以根据用户的操作和需求，自动识别用户所在的系统菜单和操作场景，并智能地将用户引导到相应的页面。同时，AIUI 平台还可以根据用户的个性化需求和操作习惯，提供个性化的交互界面和服务。例如：当用户输入特定的关键词或短语时，AIUI 平台可以自动匹配最相关、最有用的功能和信息，并将它们展示给用户。这样不仅可以提高

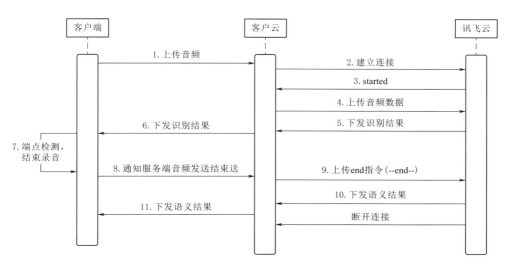

图 7.4 - 5　复杂业务交互流程

用户的使用体验和满意度，还可以减少用户的学习和使用成本。

防汛系统通过对 AIUI 平台的结合，可以实现对系统菜单的跳转和特殊响应，从而提高系统的易用性和应对能力。这种技术创新不仅符合未来信息化、智能化的趋势，也有助于提升防汛工作的效率和质量。

7.5　大模型在防汛智能语音系统中的集成策略

7.5.1　基于大模型的自然语言理解优化

在小禹智慧防汛系统中，大模型技术的核心应用之一是提升系统对复杂防汛语音查询的语义理解能力。采用基于 Transformer 架构的预训练语言模型，并针对防汛领域进行了特定的微调，以实现更精准的语义理解。

首先，利用大模型的上下文理解能力来优化语音识别结果。传统的语音识别系统往往只能逐字逐句地进行识别，而难以处理专业术语或方言口音。通过引入大模型，系统能够更好地理解整体语境，从而提高对专业防汛词汇和地方性表达的识别准确率。

其次，通过将防汛领域的专业知识注入大模型，系统能够准确理解和处理各种专业表述。例如，系统能够正确解读"汛限水位""防洪库容"等专业术语，并在回答查询时考虑这些概念的具体含义和应用场景。大模型不仅能理解表面的字面含义，还能捕捉查询中的隐含信息和意图。例如，当用户询问"最近几天的降雨会不会影响小浪底水库的安全"时，系统能够理解这不仅是一个简单的天气查询，还涉及水文安全评估。它会自动分解这个复杂查询，识别出关键元素：时间范围（最近几天）、气象因素（降雨）、地理位置（小浪底水库）和关注点（安全影响）。

采用以下技术路线来实现高效的语义理解：

（1）意图识别。使用基于 BERT 的分类模型，将用户查询映射到预定义的意图类别

（如水位查询、降雨预报、防汛预警等）。

（2）实体抽取。采用命名实体识别（NER）技术，识别查询中的关键实体，如地名、时间、水文指标等。使用基于 BiLSTM - CRF 的模型，并结合预训练的词嵌入来提高识别准确率。

（3）语义角色标注。使用基于 Transformer 的语义角色标注模型，识别查询中的谓词-论元结构，理解"谁"对"什么"进行了"什么操作"。

（4）关系抽取。采用基于图神经网络（GNN）的模型，识别实体之间的语义关系，如因果关系、空间关系等。

（5）语义解析。使用基于注意力机制的序列到序列（Seq2Seq）模型，将自然语言查询转换为结构化的逻辑表达式，便于后续的查询执行。

最后，实现了系统对模糊查询的智能处理。在紧急情况下，用户可能无法准确表达自己的需求。大模型的应用使系统能够理解并澄清模糊的表述。例如，当用户急切地询问"现在情况怎么样"时，系统会根据当前的防汛重点、用户的位置等信息，推断用户可能关心的具体内容（如某个地区的水位状况或降雨预报），并主动提供相关信息或询问用户是否需要更具体的数据。

7.5.2　基于大模型的防汛知识库构建

基于大语言模型的二次意图识别流程如图 7.5 - 1 所示。

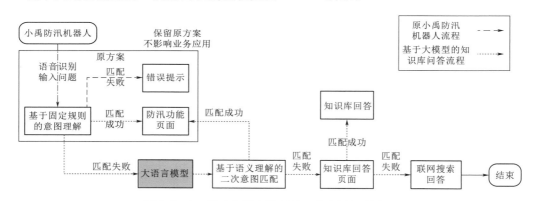

图 7.5 - 1　基于大语言模型的二次意图识别流程

小禹智慧防汛系统中，采用了基于检索增强生成（retrieval-augmented generation，RAG）的策略来构建和利用防汛知识库。这种方法结合了外部知识检索和神经文本生成的优势，使系统能够提供更准确、更相关的回答。

RAG 策略的核心思想是在生成回答之前，先从大规模知识库中检索相关信息，然后将检索到的信息与原始查询一起输入语言模型中，生成最终的回答。这种方法不仅能够利用大模型的强大生成能力，还能确保回答的准确性和时效性。

基于 RAG 的防汛知识库构建策略包括以下几个关键步骤：

（1）知识源收集与预处理。收集多源防汛知识，包括水文手册、防汛预案、历史案例、专家经验等。对文本进行清洗、分段和标准化处理。使用命名实体识别和关系抽取技术，识别关键概念和实体关系。

（2）知识表示与索引。采用向量化方法，如 BERT 或 Sentence－BERT，将知识片段转换为稠密向量表示。构建高效的向量索引，如使用 FAISS（Facebook AI Similarity Search）库，支持快速的最近邻搜索。

（3）检索增强。对用户查询进行向量化。使用向量相似度搜索，从知识库中检索最相关的若干段落。将检索到的知识与原始查询拼接，作为语言模型的输入。

（4）动态知识更新。设计增量更新机制，支持新知识的实时添加。使用时间衰减策略，确保最新、最相关的信息优先被检索。

（5）可解释性设计。在回答中标注知识来源，提高系统的可信度。实现知识溯源功能，允许用户查看支持某个回答的原始知识片段。

通过这种基于 RAG 的知识库构建策略，小禹智慧防汛系统能够在保持大模型灵活性的同时，提供更加准确、可靠和及时的防汛信息。例如，当用户询问"近期黄河中下游地区的防汛形势如何"时，系统会执行以下步骤：①将查询向量化，并从知识库中检索最相关的信息片段，可能包括最新的水文数据、气象预报和历史同期对比数据；②将这些检索到的信息与原始查询一起输入大模型中；③大模型基于检索到的最新信息，生成一个综合性的回答，可能包括当前水位状况、未来降雨预测、与历史同期的对比分析，以及可能的防汛建议。

这种方法不仅确保了回答的准确性和时效性，还能够提供更加全面和有洞察力的分析，极大地提升了防汛决策支持的质量。

7.5.3　大模型支持的对话管理与响应生成

在小禹智慧防汛系统中，大模型在对话管理和响应生成方面发挥了关键作用，使系统能够进行更自然、更智能的人机交互。这不仅提高了系统的用户友好性，还显著增强了其在复杂防汛场景中的实用性。

首先，在对话管理方面，大模型使系统能够维持连贯的对话流程，理解上下文，并适当地处理话题的转换。例如，在一次防汛会议中，用户可能会连续询问多个相关但不同的问题，如"现在黄河中下游的水位情况如何""未来三天的降雨预报是什么""这种情况下需要采取哪些防范措施"。系统能够理解这些问题之间的逻辑关系，在回答时不仅提供直接的答案，还能主动关联相关信息。比如，在回答降雨预报后，系统可能会主动提醒用户这种降雨量对当前水位的潜在影响。

其次，大模型支持的对话管理系统能够处理多轮对话中的省略和指代。用户在连续对话中可能会使用代词或省略某些信息，系统能够根据上下文正确理解用户的意图。例如，在询问某个水库的情况后，用户可能会直接问"那么下游呢？"系统能够理解"下游"指的是该水库下游的河段或地区，并提供相应的信息。

在响应生成方面，大模型的应用使得系统能够生成更加自然、流畅且信息丰富的回答。系统不再局限于预设的回答模板，而是能够根据具体情况生成个性化的回应。例如，当询问某地区的洪水风险时，系统不仅能够提供风险等级，还能结合当地的地形特征、历史数据和当前水文气象条件，生成一个综合的分析报告。

此外，大模型使系统能够处理开放式问题和假设性场景。在防汛决策中，决策者可能需要探讨各种可能的情况。例如，"如果明天降雨量比预报的增加 50%，会对防洪工作造成什么影响?"系统能够基于已有知识和数据模型，生成合理的推测和建议。

对系统的多模态响应能力进行优化。根据查询的性质和复杂程度，系统可以选择最合适的响应形式。对于简单的查询，系统可能会给出简洁的文字回答。而对于复杂的情况分析，系统可能会生成包含文字说明、数据图表和地图可视化的综合报告。例如，在回答关于某个流域洪水风险的询问时，系统可能会生成一个包含风险等级、降雨量预测图、水位变化趋势图和受影响区域地图的详细报告。

最后，实现了系统的情境感知能力，使其能够根据当前的防汛形势调整响应的优先级和内容。在汛期高峰或紧急情况下，系统会自动调整为更加简洁、直接的响应模式，优先提供最关键的信息和建议。例如，在洪峰即将到来时，系统的响应会集中在水位预警、疏散建议和应急措施上，确保用户能够快速获取最重要的信息。

通过这些基于大模型的对话管理和响应生成优化，小禹智慧防汛系统能够提供更加智能、灵活和有针对性的交互体验。这不仅提高了系统的使用效率，还增强了其在复杂多变的防汛工作中的实际应用价值。系统能够根据不同用户的需求和不同情境的要求，提供从简单查询到复杂决策支持的全方位服务，成为防汛工作中不可或缺的智能助手。

7.6 应用效果

通过防汛智能语音应用的构建，小禹智慧防汛系统实现了对 6 大类 54 小类多源数据的综合信息检索和统计分析，包括重要防汛特征指标、历史防汛数据、实时水雨情信息、防汛图表、调度文档等。系统还整合了黄河辞典、防汛知识、水利知识词条等百科知识。在专业词汇识别方面，系统成功识别了大量水利领域术语，包括黄河 2000 多个水文、雨量站点，600 多条河流名称、360 个重要断面、690 个全国重点水库，1400 多个全国重点水文站，以及 260 余种防汛常用句式，总体识别率超过 85%。系统初步实现了模糊问、精确答和简单问、多种方式答的防汛语音智能问答体系。

集成大模型技术后，小禹智慧防汛系统在多个方面获得了显著提升。系统的语义理解能力大幅提高，现在能够准确理解和处理多步骤、多条件的复杂防汛问题，如评估上游降雨对下游洪水风险的影响等。同时，系统对长句和多轮对话中的上下文信息把握更为准确，即使用户省略某些关键词也能准确理解意图。专业词汇识别方面，准确率从 85% 提升到 95% 以上，尤其在处理方言、口音和非标准表达时表现优异。系统还具备了自动识别和学习新术语的能力，能快速适应新的防汛用语。在知识应用与推理方面，系统不仅能回答"是什么"的问题，还能解答"为什么"和"怎么办"的问题，提供深入的分析和建议。还能够动态更新防汛知识图谱，确保决策始终基于最新、最全面的信息。

集成大模型技术后的小禹智慧防汛系统不仅在数据处理、语义理解和问答能力上有了显著提升，更重要的是在复杂场景分析、智能决策支持和知识学习等方面实现了突破，能够在复杂多变的防汛形势下提供及时、准确、全面的决策支持，大大提高了防汛工作的科学性和效率。

第8章

三维数字孪生仿真平台研发

8.1 国内外研究现状

三维数字孪生的概念模型最早出现于 2003 年，由 Grieves 在美国密歇根大学的产品全生命周期管理（product lifecycle management，PLM）课程上提出，当时被称作"镜像空间模型"，后被定义为"信息镜像模型"和"数字孪生"。2010 年，美国国家航空航天局（national aeronautics and space administration，NASA）在太空技术路线图中首次引入数字孪生概念，利用数字孪生实现飞行系统的全面诊断和预测功能，以保障在整个系统使用寿命期间实现持续安全的操作。之后，NASA 和美国空军联合提出面向未来飞行器的数字孪生范例，并将数字孪生定义为一个集成了多物理场、多尺度、概率性的仿真过程，基于飞行器的可用高保真物理模型、历史数据以及传感器实时更新数据，构建其完整映射的虚拟模型，以刻画和反映物理系统的全生命周期过程，实现飞行器健康状态、剩余使用寿命以及任务可达性的预测。同时，可预测系统对危及安全事件的响应，通过比较预测结果与真实响应，及时发现未知问题，进而激活自修复机制或任务重规划，以减缓系统损伤和退化。美国空军研究实验室（air force research laboratory，AFRL），于 2011 年引入将数字孪生技术用于飞机结构寿命预测的概念模型，并逐渐扩展至机身状态评估研究中，通过建立包含材料、制造规格、控制、建造过程和维护等信息的机身超现实、全寿命周期计算机模型，并结合历史飞行监测数据进行虚拟飞行，以评估允许的最大负载，确保适航性和安全性，进而减轻全寿命周期维护负担，增加飞机可用性。AFRL 同时给出了实现机身数字孪生中存在的主要技术挑战。在上述数字孪生概念和框架基础之上，国外部分研究机构开展了相关关键技术探索，如美国范德堡大学构建了面向机翼健康监测数字孪生的动态贝叶斯网络，以预测裂纹增长的概率。由于 GE、西门子等公司的推广，数字孪生技术近年来在工业制造领域同样发展迅速。世界著名咨询公司 Gartner 连续两年（2017年和 2018 年）将数字孪生列为十大战略性科技趋势之一。GE 基于 Predix 平台构建资产、系统、集群级的数字孪生，生产商和运营商可以分别利用数字孪生来表征资产的全寿命周期，以便更好地了解、预测和优化每个资产的性能。西门子公司提出了"数字化双胞胎"的概念，致力于帮助制造企业在信息空间构建整合制造流程的生产系统模型，实现物理空间从产品设计到制造执行的全过程数字化。ANSYS 公司提出通过利用 ANSYSY Twin Builder 创建数字孪生并可快速连接至工业物联网（industrial internet of things，IIoT）平台，帮助用户进行故障诊断，确定理想的维护计划，降低由于非计划停机带来的成本，优化每项资产的性能，并生成有效数据以改进其下一代产品。数字孪生的发展历程如图 8.1 - 1 所示。

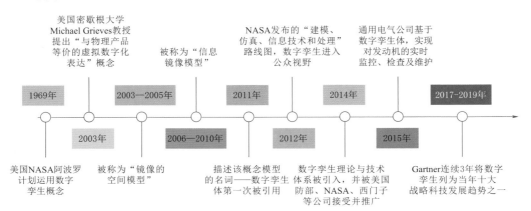

图 8.1 - 1　数字孪生的发展历程

近年来，为了满足数字孪生技术对仿真能力和工具的新需求，主流工业软件供应商纷纷推出各自的数字孪生解决方案，以实现多物理场、多学科、多尺度的建模仿真，其中处于领先地位的主要有 EPIC、Ansys、西门子、达索等公司。

UE（unreal engine）是目前世界最知名授权最广的顶尖游戏引擎，占有全球商用游戏引擎 80% 的市场份额。自 1998 年正式诞生至今，经过不断地发展，虚幻引擎已经成为整个游戏界运用范围最广、整体运用程度最高、次世代画面标准最高的一款游戏引擎。可以适用于 PC、Xbox 360、iOS 等多种不同类型的游戏开发，可以帮助用户更容易地开发和实现高质量条件和用户需求的性能，让开发者能够体验到惊艳的次世代游戏、体验和其他实时内容。

Unity3D 是由 Unity Technologies 开发的实时 3D 互动内容创作和运营平台。用于创建诸如三维视频游戏、建筑可视化、实时三维动画等类型互动内容的多平台的综合型游戏开发工具，是一个全面整合的专业游戏引擎。可视化编程界面完成各种开发工作，高效脚本编辑，方便开发；实现自动瞬时导入，Unity 支持大部分 3D 模型，骨骼和动画直接导入，贴图材质自动转换为 U3D 格式；底层支持 OpenGL 和 Direct11，简单实用的物理引擎，高质量粒子系统，轻松上手，效果逼真；支持 Java Script、C♯、Boo 脚本语言，支持平台包括手机、平板电脑、PC、游戏主机、增强现实和虚拟现实设备。

Ansys Twin Builder 平台为美国 Ansys 旗下数字孪生分析的最终载体，具有模型建模、验证、部署三大核心功能。其在多物理域系统仿真软件 Ansys Simplorer 基础上，引入 Modelica 语言和模型库，同时为了提升仿真速度，加入 ROM（reduced order model）Builder 模块，将协同仿真平台 Ansys WorkBench 中的电磁场、结构、流体、热分析等三维模型降阶为一维仿真模型，实现跨学科、多领域的高效系统仿真与数字孪生。用户可以在 Ansys Twin Builder 平台上完成所有数字样机的系统搭建，并通过对物理样机的信号采集开展实时分析，也可以将搭建好的模型文件以 SDK 形式分发给第三方数字孪生平台进行调用并输出结果。支持 Modelica、SML、VHDL-AMS、Spice 等多种建模语言；支持 Fluent、Maxwell、Simulink 等软件联合仿真；基于 ROM 模块的 3D 降阶模型生成与集成。

Simcenter 是德国西门子公司研发的数字孪生开发平台，是一个灵活、开放、可扩展的仿真和测试解决方案组合。西门子 Simcenter 平台涵盖了工程开发过程中的系统、结构、流体、电磁和电子设备仿真以及物理测试，其核心产品包括机、电、液、热多领域建模仿真工具 Amesim，结构仿真工具 Simcenter 3D，流体仿真工具 STAR-CCM+，电子散热仿真工具 FloTherm，等等。支持结构、流体、电磁、运动、热、控制等多学科仿真；支持流程自动化、云计算技术；支持仿真、测试的一体化。

达索公司的 3D EXPERIENCE 数字孪生平台主要通过 SIMULIA 软件集构建 3D 仿真生态环境，实现电磁学、材料科学、流体、结构、多体仿真，通过动态建模实验室 Dymola 实现基于 Modelica 语言的 1D 集成建模和仿真。目前，达索公司已将 3D EXPERIENCE 平台用于"阵风"系列战斗机和"隼"系列公务机的设计过程改进，首次质量改进提升 15% 以上。支持复杂集成系统的高保真建模；支持 Python、Simulink 等工具接口；支持可视化的 CAD 文件实时 3D 动画和导入。

国内数字孪生平台搭建方面，黄委通过整合多年 GIS、BIM、ICT 等优势信息技术，率先研发了国内首个拥有自主知识产权的数字孪生水利通用模拟仿真引擎——云河地球，突破了海量多源异构数据融合、水陆一体 HDEM 构建、模块化建模等难题，通过在三维空间融合矢量、地形、影像、倾斜摄影模型、激光点云、BIM 模型等海量多源异构数据，构建多层级渐进式数字映射场景，实现了多层级 GIS 场景无缝转换、影像交接处自然过渡、地形交接处无缝贴合、地形与模型/模型与模型间无缝衔接，并基于全球剖分、动态调度、GPU 加速等技术，对场景进行优化与效率提升，为"四预"智能应用提供了可视化承载体。支持海量多源数据的高效融合、可视化与交互漫游；支持全时空一体化管理，从流域大场景到设备零部件小场景、从历史回溯到未来预演；支持各类水利专业模型的高效便捷加载、可视化推演和实时渲染，为智慧化模拟、精准化决策提供通用可视化平台。引擎完全自主研发，掌握底层核心技术，更加安全可控，已获得国家发明专利 4 项，并推广应用于黄河下游防汛调水，以及小浪底、万家寨等重点水利工程数字孪生建设中。长江委研发了数字孪生水利基础支撑平台，适用于水利数字孪生应用集成低代码开发，基于 PAAS 技术架构，采用标准化、模块化、平台化的设计理念，集成地理信息、BIM、三维渲染、模拟仿真等技术应用功能组件于一体，面向国家水网建设、流域规划、水利水电工程全生命周期管控等水利业务需求，可实现开放式的多专业协同开发框架，构建数据-模型-业务融合的快速交付体系，赋能行业客户、开发工程师，为水利水电行业数智化转型提供平台支撑。中国电建集团华东勘测设计研究院有限公司研发了适用于泛工程类 IT 系统交付的集成开发平台——凤翎快速开发平台，可提供组织机构、用户管理、权限、租户配置、安全配置、国际化、流程表单、组件库、移动端等应用开发框架，具备第三方登录集成、电子签章集成、数据埋点分析、应用日志收集、数据加密、消息推送、文档在线预览、安全策略、全文检索、监控告警等基础能力，能够为规则引擎、图形引擎、低代码平台、AR/VR/MR、智慧水务 GIS 管理产品、云鹏物联网平台、行业数据模板库、BIM 校验引擎、AI 算法平台、编码引擎等提供解决方案。中国电建集团昆明勘测设计研究院有限公司研发了"HydroBIM®-水电工程规划设计、工程建设、运行管理一体化综合平台"，该平台是学习借鉴了建筑业 BIM 和制造业 PLM 理念和技术，引入"工业 4.0"和"互联网＋"概念和技术，发展起来的一种多维信息模型大数据、全流程、智能化管理技术。秉承正向设计理念，实现多专业协同设计、数字化设计常态化。可以增强工程开发建设所有参与方的协同性，提高工作效率和信息融合度；使项目全生命周期信息连续、递增，充分释放三维数字化、信息化价值，真正实现设计、建设和运维的一体化；使工程开发建设的所有参与方都能够在数字虚拟的真实工程模型中操作信息和在信息中操作模型以监控工程，从根本上保证土木工程全生命周期质量安全与综合效益。

8.2　技术路线与框架

数据底板作为数字孪生平台的基础，根据相关要求，需要利用多源多尺度数据融合技术对工程全生命周期的全阶段、全要素、各业务信息进行集成和统一管理，是实现数字孪生应用的基础。其内容包括 BIM 模型、倾斜摄影数据、地形数据、正射影像数据、GIS 坐标数据、监测数据、业务数据、外部共享数据等多源数据在同一场景中，对水利工程、江河湖泊和管理对象等要素进行数字化映射，且对于数据底板的保真度要求越来越高。基于上述要求，需选用高保真度的仿真引擎，利用 BIM 模型、GIS 数据〔正射影像（DOM）、数字地形（DEM）等〕的可集成性，通过统一编码、接口将数据挂接到可视化模型，建立空间与数据的拓扑关系与数据索引等。

三维数字孪生仿真平台是利用 BIM、倾斜摄影、激光点云、物联网、虚拟现实、人工智能等技术，构建的一个多时空、多尺度、多层次描述现实物理世界的虚拟地球仿真环境（图 8.2-1），具有全要素表达能力、时空多维度数据可视化能力、场景虚拟化能力、空间计算和叠加分析能力、仿真模拟能力、远程控制能力、虚实融合能力等，可实现对流域的数字化管理和智能决策，加速推动流域治理、防洪抗旱等水利行业创新发展。

8.3　多源异构数据的融合技术

研究分析 GIS 类 DEM \ DOM、倾斜摄影等数据，BIM 类如 Revit、CATIA 等主流 BIM 软件的核心设计思路，点线面等矢量数据，对各类数据存储格式进行解析，归纳总结出一套适用于云河地球的数据规范体系，并实现从多类软件数据到云河地球数据的一键式自动转换，实现一键式导入 BIM 类如 RVT（Revit 项目文件）、RFA（Revit 族文件）、CATProduct（CATIA 产品文件）、CATPart（CATIA 零件文件）等格式，GIS 类如 os-

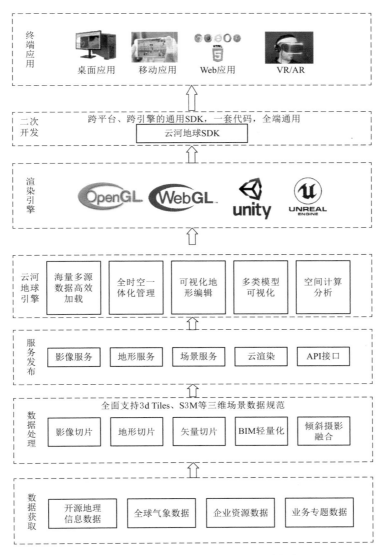

图 8.2-1　三维数字孪生仿真平台技术架构图

gb、tif 等格式，矢量类如 shp、kml 等格式数据。

通过研究开发对象实例化、遮挡剔除、动态批处理、多细节层次等 GIS 与 BIM 轻量化技术，采用几何转换、分层调度、渲染优化等思路尽可能缩小 GIS 数据与 BIM 模型的体量，降低系统资源占用，使其能够在 Web、移动端等各种低性能环境下流畅运行。

8.3.1　数字孪生场景数据获取处理

实景三维模型作为数字孪生底板的重要数据，可通过倾斜摄影测量的手段快速获取。目前倾斜摄影测量已经在技术装备、建模软件、技术方法、技术流程等诸多方面取得显著的突破。但受到倾斜摄影传感器拍摄角度的影响，贴近地面、屋檐下沿、异性结构及建（构）筑物内部，无人机航空拍摄无法采集建（构）筑物完整的纹理、结构等信息，制作的三维模型与实际情况差异较大，难以满足数字孪生的精细化需求。三维激光扫描作为一种新兴技术，可突破传统测量方法单点测量的局限性，通过三维激光扫描仪发射激光经由自然物表面反射进行测距，配合扫描的水平和垂直方向角，得到每个扫描点的三维坐标。该方法具有非接触式、高效率、高精度获取物体表面三维点云数据的优势，目前已经广泛应用于对建（构）筑物外表面进行建模。但是三维激光扫描存在的不足之处是：由于目前采用的架站式激光测距仪无法获取建（构）筑物顶部数据，导致难以实现对建（构）筑物的全方位三维建模；部分三维激光扫描设备无法获取影像，难以为模型提供丰富的纹理信息。

8.3.1.1　点云数据

1. 数据获取

研究采用无人机搭载三维激光扫描系统获取大范围及建（构）筑物顶部的点云数据，采用架站式或移动式三维激光扫描仪获取建（构）筑物底部和室内的点云数据。

机载三维激光扫描系统是以飞机作为激光测量平台，采用三维激光扫描系统进行测量，直接向地面、地表发射激光进行测量，实时获取地表地物的点云数据，从而获得具有高精度的地表信息和建（构）筑物外轮廓特征。在对航飞路线设计时，要参考小比例尺的二维平面地形图，综合考虑用户需求，测区的地形、地貌、机载激光雷达设备的参数（扫描角、相机镜头焦距、扫描频率等）、天气条件等，来设置航带重叠度、航带宽度和点云密度等参数。数据获取时，在保证 POS 系统处于最佳工作状态的前提下，飞机可以按照已设定的参数开始数据采集。

架站式激光扫描仪需根据测区大小及扫描仪测程均匀设置测站点，通过多站扫描来实现对目标建（构）筑物的全方位数据采集，且每相邻两测站间保证有一定的扫描重合度，但扫描站点不能过近，否则点云太密数据过大。采集数据之前，注意在各站中的地面或墙上（不同高度处）设定相应的标靶，并保证相邻站点具有一定数量的公共标靶，用以后续点云拼接和固定点云的坐标。

移动式三维激光扫描仪通常采用实时定位与制图（simultaneous localization and mapping，SLAM）技术获取点云数据，SLAM 技术将结合激光扫描技术与移动测量技术的优势，形成一项全新的三维移动测量技术。该技术实现在没有 GPS 的环境下，仅依靠技术设备自身的 SLAM 算法，动态地测量和记录各种环境下的空间三维信息，实现室内三维激光点云数据的采集，为后续的三维建模供了基础数据。数据采集前要根据现场环境预先规划测量轨迹路线，在轨迹路线上均匀地布设标靶，以便后续为点云提供坐标信息。采集时要按照预先踏勘后设计的轨迹路线实时获取点云数据，且在标靶位置稍作停留以便设备记录标靶位置，前进过程中要尽量保持匀速平稳。

2. 数据处理

不同设备和方法获取的点云数据预处理步骤主要包括点云配准、数据消冗、点云降噪等操作过程。

（1）点云配准。地面三维激光扫描因观测环境及观测视角受限，扫描设备难以通过一次设站采集到地物表面的完整数据，需要对被测物进行多次架站扫描。机载三维激光扫描因设备续航能力限制，也需要对被测区域进行多架次扫描。每一站或每一架次得到的点云数据都存在一定的差异。激光点云配准的目的就是将不同扫描时段得到的局部点云数据拼接整合，将拼接后点云统一到相同坐标系下，点云配准方法的应用也将直接影响后期建模精度。点云配准通常采用最具代表性的最近点迭代算法（iterative closest point，ICP）对点云数据进行配准。该方法的实质是通过点与点之间的匹配进行旋转和平移，利用最小二乘法作为衡量标准，直至点与点之间的距离达到预先设定的阈值。

（2）数据消冗。因为配准后的点云数据冗余较大，特别是相邻两次扫描重叠部分数据重复度比较高，所以要进行消冗处理，方便后续工作。该过程一般利用统一采样、曲率采样等方式以抽稀点云数据。统一采样即在保持模型精度的基础上减少点云数据量，曲率采样是在保留点云曲率明显部位特征线不变的情况下减少点云数量的百分比。

（3）点云降噪。扫描过程中受仪器和环境因素影响，必然产生一些噪声点，为保证扫描物体轮廓清晰可见，在对点云数据进行下一步操作之前需剔除明显的噪声点。根据不同精度要求可采用自动降噪和人工降噪的两种方式。

机载点云数据和室内点云数据分别处理，且两种方式获取的数据要统一到相同坐标系下以便后续融合应用。

8.3.1.2 影像数据

1. 数据获取

影像数据包括两部分：一部分是由无人机获取的倾斜摄影影像数据；另一部分是由小型无人机设备或者手持相机获取的地面及室内影像数据。

无人机斜倾摄影是在无人机平台上搭载五镜头相机进行测量。无人机斜倾摄影前，要依据测区实际情况进行航线设计、行高、摄影分辨率参数设定等一系列准备工作。实际作业时，应选择在无云晴朗天气条件下进行。像控点应根据项目设计和规范要求进行布设。若航摄时出现摄影漏洞或其他严重缺陷，需要及时补摄，漏洞补摄需要按照原来设计好的航线进行补摄。地面及室内影像数据由人工在地面操作无人机或者手持数码相机进行拍摄得到。在拍摄过程中，最好使用具有防抖动的定标镜头或定焦镜头进行近距离影像拍摄，对于地面同一地物，拍摄时应保持相同的拍摄距离，保证重叠度达到 60% 以上，连续两张影像之间的拍摄角度应小于 15°。对于采集到的影像，如果发现存在模糊或者漏洞，应该及时安排补拍。

2. 数据处理

原始影像在采集时会受天气、光照、飞行设备、飞行时间不一样等因素影响，导致影像出现明暗不一致、暗沉不清晰或者地面影像被雾霾遮挡等问题。当发现这些问题时，可选择最佳影像作为参考，通过专业匀光匀色软件经暗通道去雾等方法对质量不高的影像进行修正、调色、提高对比度、增强色彩等预处理，改善影像质量。

经过预处理之后的影像即可进行空三处理。目前，倾斜摄影空中三角测量仍大都采用传统的 POS 辅助空三解算，其主要步骤包括连接点提取和光束法区域网平差两部分。倾斜影像连接点提取一般采用的思路是：利用 POS 系统提供的多视影像外方位元素作为初始值，采用 SIFT、ASIFT（尺度和仿射不变特征算法）算法来进行多视影像的特征匹配，获取影像间的连接点。在这步运算成功的基础上，导入像控点数据，进行严格的光束法区域网平差计算，将整体区域最佳地加入控制点坐标系中，从而恢复地物间的空间位置关系。经过多视影像密集匹配算法处理，可从影像中抽取更多的特征点构成密集点云。地物越复杂，建筑物越密集的地方点密集程度越高；反之，则相对稀疏。

无人机倾斜影像数据和地面及室内影像数据分别处理，两种方式获取的密集点云数据要统一到相同目标坐标系下，且应与点云坐标系保持一致，以便后续数据融合应用。

8.3.1.3　数据融合及模型单体化

将处理完成的不同源点云数据导入建模软件中，由于点云均统一到相同坐标系下，理论上点云同时导入软件中不会存在分层现象，但点云数据会存在重叠部分，为降低数据重叠率，可对不同源点云数据再次进行配准和消冗处理，消除重叠部分，减少融合点云的数据量。软件可根据点云自动构建不规则三角网（triangulated irregular network，TIN），创建白体三维模型。根据已经建立好的三维模型体具有的三维坐标信息，与经过空三加密处理后每张倾斜影像上的像点坐标具有的三维坐标信息进行配准，将纠正后多角度影像纹理与模型数据进行三维模型配准。利用分辨率较高的二维影像对 TIN 结构模型进行纹理贴图，生成较为逼真的实景三维模型。两种方式优势互补，实现特征驱动的高精度复杂大尺度场景的三维重建。

在实际的应用和管理中，单体化的三维模型才能作为独立的对象进行管理，可单独赋予属性，并且在管理环节中可实现节点化。研究利用建（构）筑物、道路、树木等对应的矢量面，对倾斜摄影模型进行切割，即把连续的三角面片网从物理上分割开，从而实现了三维场景单体化。

8.3.2　多精度地形数据融合

数字高程模型（digital elevation model，DEM）是表达地表形态的数字化模拟，作为数字化场景底板构建的地形支撑，与遥感影像、倾斜摄影数据、模型数据结合可作为辅助展示真实地理场景。但是，L1、L2、L3级场景中涉及多源多尺度地形数据，使用多尺度地形数据存在地形突变、地形冲突等问题，为了提供较为逼真的数字化场景效果，需要对多精度地形数据进行融合。

8.3.2.1　研究方法

为解决数字孪生流域构建时多源多尺度地形数据融合后地形突变问题，提出一种对接边处高精度地形数据进行逐级处理的方法，该方法最大程度上保留原始高精度数据，仅对接边区域进行多次处理，达到了地形交接处无缝贴合的目标，技术路线如图 8.3 - 1 所示。首

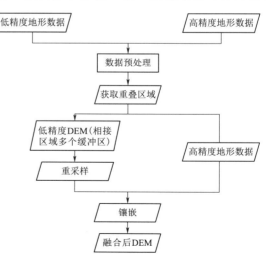

图 8.3 - 1　逐级融合方法技术路线图

先，进行数据预处理，包括格式转换、坐标转换、去除异常值等；然后，获取重叠区域，根据高精度栅格 DEM 数据获取栅格范围，建立多级缓冲区，通过平滑线、构建缓冲区、掩膜、擦除等操作获取多个缓冲区与两组地形相接区域的低精度地形；接着，进行重采样处理，将多个缓冲区的低精度地形的采样距离与高精度保持一致；最后，通过将重采样的多个缓冲区低精度地形、高精度地形镶嵌成一个地形，输出结果即为不同尺度地形融合结果。

1. 数据预处理

数据预处理包括格式转换、坐标系统转换、接边检查、去除异常值。首先，进行数据检查，保证数据格式统一；然后，将不同数据统一坐标系统，包括平面坐标系统和高程坐标系统统一、进行接边检查、检查异常值位置，通过局部内插法去除异常值。预处理后的数据作为后续重采样、融合操作的基础。

2. 获取重叠区域地形

一般情况下，将大区域低精度地形数据统一重采样为高精度地形数据，产生的数据量大，计算时间慢，造成后续数字孪生工作的困难，所以一般不直接对大区域的低精度地形进行重采样，为解决接边处高程突变问题，主要是对接边区域的高精度 DEM 数据进行处理。

首先，通过高精度地形边界获取重叠区域；然后，根据接边线向内缓冲。缓冲范围过大会过多会影响原本的高精度数据，并导致数据处理量变大；过小则融合效果不够理想，突变情况不能很好改善。所以选择构建多级缓冲区，如图 8.3-2 所示，图中灰色矩形为大区域低精度 DEM，圆形灰色区域为高精度 DEM，紫色、绿色、橙色环状区域为两个地形相接处高精度地形范围向内缓冲后的三个缓冲区。最后，通过掩膜处理获取三个环状区域的低精度地形。

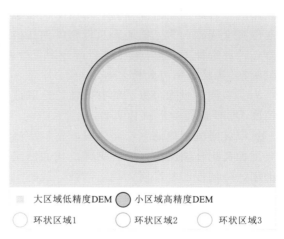

⬜ 大区域低精度DEM ⬤ 小区域高精度DEM
◯ 环状区域1   ◯ 环状区域2   ◯ 环状区域3

图 8.3-2　多级融合示意图

3. 重采样

对三个环状区域低精度地形重采样。当不同格网大小的栅格数据进行融合时，融合结果会降低原始的高精度地形，为了最大程度保留原始的高精度数据，需要对大格网的地形数据进行重采样，保证镶嵌时输入的栅格数据的格网保持一致。

重采样的方法包括三种：最邻近法、双线性法、三次卷积法。最邻近法原理是根据距离最近原则将像元直接赋值为某个最邻近的像元值，该方法简单、操作速度快，但最邻近法改变原始像素值，会产生像元偏移。一般最邻近法内插适用于进行分类，如土地利用分类。双线性法进行重采样是该方法通过采用某一采样点到周围 4 邻域像元的距离加权，来计算差值后的新值，该方法与最近法相比，会改变原始像元值、存在局部特征的丢失，一般适合地形表面的连续数据，例如 DEM、坡度等。三次卷积法精度较好，通过某一采样点到周围 16 邻域像元的距离加权，参与计算的像元数最多，计算量大、耗时长，一般适用于对遥感影像进行重采样。

通过对以上三种重采样方法，双线性内插法相较于最邻近法，克服了采样后不连续的缺点；相较于三次卷积法，克服了影像边缘被平滑、轮廓模糊的缺点，应用双线性内插法既可以保证采样结果连续、不突变，又可以使边缘数据的像元值受影响程度降到最低。研究区域是 DEM 数据，最终选择双线性内插法进行像元灰度值的重采样。

4. 镶嵌

对重采样后的多个环状区域低精度地形、高精度地形进行镶嵌。镶嵌融合的方法有很多，选择使用专业软件 ArcGIS 10.6 的镶嵌至新栅格工具（Mosaic To New Raster tool）完成对不同格网的多源 DEM 镶嵌，该方法处理大量栅格数据集时，运算效率较高，可输出 IMG、TIFF、JPEG、BMP 等多种常用格式的栅格结果。

在进行镶嵌时，对重叠区域镶嵌运算时包括多种方法：FIRST、LAST、BLEND、MEAN、MINIMUM、MAXIMUM。FIRST 算法、LAST 算法是指输出结果分别与导入顺序的第一个、最后一个保持一致；BLEND 算法是基于距离权重计算，与重叠区域像素到边的距离有关；MEAN 算法使重叠区域内的象元值取覆盖该重叠区域影像的对应象元值的平均值；MINIMUM 算法、MAXIMUM 算法是分别读取重叠区域的最小值、最大值。镶嵌融合结果输出保存为一个新生成的栅格数据集。研究主要是为了解决相邻接边区域地形突变问题，为了使地形从低精度到高精度平滑过渡，对重叠区域进行平均处理更加有效，因此选择 MEAN 算法进行镶嵌融合处理。

8.3.2.2 实验结果与分析

为了验证多级融合方法的有效性，选取适合本次实验方法的研究区域和数据，针对不同精度 DEM 进行地形融合实验。

选取黄河流域内的岔口小流域，岔口小流域位于山西省西南部芝河流域源头地带，属于典型的黄土丘陵沟壑区第一副区的代表性流域，流域面积为 131.91km^2，淤地坝能够抬高沟床，降低侵蚀基准面，稳定沟坡，预防沟岸扩张、沟底下切和沟头前进，减轻沟道侵蚀，而且能够拦蓄坡面汇入沟道内的泥沙。地形落差适合于本次融合方法的试验。其中，1m DEM 主要分布在有淤地坝的区域［图 8.3-3（b）］与整块区域 15m DEM 融合［图 8.3-3（a）］。其中大区域的地形精度为 15m、小区域的地形精度为 1m，坐标系均为 GCS-WGS-84，经纬度投影，数据格式为 TIFF。

根据技术路线对研究区域的数据进行处理，具体处理过程如下：

1. 数据预处理

首先，进行数据检查，保证数据格式统一，本次研究数据统一采用 TIFF 格式；其次，进行坐标系统转换，平面系统为 WGS84 地理坐标，高程系统为 1985 国家高程基准；然后，对接边处数据有问题处进行处理；最后，检查异常值位置，通过局部内插法去除异常值。预处理后的数据作为后续重采样、融合操作的基础。

2. 获取重叠区域地形

（1）边界获取。获取小范围高精度地形数据边界，并对边界进行平滑处理，平滑后的边界作为缓冲区生成的依据。

（a）15m分辨率　　　　　　　　　　　　（b）1m分辨率

图 8.3-3　研究区不同分辨率 DEM 分布图

（2）缓冲区范围确定。缓冲范围过大会过多影响原本的高精度数据，并导致数据处理量变大；过小则融合效果不够理想，突变情况不能很好改善。为选择合适的缓冲范围，通过多次试验，最终缓冲范围确定为 50m，同样的方法共向内缓冲 3 次，依次为 50m、100m、150m。如图 8.3-4 所示，红色范围为高精度 DEM 边缘范围向内缓冲50m 区域。

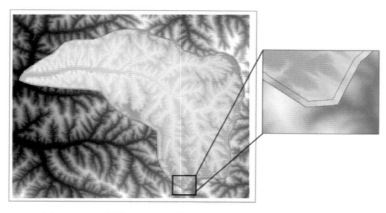

图 8.3-4　研究区 DEM 接边区域（50m 缓冲区）示意图

（3）重叠区域地形获取。根据 3 个缓冲区域范围掩膜提取 3 个环状区域的低精度地形，并分别对 3 个环状区域数据进行重采样处理。

3. 重采样

对 3 个环状区域的低精度地形数据进行重采样，采样距离选择与高精度地形格网一致，选择融合的高精度地形格网大小为 1m，因此，3 个环状区域重采样的采样距离均为1m，采样结果输出为 TIFF 格式。

4. 镶嵌

通过镶嵌至新栅格工具，选择 MEAN 算法，对 3 个环状区域重采样结果数据与高精

图 8.3 - 5　多级融合方法融合结果

度地形数据进行镶嵌处理，最终融合结果如图 8.3 - 5 所示。

对于 DEM 精度的评估目前没有一个通用的评判标准，通常采用的中误差和最大误差方法，但是，由于 DEM 在测量、生产、内插等过程中格网的高程值并不能代表真实高程，且检测点的数量、分布也具有随机性，以这两个指标进行精度检验并适用。多级融合方法主要是对接边处的地形进行处理，因此，主要检查接边处高程值，对 DEM 检查采用目视检查法与精度检查法两种方式对两种方法的实验结果进行分析。

（1）目视检查法。目视检查是随机选择两个位置，通过目视检查法，对比两种方法的融合效果。主要检查突变情况。如图 8.3 - 6 所示，左边为不做分级处理，直接通过镶嵌融合方法处理结果，右侧为使用对接边处高精度地形数据进行逐级处理的方法。

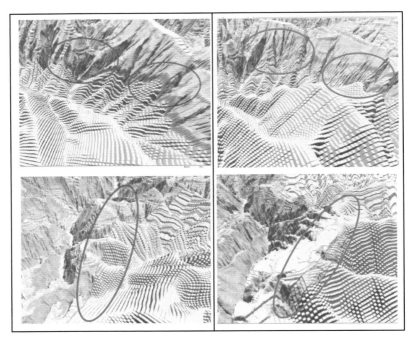

图 8.3 - 6　直接融合结果（左）和逐级处理融合结果（右）

通过目视检查法检查可以得出：直接融合后的结果相邻区域的突变明显，如图 8.3 - 7 红色区域，呈现陡崖式变化。使用逐级处理方法后的融合结果，突变问题得到很好的改善，如图 8.3 - 7 所示，绿色区域内突变问题改善明显，完成了大范围低精度地形至小区域高精度地形的逐渐过渡。

（2）检查点检查法。该方法首先在 3 个环状区域内随机选取 50 个检查点，以高精度（1m 分辨率）、低精度（15m 分辨率）的地形为参考依据，获取检查点位置的高程信息。采用同样的方法对检测点处理获取多级融合结果、直接融合结果的高程值。将检测点处高精度、低精度、多级融合的高程值进行对比，结果如图 8.3－7 所示。将检测点处高精度、低精度、直接融合的高程值进行对比，结果如图 8.3－8 所示。

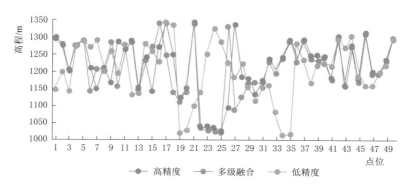

图 8.3－7　多级融合结果高程对比图

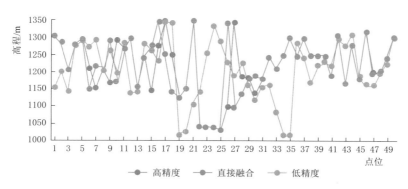

图 8.3－8　直接融合处理结果高程对比图

如图 8.3－7 所示，使用多级融合方法的结果高程值大部分位于高精度和低精度的高程值中间区域；如图 8.3－8 所示，使用直接融合方法的结果高程值大部分与高精度相同，极少数高程值位于高精度和低精度高程值中间。由此可以得出，直接融合方法出现高程突变的概率很大，多级融合方法会降低突变程度，可实现从低精度到高精度的平滑过渡。

8.3.3　BIM 数据结构解译与管理

根据 Revit、CATIA 等主流 BIM 软件的设计理念、软件功能以及相关开发文档，对其数据存储格式进行解析，由平台自动实现相关数据标准的转换，从而隐藏不同 BIM 产品之间在概念、逻辑、规范上的差异。

8.3.3.1　BIM 模型轻量化

对于不同 BIM 平台的设计模型，由于要考虑设计因素，在建立时的精度、细度会较深，导致模型体量过大，直接将其融入系统场景中会造成系统卡顿、影响平台使用体验等负面效果，因此，在多源数据融合时首先要将设计模型进行轻量化处理，简化为展示模型，才能更好地进行融合和展示。设计模型和展示模型的分类与对比见表 8.3－1。

表 8.3 - 1   设计模型和展示模型的分类与对比

项目	设 计 模 型	展 示 模 型
包含信息	设计阶段的全部信息	展示所需信息
建模依据	前期勘测、规划数据，项目建设目标、投资等	展示所需的内容
建模精度	完全按照设计数据进行建模，可进行等比例缩放	对重点展示的部分的外观进行精细化，非重点展示部分简化，不展示部分不建立模型
应用场景	有限元分析、工程量计算、工程进度分析、工程质量控制、辅助竣工验收、辅助设计交底等	施工模拟、虚拟仿真、工程展示等
数据大小	非常大	较小

对于研究及实践过程中的经验进行总结，设计模型转化为展示模型的方法大致有删减法、重构法、采样法、自适应子分法和多边形合并法几种。

1. 删减法

删减法是目前简化模型中最常用的一种模型简化方法。该方法通过重复依次删除对模型特征影响较小的几何元素来达到简化模型的目的。根据删除的几何元素的不同，通常又可以分成顶点删除法、边折叠法和三角面片折叠法等。3DE 模型导出 CATIAV5 格式模型，在第三方软件中通过镶嵌网格的方式转化为 MESH，转化过程中需对镶嵌网格参数值进行调整。保证满足外形需求的同时镶嵌网格数量最小化。

2. 重构法

由于后期处理软件中对于正圆、正多边形等正形状识别较好，而对于孔洞、不规则弧线、不规则曲面等形状识别较差，这种不规则的形状称为异形体，容易导致模型失真，在设计模型轻量化的过程中，应当避免这种形状的产生。减少异形体或将异形体转化为规则形状的过程称为模型重构。

在对设计模型轻量化之前，对设计模型进行识别，识别其中的异形体，根据展示内容的具体要求，模型重构的过程主要有以下两种：

（1）对于要求不高的模型，对异形体直接进行删除，用外观相似的规则形状替代原有的异形体。

（2）对于要求较高的局部模型，将原有的异形体用形状类似的规则曲面进行重新建立。

3. 采样法

首先将顶点或体素添加到模型表面或模型的三维网格上，其次根据物理或几何误差测度进行顶点或体素的分布调整，最后在一定的约束条件下生成尽可能与这些顶点或体素相匹配的简化模型。采样法适合于无折边、尖角和非连续区域的光滑曲面的简化，对于非光滑表面模型简化效果较差。

4. 自适应子分法

在优化和简化地形模型时，通过构造简化程度最高的基网格模型（对地形等模型简化后的一种称呼，作为一种修改的基础），然后根据一定的规则，反复对基网格模型的三角面片进行子分操作，依次得到细节程度更高的网格模型，直到网格模型与原始模型误差达到给定的阈值。自适应子分法具有算法简单、实现方便等特点，但只适合于容易求出基网格模型的一些应用（如地形网格模型简化等），此外，此方法对于具有尖角和折边等特征的简化效果较差。自适应子分法模型如图 8.3 - 9 所示。

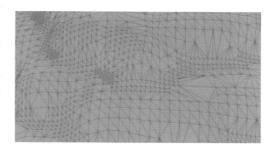

图 8.3 - 9　自适应子分法模型示意图

5. 多边形合并法

多边形合并法是通过将近似共面的三角网格面片合并成一个平面，然后对形成的平面重新三角化，来实现减少顶点和面片数量的目的，也被称为面片聚类。此方法多用于对地形和异形模型的处理，来减少模型顶点和面片数量，提升模型在数字场景中的加载速度和效率。

8.3.3.2　Revit 文件解译

Revit 具体格式信息官方没有公开，通过逆向分析二进制编码规则获取格式信息。RVT 是一个 OLE（object linking and embedding）格式的复合文档，包含以下内容，结构如图 8.3 - 10 所示。

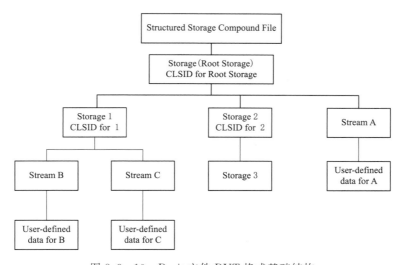

图 8.3 - 10　Revit 文件 RVT 格式基础结构

8.3.3.3　CATProduct 文件解译

CATProduct 是 CATIA V5 的模型文件格式。同样的还有 CATDrawing、CATPart 等文件格式。在 CATIA 中根据所使用的工作模块不同，所操作的文件类型也不同。如 CATDrawing 是工程制图储存格式；CATPart 是 CATIA 的零件模型文件格式（一般是单个模型的存储格式）；而 CATProduct 是装配体（产品）的模型储存格式。

除了 CATIA 能够打开 CATProduct 文件外，像 3dsMax 软件也支持导入 CATProduct 格式文件（图 8.3 - 11）。

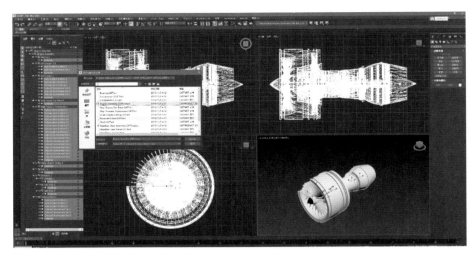

图 8.3-11　通过 3dsMax 打开的 CATProduct 文件

8.3.3.4　DXML 文件解译

3DXML 格式是 CATIA 中基于可扩展标记语言 XML 的一种文件格式，是一种通用的、轻量的三维文件格式。该格式可使用户轻松快捷地捕获并共享实时的、精确的 3D 数据。3DXML 高度压缩复杂数据，提供快速的文件传输和缩短加载时间，同时保持交换文件的精确几何图形。

3DXML 完全基于标准的 XML，从结构来说 3DXML 为 ZIP 压缩包，编码格式具有官方规范，具体内容与示意如图 8.3.12 所示。

名称		修改日期	类型	大小
.IntegrityCertificat		2022/3/15 11:30	INTEGRITYCERTI...	1 KB
3DShape.xsd		2022/3/15 11:30	XML Schema File	1 KB
3sh-75734388-00488481_2_c61e1844_4a7c_623007d5_2b0422.xml		2022/3/15 11:30	XML 文档	481,635 KB
C_302_Color -- 1600097305_1_c61e1844_4a7c_623007d5_2b0211.jpg		2022/3/15 11:28	JPG 图片文件	6,446 KB
C_302_Displacement -- 1600097305_1_c61e1844_4a7c_623007d5_2b0229.jpg		2022/3/15 11:28	JPG 图片文件	1,008 KB
C_302_Normal -- 1600097307_1_c61e1844_4a7c_623007d5_2b021d.jpg		2022/3/15 11:28	JPG 图片文件	9,273 KB
C_302_Roughness -- 1600097306_1_c61e1844_4a7c_623007d5_2b0235.jpg		2022/3/15 11:28	JPG 图片文件	3,459 KB
CATMaterialDisciplines.3dxml		2022/3/15 11:30	Dassault System...	7 KB
Manifest.xml		2022/3/15 11:31	XML 文档	1 KB
mtdrend-75734388-00001889_1_c61e1844_4a7c_623007d5_2b0366.3DRep		2022/3/15 11:28	3DREP 文件	2 KB
mtdrend-75734388-00002131_1_c61e1844_4a7c_623007d5_2b033f.3DRep		2022/3/15 11:28	3DREP 文件	2 KB
mtdrend-75734388-00002132_1_c61e1844_4a7c_623007d5_2b0353.3DRep		2022/3/15 11:28	3DREP 文件	2 KB
PLMDmtDocument.3dxml		2022/3/15 11:30	Dassault System...	4 KB
PRODUCT.3dxml		2022/3/15 11:30	Dassault System...	11 KB
smtdrend-75734388-00001206_1_c61e1844_4a7c_623007d5_2b02a9.3DRep		2022/3/15 11:28	3DREP 文件	2 KB
VDoc11461_1_c61e1844_4a7c_623007d5_2b0373.jpg		2022/3/15 11:28	JPG 图片文件	3,852 KB

图 8.3-12　3DXML 文件格式解译示意与程序解译

8.3.3.5　结构树管理

开展 BIM 模型的树形结构管理研究，能够完整显示 BIM 数据的内部组织结构，按要素或按类别进行显示和隐藏，与此同时，实现 BIM 的属性管理技术研究，读取 BIM 模型各部件的属性信息，例如类型、材料、颜色、用途、费用、计划建设周期等，构建属性数据库，对属性信息进行规范管理，便于进行属性查询，实现 BIM 模型的精细化管理。结构树解译成果如图 8.3-13 所示。

图 8.3－13　结构树解译成果

8.3.4　GIS 类文件解译与融合

8.3.4.1　OSGB 文件

OSGB 是 OSG 引擎的自有格式，许多数据成果都在使用该格式进行展示。目前市面上生产的倾斜模型，尤其是 Smart3D 处理的倾斜摄影三维模型数据都是 OSGB 格式。OSGB 文件组织方式一般是二进制存储、带有嵌入式链接纹理数据。倾斜摄影三维模型数据获取快、效果好，在数字孪生平台建设中的重要性不言而喻。

OSGB 是一种二进制格式，使用 osgConv 工具可以转换为文本格式，即 OSG 格式，OSGB 的内部结构主要由两部分组成，即结构数据和纹理数据。OSGB 文件解析后具体内容如图 8.3－14 所示。

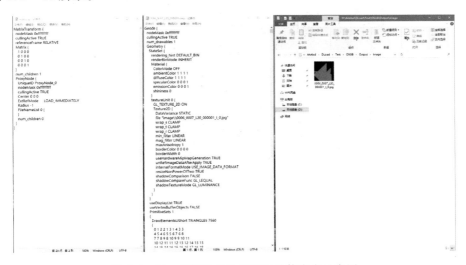

图 8.3－14　OSGB 文件解析后具体内容示意图

OSGB 格式的数据在非 OSG 引擎应用领域中一直存在很大的使用难题。这使得在其他引擎中对倾斜数据直接进行加载造成困难。在其他引擎中一般先将 OSGB 数据转换成 3DTile、obj、fbx 等格式再加载使用。

8.3.4.2　TIF 文件

TIF 是一种比较灵活的图像格式，文件扩展名为 TIF 或 TIFF。TIFF 本质上是栅格数据，既可以表示高程，又可以表示影像。

TIF 文件可以转为一个数组矩阵，矩阵下标就是像素坐标，每个像素的值可能是 RGB，也可能是 CMYK，构成图片的色值；或者这个 TIF 文件是灰度文件，每个像素只有一个值，这个值可以是高度、人口密度等指标。目前很多卫星影像数据、地形数据的存储格式都是 .tif。

DOM（数字正射影像图）是利用航空相片、遥感影像，经象元纠正，按图幅范围裁切生成的影像效果数据。DOM 具有精度高、信息丰富、直观逼真、获取快捷等优点。此类 .tif 格式文件与一般的图像文件无异。

DEM（数字高程模型）是以高程表达地面起伏形态的数字集合，是一定范围内规则格网点的平面坐标（X、Y）及其高程（Z）的数据集。此类 .tif 格式文件的每个像素只有一个值，表示高度，像素坐标则对应网格点的平面坐标。在 Global Mapper 中可直观查看 DEM，如图 8.3 - 15 所示。

图 8.3 - 15　DEM 不同高程以不同颜色显示

通过处理好的 DEM 可在三维引擎中生成地形，如图 8.3 - 16 所示。

8.3.5　其他三维格式文件

8.3.5.1　FBX 文件

FBX 文件是一种 3D 通用模型格式，包含动画、材质特性、贴图、骨骼动画、灯光、摄像机等信息；支持多边形游戏模型、曲线、表面、点组材质；支持法线和贴图坐标。FBX 在模型转换上的表现相当理想，多边形模型基本上是分毫不差。

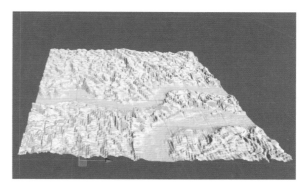

FBX 对于三维软件的兼容性非常强大，几乎所有的三维软件或者游戏引擎全部都支持导入 FBX 模型。

FBX 有两种文件模型：一种是二进制文件；另一种是 ASCII 文件。二进制文件在文件大小和加载速度方面

图 8.3 - 16　根据 DEM 在 U3D 中生成的地形

具有天然的优势，但是在可读性和易于集成方面不如 ASCII 文件。

使用 FBX Explorer 工具可查看 FBX 文件的内部结构，文件具体结构如图 8.3 - 17 所示。

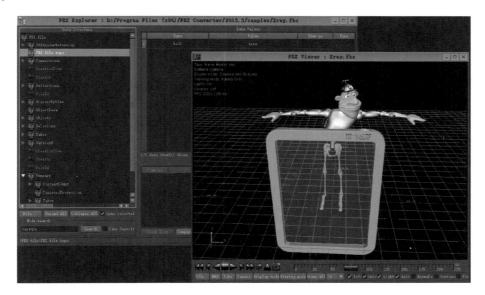

图 8.3 - 17　使用 FBX Explorer 查看 FBX 内部数据结构

ASCII 文件版本的 FBX 格式文件可直接用文本编辑器打开查看文件具体内容，如图 8.3 - 18 所示。

8.3.5.2　OBJ 文件

OBJ 文件是一种标准的 3D 模型文件格式。大部分 3D 软件都支持导入、导出 obj 格式的模型文件，很适合用于 3D 软件模型之间的互导。大部分游戏引擎（如 Unity3D、虚幻）也都支持直接加载 OBJ 格式模型文件。

OBJ 文件中主要存储了模型的顶点、线和面等元素，OBJ 还支持法线和贴图坐标，但不包含动画、材质特性、贴图路径、动力学、粒子等信息。

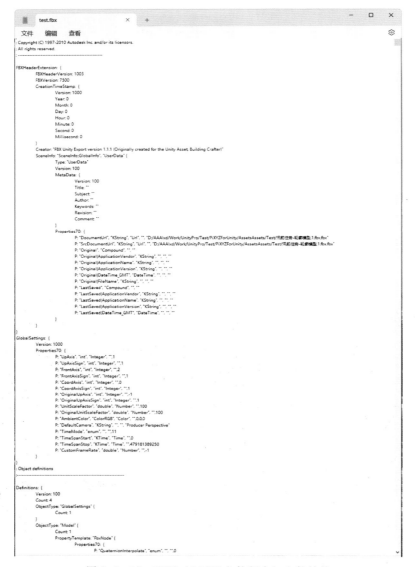

图 8.3 - 18　FBX（ASCII 文件版本）文件结构

OBJ 文件不包含面的颜色定义信息，不过可以引用材质库，材质库信息储存在一个后缀是 .mtl 的独立文件中（图 8.3 - 19）。材质库中包含材质的漫射（diffuse）、环境（ambient）、光泽（specular）的 RGB 的定义值，以及反射（specularity）、折射（refraction）、透明度（transparency）等其他特征。

名称	修改日期	类型	大小
test.mtl	2022/11/30 15:30	MTL 文件	2 KB
test.obj	2022/11/30 15:30	OBJ 文件	1,240 KB

图 8.3 - 19　OBJ 文件及其附加文件 mtl

OBJ 文件和 mtl 文件都是文本文件格式，这就意味着可以直接用文本编辑器打开进行查看或修改。文件具体内容如图 8.3 - 20 所示。

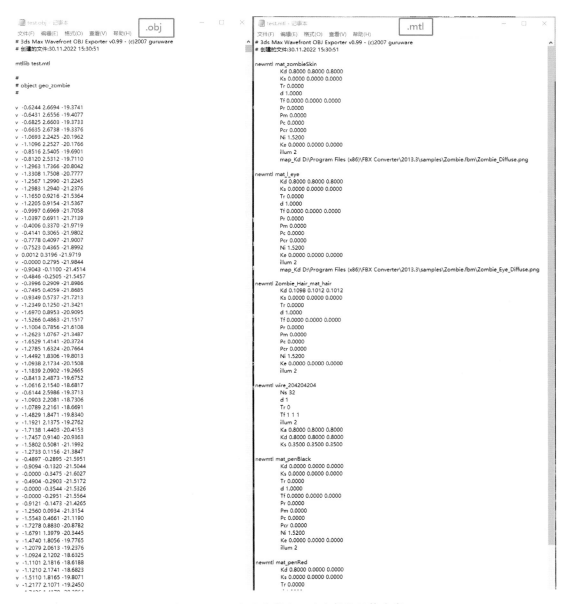

图 8.3 - 20　OBJ 文件和 mtl 文件的具体内容

8.3.6　矢量类文件解译与融合

8.3.6.1　Shapefile 文件

ESRI Shapefile（shp），或简称 Shapefile，是一种空间数据开放格式。目前，该文件格式已经成为地理信息软件界的一个开放标准。Shapefile 文件用于描述几何体对象：点、折线与多边形。像常见的河流、水系、道路、行政区划等矢量数据，后缀名为 . shp 的文件均属于 Shapefile 文件。除了几何位置，shp 文件也可以存储这些空间对象的属性，例如一条河流的名字、一个城市的温度等。

一般 GIS 平台都支持直接读取 Shapefile 文件。但像 U3D、UE4 等游戏引擎是不支持该格式文件加载的。

Shapefile 文件一般由 . shp、. shx、. dbf、. sbn、. sbx、. prj、. xml、. cpg 等多个文件组成，具体文件结构如图 8.3 - 21 所示。

名称	修改日期	类型	大小
aanp.dbf	2019/12/24 13:30	DBF 文件	740 KB
aanp.prj	2019/12/24 13:30	PRJ 文件	1 KB
aanp.sbn	2019/12/24 13:30	SBN 文件	46 KB
aanp.sbx	2019/12/24 13:30	SBX 文件	6 KB
aanp.shp	2019/12/24 13:30	3dsshp	114 KB
aanp.shp.xml	2019/12/24 13:30	XML 文档	9 KB
aanp.shx	2019/12/24 13:30	SHX 文件	33 KB
agnp.dbf	2019/12/24 13:30	DBF 文件	794 KB
agnp.prj	2019/12/24 13:30	PRJ 文件	1 KB
agnp.sbn	2019/12/24 13:30	SBN 文件	33 KB
agnp.sbx	2019/12/24 13:30	SBX 文件	4 KB
agnp.shp	2019/12/24 13:30	3dsshp	88 KB
agnp.shp.xml	2019/12/24 13:30	XML 文档	10 KB
agnp.shx	2019/12/24 13:30	SHX 文件	25 KB
hyda.dbf	2019/12/24 13:26	DBF 文件	46 KB
hyda.prj	2019/12/24 13:26	PRJ 文件	1 KB
hyda.sbn	2019/12/24 13:26	SBN 文件	4 KB
hyda.shx	2019/12/24 13:26	SBX 文件	1 KB

图 8.3 - 21　Shapefile 文件组成结构

其中 . shp、. shx、. dbf 是必需的，. shp 用于保存元素的几何实体；. shx 记录每一个几何体在 SHP 文件之中的位置，能够加快向前或向后搜索一个几何体的效率；. dbf 以 dBase IV 的数据表格式存储每个几何形状的属性数据（图 8.3 - 22）。

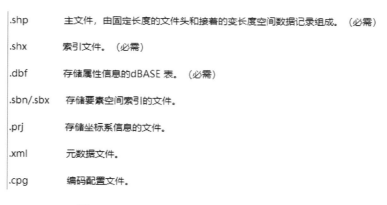

图 8.3 - 22　Shapefile 文件各组成文件的作用

8.3.6.2　KML 文件

标记语言（keyhole markup language，KML）是以 XML 语言为基础开发的一种文件格式，用来描述和存储地理信息数据（如点、线、图像、多边形和模型等）。KML 文件要么以 .kml 为扩展名，要么以 .kmz（表示压缩的 KML 文件）为扩展名。

KML 格式便于在 Internet 上发布并可通过 Google Earth 等许多免费应用程序进行查看，因此常用于与非 GIS 用户共享地理数据。

KML 可以由要素和栅格元素组成，这些元素包括点、线、面和影像，以及图形、图片、属性和 HTML 等相关内容。尽管通常将 ArcGIS 中的数据集视为独立的同类元素（例如：点要素类只能包含点，栅格只能包含像元或像素，而不能包含要素），但单个 KML 文件却可以包含不同类型的要素，并可包含影像。

KML 是纯粹的 xml 文本格式，可用记事本打开编辑，所以 KML 文件很小。KML 跟 XML 文件最大的不同就是 KML 描述的是地理信息数据。文件具体内容如图 8.3-23 所示。

```
<?xml version="1.0" encoding="UTF-8"?>
<kml xmlns="http://www.opengis.net/kml/2.2">
<Document id="root_doc">
  <name>地点</name>
  <Placemark id="_____1">
    <name>陈家坪长途汽车站</name>
    <Point>
      <coordinates>
      106.4832912,29.5286297,0
      </coordinates>
    </Point>
  </Placemark>
  <Placemark id="_____2">
    <name>7 Days Inn</name>
    <Point>
      <coordinates>
      106.4856777,29.5298062,0
      </coordinates>
    </Point>
  </Placemark>
  <Placemark id="_____3">
    <name>辉墙口腔医院</name>
    <Point>
      <coordinates>
      106.4981129,29.5253807,0
      </coordinates>
    </Point>
  </Placemark>
  <Placemark id="_____4">
    <name>鹰库区</name>
    <Point>
      <coordinates>
      106.5559772,29.525398,0
      </coordinates>
    </Point>
  </Placemark>
  <Placemark id="_____5">
    <name>永辉超市</name>
    <Point>
      <coordinates>
```

图 8.3-23　KML 文件具体内容

8.4　数字孪生模拟仿真引擎技术

数字孪生模拟仿真引擎驱动水利虚拟对象系统化运转，实现数字孪生流域与原型流域实时同步仿真运行，利用整合、扩展、定制和集成等方式，建设模型管理、场景配置、模拟仿真等功能，驱动各类模型协同高效运算。

基于模型库的可视化模型，融合数据底板的基础数据、监测数据、业务管理数据、外部共享数据、地理空间数据，以及模型库的水利专业模型、人工智能模型的输出结果，实现物理工程的同步直观表达、工程运管的全过程高保真模拟，支持数字孪生体与物理体的交互分析，支持工程安全前瞻预演、工程安全应急预案动态模拟等。

数字模拟仿真引擎主要包括全要素场景（场景生成、场景配置管理）和仿真功能实现（数据映射、数据驱动、仿真表达、支撑决策），关键技术主要包括实时渲染技术和交互工具应用。

（1）全要素场景。全要素场景是将流域植被、道路、水域、建筑等场景要素拟真再现；以视觉真实、物理模拟、地理信息、实时交互等多要素融合叠加，实现基于视觉孪生、物理孪生及时空孪生的场景应用。全要素场景服务是一个基于时空数据的引擎，将输入系统的所有静态数据、动态数据通过时空结构化成为一个有机体，对其他模块提供关于时空场景的服务。

（2）仿真功能实现。数字模拟仿真功能的实现，主要包括数据映射、数据驱动、仿真表达、支撑决策等几部分内容。数据映射主要把数据底板经过数据治理后的数据映射到全要素场景底板中；数据驱动通过历史数据、实时数据、预测数据，实现大场景宏观底板和小场景微观模型的工程自然背景演变、工程上下游流场动态、水利机电设备操控运行的驱动变化；仿真表达对于一些非传感器采集数据，需要进行仿真显示，进行动画特效开发，并且制作成定制 API 接口，进行交互及融合；支撑决策将要展开的泥沙水动力模型、优化调度模型等水利专业分析模型研究其仿真研究结果，在全要素场景中，通过实时渲染和交互工具的配合，进行深度融合表达。

（3）仿真引擎关键技术。模拟仿真引擎的关键技术主要包括实时渲染技术和交互工具应用技术。实时渲染技术实现天气效果、日照变化、材质体现、光影效果、水位变化等功能，能够通过对物理流域或工程进行实时渲染，达到真正意义上的将现实世界仿真到虚拟世界。渲染内容主要包括天气效果、日照变化、材质体现、光影效果、水流数据驱动等。交互工具实现面板搭建、数据驱动、仿真表达、支撑决策等功能，能够通过图形用户界面和接口程序应用进行点击和展示关键信息，包括数显表、曲线图、饼状图、柱状图等形式，以及视频融合、动画特效、热力值渲染等形式，对数据以及算法仿真结果进行直观表达展示。

8.4.1　流域多尺度时空场景搭建技术

数字孪生模拟仿真引擎将流域范围内 GIS 空间数据、BIM、倾斜摄影模型、激光点云数据、精细建模等多源异构数据进行融合，完成对全要素场景的建设。流域数字孪生工程全要素场景建设，根据业务应用对场景空间要素的需求，分为 L1～L3＋四个层级（流域级、工程级、设施级、零件级）进行构建。

流域级场景反映数字孪生工程所在流域上下游相关流域范围内的情况，场景建设数据来源包括高分卫星遥感影像、水利一张图矢量、30m 数字高程模型、水文地质分区等，主要是进行数字孪生工程中低精度层面上的数据场景建设，为流域汛期和非汛期的工程调度运用、防洪防凌、调水调沙等业务仿真模拟提供场景支撑（图 8.4－1）。

图 8.4－1　流域级场景

工程级场景能够反映水利工程本身范围内的情况，场景建设数据来源包括无人机遥感影像数字正射影像图数据、倾斜摄影模型、水下地形、测图卫星 DEM 等，主要是用于重点工程、重点区域的精细建模，为工程安全监测、水库库区管理等提供场景支撑（图 8.4-2）。

图 8.4-2　工程级场景

设施级数据底板能够反映水利工程内部闸门、水电站等水工建筑物设施的情况，场景建设数据来源包括水利工程设计图、工程区域无人机倾斜摄影、建筑设施及机电设备的 BIM 数据、工程区域水下地形数据等，主要是进行数字孪生工程关键局部实体场景建模，为闸门启闭智能监视、水电机组发电/停机等提供场景支撑（图 8.4-3）。

图 8.4-3　设施级场景

零件级能够反映水利工程内部重点设备的构件情况，可进行必要设备的零件级拆解，场景建设数据来源包括水利工程内部重点设备的精细化 BIM 模型数据，为设备拆解组合、设备管理、设备检修检查等提供场景支撑（图 8.4-4）。

图 8.4 - 4　零件级场景

8.4.1.1　场景生成服务

数字孪生场景的高仿真表达需要完善的场景要素、逼真的场景元素表达、丰富的数据类型以及场景渲染特效的支撑。数字孪生模拟仿真引擎提供一系列场景操作相关功能，为数字孪生平台的全要素场景建设提供场景创建、添加二维三维 GIS 空间数据、设置图层属性与图层风格、标绘对象、专题图生成等功能，满足数字孪生平台全要素场景构建的需求。

8.4.1.2　数据映射服务

流域范围的水利基础数据、水利监测数据、水利业务专题数据经过统一的数据治理，确保全要素数据的一致性、正确性，才能在数字孪生场景中实现物理世界到虚拟场景的数字映射，更加准确高效地支撑上层业务应用对场景要素的需求。

科学合理的空间要素分类编码是实现数字孪生场景数字映射的基础，通过对多源地理要素及其属性进行统一分类组织和编码，支持跨领域、多源、多时相、多尺度地理信息整合，满足数字场景要素数据整合的需求。数字孪生场景空间要素的分类编码应具有科学性、系统性、一致性、可拓展性。

要素的分类应满足：①由某一上位类划分出的下位类的总范围与该上位类的范围相同；②当某一上位类划分成若干下位类时，应选择同一划分视角；③同位类类目之间不交叉、不重复，并只对应一个上位类；④分类应从高位向低位依次进行，不应跨级。采用科学的原则与方法对流域范围空间要素进行分类编码，完成流域数字孪生场景的数字化映射。

数字孪生模拟仿真引擎需提供场景要素数字映射服务，经过统一编码将流域范围的数据底板中的各类数据，加载到数字孪生场景中，与现实世界的物理对象一一对应。水利基础数据包括流域河流水系对象的空间及属性数据、水利枢纽工程对象的空间及属性数据、水利设施设备对象的空间及属性数据、监测站点对象的空间及属性数据、库区及下游影响区等管理区域对象的数据；监测数据包括水文监测、工程安全监测、水质监测、水土保持监测、安防监控等数据；业务管理数据包括预报调度、工程安全分析、生产运营、库区管理、会商决策等业务数据；跨行业共享数据包括从上级水行政主管部门、地方人民政府及其他机构共享的数据，主要包括流域水雨情、上级部门下达的调度指令、库区和下游影响区社会经济等数据，以及有关部门共享的突发事件、生态环境、渔业、气象、航运等数据。地理空间数据包括全国水利一张图地理空间数据的基础上，采用卫星遥感、无人机倾斜摄影、激光雷达、BIM 等技术，细化构建水利工程多时态、全要素地理空间数字化映射。

8.4.1.3　可视化呈现服务

数字孪生模拟仿真引擎具备多种可视化模型，在可视化效果方面最大限度地逼近现实世界的真实现象。包括数据图表可视化模型、三维实体可视化模型、抽象信息可视化模型、业务场景可视化模型，显著提升数字孪生平台的视觉效果与真实感。数字孪生场景仿真渲染中，平台接入实时信息数据及专业模型计算成果数据，调用可视化模型，实现对流域范围大场景可视化展示，点/线/面基础矢量要素可视化、水流仿真精细模拟、泥沙冲淤变化模拟、泥沙淤积形态模拟等业务场景可视化，利用标签、折线图、饼状图、柱状图、单值专题图、分段专题图、统计专题图等多种图表展示形式对实时监测数据进行可视化图表展示（图 8.4-5），为流域库区及河道洪水演进、泥沙淤积、地质灾害、工程安全监测等业务过程提供准确的数据可视呈现及高仿真场景支撑。

图 8.4-5　可视化呈现

8.4.1.4　虚实融合服务

数字孪生模拟仿真引擎是数字孪生平台时空数据加载的内核驱动，数字孪生场景主体位于一个虚拟的三维数字地球上，数字地球具有统一的时间基准与空间基准，球面上采用经纬度进行三维实体空间定位。整个流域范围、流域水系、水利工程建筑物、重要设施设备、各类监测站点、道路、居民地等空间要素基于统一的时空基准，在流域数字孪生场景中能够直观生动地反映现实世界物理对象的空间位置与空间关系。数字孪生模拟仿真引擎支持多源异构空间数据融合，可将二维三维矢量、地形、影像等 GIS 空间数据，以及倾斜摄影模型、BIM 模型、精模等导入三维场景构建全要素数据底板，实现虚拟世界与现实世界的数字映射。将流域各类监测站点实时监测数据接入流域数字场景，调用水利专业模型、AI 模型进行分析计算，通过可视化模型对仿真效果进行渲染，实现孪生场景与物理世界的同步演进。

8.4.2 实时渲染功能

数字孪生模拟仿真引擎可提供丰富的实时渲染功能，利用平台模型库中的可视化模型及水利专业模型，在自然现象的高保真模拟中，最大可能还原现实世界的真实现象，主要包括天气效果模拟、日照变化模拟、材质体现模拟、光影效果模拟、水位变化模拟、动态泄流模拟等，对流域及流域重点工程范围的自然背景、流场动态、水利工程调度运行、水位变化、泄流变化等物理现象进行实时渲染（图 8.4-6），实现流域防洪工程的高保真场景模拟。

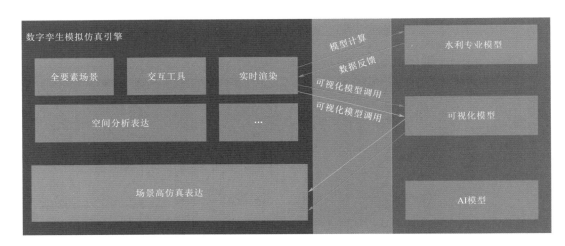

图 8.4-6 实时渲染工作流

8.4.2.1 天气效果模拟

数字孪生模拟仿真引擎可提供天气效果渲染的可视化模型，可以对流域及重点工程区域场景的多种类型天气效果进行模拟，包括晴天效果（图 8.4-7）、多云效果、阴天效果、小雨效果（图 8.4-8）、中雨效果、大雨效果、小雪效果、中雪效果、大雪效果（图 8.4-9）的实时渲染。

8.4.2.2 日照变化模拟

数字孪生模拟仿真引擎可提供日照变化效果渲染的可视化模型，对数字孪生场景一天 24 小时日照变化效果进行实时渲染，如图 8.4-10 和图 8.4-11 所示。

8.4.2.3 材质体现

数字孪生模拟仿真引擎可提供材质效果实时渲染的可视化模型，具有时周边和大坝等

图 8.4 - 7　晴天效果

图 8.4 - 8　小雨效果

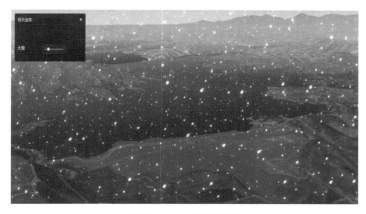

图 8.4 - 9　大雪效果

水工建筑物、主要设备设施现有材质情况的实时渲染功能，如图 8.4 - 12 所示。

8.4.2.4　光影效果模拟

　　数字孪生模拟仿真引擎可提供光影实时渲染效果，根据实际的日照变化，调用可视化

图 8.4－10　水利枢纽中午 12 时日照变化实时渲染效果

图 8.4－11　水利枢纽下午 19 时日照变化实时渲染效果

图 8.4－12　小浪底水库闸口渲染效果

模型，在场景中对建筑物、设施设备的光影效果进行实时渲染。

8.4.2.5　水位变化模拟

　　数字孪生模拟仿真引擎可提供水位变化实时渲染的可视化模型，根据水库上下游及水库水文站实际的监测的水位数据，在场景中对水位变化效果进行实时渲染，如图 8.4－13 和图 8.4－14 所示。

图 8.4－13　水位变化前

图 8.4－14　水位变化后

8.4.2.6　动态泄流模拟

数字孪生模拟仿真引擎提供动态泄流实时渲染的可视化模型，根据枢纽工程闸门开闸放水真实效果，结合泄流量数据，利用水利专业模型进行泄流数据计算，调用可视化模型对泄流效果进行展示，在数字孪生场景中进行水利枢纽动态泄流模拟，如图 8.4－15 所示。

8.4.2.7　热力图绘制

数字孪生模拟仿真引擎提供热力图生成接口，根据数字孪生平台监测感知体系采集的实时监测数据，在场景中对某一空间区域的监测数值用热力专题图形式进行可视化展示（图 8.4－16），直观展现不同区域监测信息变化的差异。

8.4.3　空间分析表达

引擎支持虚拟现实与 GIS 空间分析的有机结合，主要包括路径分析、叠加分析、淹没分析、缓冲区分析、空间统计、水库水位库容面积计算、断面分析等水利行业相关的分析计算。

图 8.4-15 泄流模拟

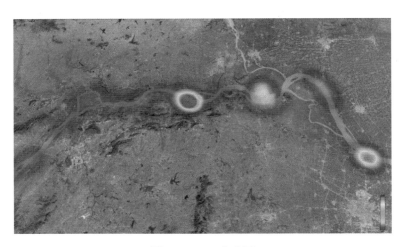

图 8.4-16 热力图

8.4.3.1 路径分析

使用道路线数据构建网络数据集，在网络数据集上进行最佳路径、最短路径、邻近节点查找、节点间的关键点和关键边查找等分析（图 8.4-17）。用户还可根据实际情况设置障碍，以达到更精准、更贴合实际的最佳路径，为防汛调度、救援路径计算提供辅助决策支撑。

8.4.3.2 叠加分析

选择不同的地理要素进行叠加分析（图 8.4-18），对比其空间关系与属性关系，获得更为丰富的地理空间信息。

8.4.3.3 淹没分析

针对复杂地形数据、水位、时间等参数条件进行淹没仿真分析（图 8.4-19 和图 8.4-20），动态模拟洪水淹没过程，更好地为研究洪水发生的时间、地域、强度和涉及范围提供及时、精确、形象和直观的预报手段。

图 8.4-17　路径分析

图 8.4-18　叠加分析

图 8.4-19　淹没分析（初期）

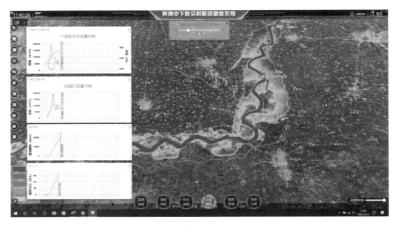

图 8.4-20 淹没分析（末期）

8.4.3.4 缓冲区分析

根据动态绘制的地理要素与设置的缓冲半径作为输入参数进行缓冲区计算（图 8.4-21），可根据缓冲区范围进行空间信息查询，增加查询效率。

图 8.4-21 缓冲区分析

8.4.3.5 空间统计

提供空间统计分析功能，分析地理要素的空间分布形态，主要任务包括：汇总某类要素空间分布的关键特征、标识具有统计显著性的聚类（热点/冷点）和空间异常值、评估聚类或分散的总体模式、对空间关系进行建模。

8.4.3.6 水库水位库容面积计算

根据选择的矢量面裁剪 DEM 数据，计算不同水位条件下水面与下垫面的体积，得到库容曲线（图 8.4-22）。

8.4.3.7 断面分析

根据矢量河流线（或其他研究线）、数字高程模型（DEM）进行断面分析，提取河道纵横断面的高程、起点距、坐标等数据。

图 8.4 - 22　库容曲线计算

8.5　水利模型智能计算与可视化仿真技术

可视化模型主要采用三维仿真技术，以时间和多维多尺度时空数据为输入，以实时渲染画面为输出，构建水利工程周边自然背景（如不同季节白天黑夜、不同量级风雨雪雾、日照变化、光影、水体等背景）可视化渲染模型，工程上下游流场动态可视化拟态模型（如库尾、坝前、坝下、溢洪道等重点区域），水利机电设备操控运行模型（如发电机组开启、关闭、停机状态），水利工程监测与安全运行模型等，能够基于真实数据，实现对枢纽、库区、厂区的真实可视化仿真模拟。

可视化模型利用数字孪生地球的数据管理与可视化技术，实现流域级大场景与设备级精细场景的无缝融合、海量数据资源的高精度高性能可视化，并结合数字孪生流域可视化模型的应用场景，设计具有逼真渲染效果的光照模型。可视化模型可实现以下特性：

（1）具有流域级仿真能力与海量数据集成能力。通过利用数字孪生地球的数据管理与可视化技术，能够实现全球任意范围、海量数据资源的高效仿真。通过对接上级系统，调用流域数据，对小浪底水库上下游乃至整个黄河流域的实时状态进行大场景可视化展示，充分满足在调度运用、防洪防凌、调水调沙等方面的运用需求。

（2）具有无缝融合的细节表现能力。可视化模型既可以渲染宏大开阔的流域场景，又可以展示设备零部件的局部细节，而所有级别的要素均应在同一个场景下进行表现，即整个工程仅包含一个数字孪生环境，所有的模拟仿真均在这一个环境下进行。通过运用多层次实时渲染技术，实现流域全貌大场景到设备细节的无缝融合渲染。

（3）具有真实感的水体表现能力。构建多数据因子联合驱动的水体可视化模型，精确控制水体关键位置的流速、流向、水位、色彩、透明度等属性，并构建相应的逼真渲染算法，实现可数据驱动的逼真水体渲染。对于水库放水等场景，可通过仿真技术进行重点表现，实现具有欣赏价值的可视化场景。

（4）具有物理材质特性的视觉表现能力。通过构建基于物理的材质着色模型，对水利工程、机电设备等物理实体，根据其几何、颜色、纹理、材质等本体属性，以及光照、温度、湿度等环境属性，进行光照计算，逼真模拟出物体的视觉特征。

（5）具有抽象信息可视化表达功能能力。对实体属性、概要信息等抽象数据，应根据其数据特点，实现直观数据可视化，应支持点、线、面等基础矢量元素可视化，动态图标、动态流场线等动态效果可视化。

8.5.1　水利工程周边自然背景可视化渲染模型

主要实现水利工程周边自然背景（如不同季节白天黑夜、不同量级风雨雪雾、日照变化、光影等背景）的可视化渲染，包括日月运动和天气状态可视化模型。

8.5.1.1　光照状态可视化模型

模型输入为时间；模型输出为太阳、月亮的光线，场景光照阴影变化。

为实现真实的光照效果，场景光照基于天体运行规律进行计算。给定任意时刻，精确计算该时刻对应的太阳、月亮方位，模拟真实的光照环境及光影变化，整个场景的昼夜更迭、光照变化等仿真均与真实世界完全一致（图8.5-1～图8.5-3）。

图8.5-1　模拟的中午效果

图8.5-2　模拟的傍晚效果

图 8.5-3 模拟的夜晚效果

8.5.1.2 四季环境可视化模型

模型输入为时间，模型输出为不同季节对应的植被状态。

环境随季节变化呈现出不同的景观效果，根据其变化特点，尤其是植被景观的变化，构建由时间驱动的四季环境可视化模型，逼真模拟环境的季节变化特征（图 8.5-4～图 8.5-7）。

图 8.5-4 模拟的春季效果

图 8.5-5 模拟的夏季效果

图 8.5 - 6　模拟的秋季效果

图 8.5 - 7　模拟的冬季效果

8.5.1.3　天气状态可视化模型

模型输入为气象信息；模型输出为大气云层、不同量级风雨雪雾、场景积水积雪效果。

能够根据风、云、雨、雪、雾等气象数据，实现相应的天气效果仿真。大气云层通过体积云技术进行构建，可以从太空、地面等多种视角进行浏览（图 8.5 - 8）；风主要通过动态流场进行可视化，并可在场景中对植被、旗帜等产生影响；雨、雪主要以粒子系统进行可视化，并对场景的积水、积雪效果进行仿真（图 8.5 - 9 和图 8.5 - 10）；雾的效果通过环境光照技术实现，根据不同量级对孪生场景的能见度进行控制。

8.5.2　工程上下游流场动态可视化模型

主要实现流域水库工程调度运行过程的可视化，以模型计算及实测的水位、流量过程为输入，通过可视化模型实现库区及下游河道水流过程动态可视化呈现。调度运行过程可视化模型主要包括以下模型。

图 8.5-8　地面视角的云层仿真

图 8.5-9　模拟的积雨效果

图 8.5-10　模拟的积雪效果

8.5.2.1　水库库区淹没状态可视化模型

模型输入为水库水位、高精度数字高程模型；模型输出为水库库区淹没状态。

在高精度数字高程模型的基础上，给定库水位，精确模拟库区淹没过程（图8.5-11）。

图8.5-11　水库库区淹没状态

8.5.2.2　水库泄洪状态可视化模型

模型输入为水库各泄洪、排沙洞的闸门开度、流量、含沙量；模型输出为水库洞群泄流过程仿真。

根据水库闸门开闸放水的历史数据及其对应的真实效果，结合各泄洪、排沙洞的闸门开度、流量、含沙量，在场景中渲染体现，进行动态泄流模拟（图8.5-12）。

图8.5-12　闸口泄流仿真模拟

8.5.2.3　工程上下游流场动态可视化拟态模型

模型输入为由三维网格、关键断面等形式表示的水流运动速度、方向、水位、含沙量等信息；模型输出为流场动态拟态渲染。

模型可由水体网格、关键断面等数据构建由流动粒子表示的水体流场，形象地模拟工程上下游的流场动态。粒子具有拖尾效果，可表示其在一定时间内的运动轨迹，并可通过轨迹长短直观表示粒子的运动速度（图8.5-13）。根据粒子的水位、含沙量等信息对粒子或流体表面进行着色，全面展示流场动态信息。针对库尾、坝前、坝下、溢洪道、库区等重点区域，可根据需要构建高精度立体流场，能够展示水体的分层运动。

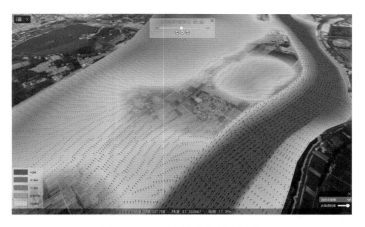

图 8.5-13　流场动态拟态渲染

8.5.2.4　异重流排沙调度可视化模型

模型输入为由三维网格或光滑粒子、关键断面等形式表示的泥沙运动速度、方向、高程等信息；模型输出为泥沙分层运动效果。

模型可由光滑粒子流、关键断面数据等提取泥沙表面，统一转换为泥沙表面三维网格。通过对水下环境进行可视化仿真，模拟真实的泥沙分层运动，实现不同水沙情景下的异重流全过程仿真。用户可直接控制镜头穿透水面，浏览水下泥沙运动情景（图 8.5-14和图 8.5-15）。

图 8.5-14　水面透视效果

8.5.3　机电设备检修维护模型

机电设备操作运行可视化模型，可以实现水利机电设备操控运行过程的可视化模拟（如发电机组开启、关闭、停机状态）。

模型输入为时间参数、机电设备操控运行指令；模型输出为驱动机电设备实体模型按指令运行，通过控制 BIM 模型状态可视化模拟机电设备运行状态。

图 8.5 - 15　水下泥沙运动

8.5.4　工程安全状态可视化模型

可数据驱动的工程安全状态可视化模型，对监测环境进行可视化模拟，能输入根据实测及预报的监测数据，可视化输出工程安全状态。

8.5.4.1　工程安全状态可视化模型

模型输入为工程 ID，时间；模型输出为可视化输出工程安全状态。

通过工程运行状态、工程实时监测数据、预报监测数据与工程 BIM 模型之间的动态耦合关系，根据输入工程 ID、时间参数，模拟该工程在此时间内的运行状态，实现对工程安全监测动态、直观、高效、精准管控。

8.5.4.2　山体滑坡可视化模型

模型输入为滑坡体 ID、时间、监测及预测数据；模型输出为可视化输出滑坡体变形状态。

针对库区安全场景中滑坡体变形、山体滑坡等过程的模拟仿真可视化，基于滑坡体地质结构模型、破坏模式、分级滑动、影响范围、灾变效应等系统分析结果，对滑坡体进行区块化处理，根据滑坡体不同部位监测数据与滑坡变形过程仿真模型进行实时数据交互，实现包括滑动范围、变形量、破坏形态的同步精准仿真，真实还原地质灾害体的动态发展过程；此外，基于滑坡中短期预测预警模型的计算结果，对滑坡体各工况、多场景模式下进行预测模拟，实现滑坡体全生命周期过程的可视化仿真功能（图 8.5 - 16）。

8.5.5　洪水演进动态可视化技术

8.5.5.1　洪水演进动态渲染

洪水演进动态渲染主要根据洪水数值模拟模型的计算结果（水深、水位、流速、流向等），在三维场景中进行建模和动态驱动，直观逼真地展示洪水的动态演进过程。

洪水演进三维模型具有网格面数高、数据更新频繁的特点，为提高实时渲染性能，需要充分利用图形处理单元高性能并行计算的优势，本书将核心渲染算法全部在 GPU 端实

图 8.5 - 16　滑坡可视化仿真模拟

现，实现洪水演进的高性能动态渲染。

GPU 的基本数据处理流程如图 8.5 - 17 所示。将洪水演进结果数据编码为洪水网格的顶点属性信息，并传入 GPU，仅在洪水状态发生变化时修改属性信息，从而减少 CPU 与 GPU 之间的数据传输。根据不同的可视化形式，在 GPU 端执行相应的着色器程序。

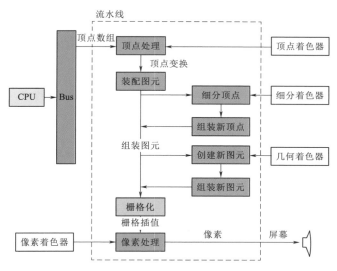

图 8.5 - 17　GPU 的基本数据处理流程

1. 逼真纹理渲染

逼真纹理渲染主要涉及水面的几何波动与颜色计算。在洪水演进结果数据的基础上，将洪水纹理、法线贴图、光照参数、视点方向等数据传入 GPU，进行着色渲染。

水面的几何波动可由多个正弦波混合叠加进行模拟，对于单个正弦波，有

$$W(x,z,t) = A \cdot \sin(D \cdot (x,z) \cdot \omega + t \cdot \varphi) \tag{8.5-1}$$

式中：(x,z) 为水平面上的一点；t 为时间；A 为振幅；D 为运动方向；ω 为频率；φ 为相位。

将多个正弦波进行混合，即可得到水面顶点随时间变化的高度函数：

$$H(x,z,t) = \sum(A_i \cdot \sin(D_i \cdot (x,z) \cdot \omega_i + t \cdot \varphi_i)) \tag{8.5-2}$$

式中：i 为正弦波的编号。

水面光照计算主要对水面的反射效果进行模拟，能够反射周边环境背景、对光源（主要为太阳光）进行高光反射，并对水面反射的菲涅尔效应进行模拟。根据 Bruneton 等提出的水面微面元的双向反射分布函数（bidirectional reflectance distribution function，BRDF）模型，从视点和光源方向均能看见微面元的概率为

$$q(\zeta,v,l) = \frac{p(\zeta)\ \max(v \cdot f,0)\ H(l \cdot f)}{(1 + \Lambda(a_v) + \Lambda(a_l))\ f_z \cos\theta_v} \mathrm{d}^2\zeta \tag{8.5-3}$$

$$p(\zeta) = \frac{1}{2\pi\sigma_x\sigma_y}\ \exp\left(-\frac{1}{2}\left(\frac{\zeta_x^2}{\sigma_x^2} + \frac{\zeta_y^2}{\sigma_y^2}\right)\right) \tag{8.5-4}$$

$$a_i = (2(\sigma_x^2\cos^2\varphi_i + \sigma_y^2\sin^2\varphi_i)\tan\theta_i)^{-1/2}, i \in \{v,l\} \tag{8.5-5}$$

式中：v 为视点方向的单位向量；l 为光源方向的单位向量；f 为微面元的法线；f_z 为微元面的法线在 z 轴上的分量；θ_v 为 v 或 l 与水面法线的夹角；φ_i 为 v 或 l 在水面上的投影向量与 x 轴的夹角；ζ 为微元面斜率；p 为高斯分布函数；Λ 为史密斯阴影因子；H 为 Heaviside 函数；ζ_x 为微面元在 x 方向的斜率；ζ_y 为微面元在 y 方向的斜率；σ_x 为 x 轴的倾斜度；σ_y 为 y 轴的倾斜度。

水面 BRDF 可以表示为从视点方向和光源方向均能看见斜率为 ζ_h 的微面元的概率与菲涅尔系数的乘积：

$$brdf(v \cdot h) = \frac{q(\zeta_h,v,l)F_r(v \cdot h)}{4h_z^3\cos\theta_l v \cdot h} \tag{8.5-6}$$

$$F_r(v \cdot h) \approx R + (1-R)(1 - v \cdot h)^5 \tag{8.5-7}$$

式中：v 为视点方向的单位向量；h 为视点方向单位向量和光源方向单位向量之间的半角向量；h_z 为向量 h 在 z 轴上的分量；F_r 为菲涅尔系数；R 为光线垂直入射时的菲涅尔系数。

则水面反射光源的颜色为

$$I_{\mathrm{sun}} \approx L_{\mathrm{sun}}\Omega_{\mathrm{sun}}p(\zeta_h)\frac{R + (1-R)(1 - v \cdot h)^5}{4h_z^4\cos\theta_v(1 + \Lambda(a_v) + \Lambda(a_l))} \tag{8.5-8}$$

式中：L_{sun} 为光源辐射度；Ω_{sun} 为光源立体角。

对水面周围环境的反射，可创建虚拟相机对周边环境进行实时渲染，得到实时更新的环境贴图。为了提高性能，也可直接使用静态天空盒作为环境贴图。环境反射的颜色为

$$I_{\mathrm{sky}} = \mathrm{tex2Dlod}(L,u(v,0)f_{\mathrm{distort}})f_{\mathrm{tint}} \tag{8.5-9}$$

式中：I_{sky} 为环境反射的颜色；tex2Dlod 为着色器语言中的二维纹理采样函数；L 为环境

贴图；u 为贴图坐标；$f_{distort}$ 为贴图坐标扭曲参数；f_{tint} 为最终颜色的校正参数。

　　最后，将光源反射颜色和环境反射颜色进行简单叠加混合，即可得到最终的水面颜色。通过上述对 BRDF 模型进行的适当简化，可在保持光照效果的同时，有效提升渲染性能，水面逼真纹理渲染效果如图 8.5 - 18 所示。

图 8.5 - 18　水面逼真纹理渲染效果

2. 动态流场渲染

　　描述洪水态势的关键信息主要包括流向、流速、水深等，为了增强对这些关键数据信息的可视化展示，可采用动态流场形式进行渲染。水面使用渐变颜色表示水深，使用箭头表示洪水的流动，箭头的方向和长短分别表示洪水的流向和流速。动态流场渲染算法在 GPU 中的计算流程如图 8.5 - 19 所示。

　　通过利用动态流场渲染技术，可以直观、形象地表现洪水演进过程中的流速和流向情况（图 8.5 - 20）。

3. 淹没信息等值面渲染

　　将洪水网格各顶点的最大淹没水深、洪水到达时间、淹没历时、最大流速以及相应的颜色梯度图传至 GPU，然后在顶点着色器中根据不同淹没信息计算对应的顶点颜色，并在片元着色器中根据顶点颜色直接绘制最终的栅格颜色，渲染效果如图 8.5 - 21 所示。

8.5.5.2　异分辨率场景融合

　　云河地球引擎支持高精度地形的实时渲染，分辨率可达厘米级，而洪水演进数值计算模型通常采用几米至几百米不等的分辨率。在实际应用中，由于地形数据源不一致、网格简化等原因，洪水计算网格分辨率与三维场景基础地形分辨率可能存在较大差异，这会导致洪水模型在三维场景中的遮挡关系异常，进而影响洪水淹没场景的完整展示。如图 8.5 - 22 所示，部分洪水网格被地形遮挡。

　　针对上述情况，可采用地形动态融合和图形贴地渲染两种方法解决。

　　利用云河地球的多源地形融合功能，实时读取洪水数值模型的地形，并与三维场景基础地形进行动态融合，可以实现地形变化的动态仿真。如图 8.5 - 22（b）所示，将洪水

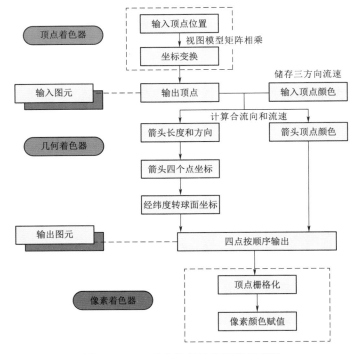

图 8.5 - 19　动态流场渲染流程示意图

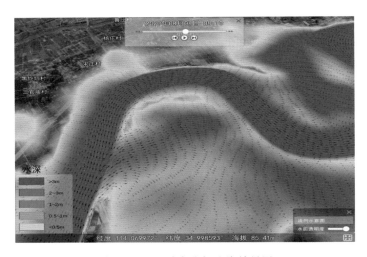

图 8.5 - 20　动态流场渲染效果图

演进过程进行地形动态融合后，能够清晰准确地显示原始洪水网格。

　　基于云河地球的动态贴地渲染功能，可以将洪水演进动画在地形表面进行渲染。该功能可将图标、标签、线、多边形、模型等任意图形要素，直接动态渲染到卫星影像上，进而实现任意图形要素的动态贴地表达。

8.5.5.3　时空要素动态联动

　　洪水演进过程通常具有一些关联的动态过程，如闸门启闭调度、溃堤等。将这些过程

(a) 最大淹没水深

(b) 洪水到达时间

(c) 淹没历时

(d) 最大流速

图 8.5-21 淹没信息等值面渲染效果图

以时间为驱动联动起来,可以定制生成更加复杂丰富的洪水演进动态过程。

　　基于云河地球的时空数据管理功能,实现水库调度的动态联动。定义水库对象 ReservoirObject,每个 ReservoirObject 包含 ID、名称、时间、水库水位、水库蓄量、入库流量、出库流量等属性。当多个 ReservoirObject 具有同一个 ID 时,视为同一对象在不同时间的状态,将其添加到云河地球场景管理器中,当时间发生变化时,引擎读取对象的当前属性或根据需要进行插值,并将属性值实时映射到三维对象中,驱动虚拟对象同步运转。

8.5.5.4 时空要素动态联动

　　实时交互查询是三维可视化技术的重要组成部分。针对洪水演进动态可视化的应用场景,主要交互需求为:当鼠标指向洪水的任意位置时,可以显示当前的洪水淹没信息(如

（a）地形融合前 （b）地形融合后

图 8.5-22 地形动态融合前后效果对比

水深、流速等）。

目前常用的空间坐标计算方法主要有两种：基于 CPU 的射线相交检测法和基于 GPU 的离屏渲染着色法。

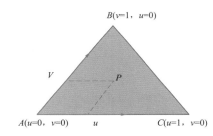

图 8.5-23 三角形 ABC 内的任意点 P

射线相交检测法首先将鼠标位置转换为世界空间坐标系下的射线，然后分别与场景中的物体网格进行相交测试，锁定相交的三角面，进而计算相交点的属性信息。如图 8.5-23 所示，点 P 为三角形 ABC 内任意一点，那么点 P 的任意属性（如水深、流速等）均可由三角形的重心坐标公式［式（8.5-10）］求得。当场景较为精细、几何复杂度较高时，该算法会进行大量的网格遍历，过程十分耗时，进而会产生非常明显的实时交互卡顿。

$$P = A + u \cdot (C - A) + v \cdot (B - A) \quad (8.5-10)$$

$$u = \frac{(\overrightarrow{AB} \cdot \overrightarrow{AB})(\overrightarrow{AP} \cdot \overrightarrow{AC}) - (\overrightarrow{AB} \cdot \overrightarrow{AC})(\overrightarrow{AP} \cdot \overrightarrow{AB})}{(\overrightarrow{AC} \cdot \overrightarrow{AC})(\overrightarrow{AB} \cdot \overrightarrow{AB}) - (\overrightarrow{AC} \cdot \overrightarrow{AB})(\overrightarrow{AB} \cdot \overrightarrow{AC})} \quad (8.5-11)$$

$$v = \frac{(\overrightarrow{AC} \cdot \overrightarrow{AC})(\overrightarrow{AP} \cdot \overrightarrow{AB}) - (\overrightarrow{AC} \cdot \overrightarrow{AB})(\overrightarrow{AP} \cdot \overrightarrow{AC})}{(\overrightarrow{AC} \cdot \overrightarrow{AC})(\overrightarrow{AB} \cdot \overrightarrow{AB}) - (\overrightarrow{AC} \cdot \overrightarrow{AB})(\overrightarrow{AB} \cdot \overrightarrow{AC})} \quad (8.5-12)$$

离屏渲染着色法将三维对象的 ID、UV 等属性信息编码为颜色，直接绘制到离屏缓存中，然后根据鼠标的屏幕坐标读取相应的颜色值，进而解码为具体的属性信息。该算法降低了场景复杂度的影响，但需要对洪水网格绘制两遍，性能仍不理想。

基于云河地球的架构特点，采用查表法进行坐标计算。由于云河地球每帧均会计算鼠标点的经纬度坐标，可由该坐标构建区域对照表，直接定位到目标区域，然后对区域内的少量三角面进行包含判断，得到相交三角面，最后运用重心坐标公式［式（8.5-10）］计算得到鼠标点的属性信息。该方法仅需要进行少量计算，即可精确计算最终结果，能够较好满足实时交互查询的应用需求。交互查询计算流程如图 8.5 - 24 所示。

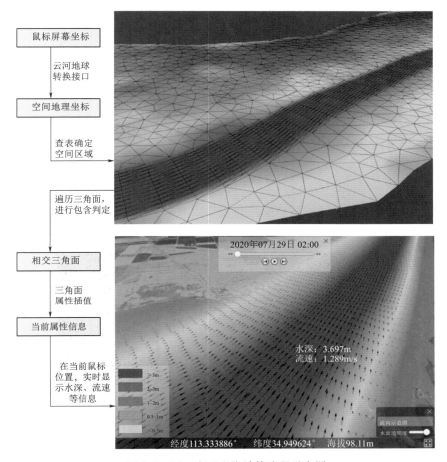

图 8.5 - 24　交互查询计算流程示意图

8.6　云河地球平台

　　云河地球平台（简称"云河地球"）是黄河勘测规划设计研究院有限公司近 20 年专注三维 GIS 及仿真技术在水利行业应用研究的基础上，紧密结合水利工程应用管理的特点，通过虚拟现实底层技术开发的全球三维 GIS 软件平台。云河地球的创建，可为大型调水工程的调度运行管理、流域或区域防汛调度管理、水资源调度管理等提供智能化决策支持环境。

　　云河地球在底层技术上采用 GPU 与 CPU 混合编程技术，充分发挥 GPU 在并行计算及 CPU 在线性控制方面的性能，从底层开发搭建了具有 VR 及三维 GIS 功能的全球三维数字地球环境。

　　云河地球采用数字地球的方式组织管理水利大数据资源，可在普通计算机上流畅加载TB 级别的影像、地形或矢量数据，形成一个分布式水利大数据应用管理平台。平台可集成 BIM、倾斜摄影、数学模型等功能，构建 GIS＋BIM＋VR＋数学模型数字孪生环境，实现水利工程全生命周期运行维护管理。

云河地球不但完全具备高度优化的传统三维 GIS 功能，如地形影像的加载、矢量数据编辑、模型加载、GIS 分析等，还有大量的创新工具，如不限精度的自由地形编辑、地形与模型的相互转换、所见即所得的线性工程编辑、基于流体力学计算的水流模拟演进等，实现数字地球与数字水利的有机融合。

8.6.1 云河地球功能特点

根据水利行业应用需求，并结合数字孪生地球技术发展趋势，云河地球划分为数据获取、数据处理、服务发布、数字孪生地球引擎、渲染引擎、二次开发、终端应用等部分。云河地球融合了三维仿真技术上 20 余年的技术积累，基于最新的图形处理硬件与实时渲染技术，实现了高性能三维地理信息系统与高品质实时渲染技术的深度融合。云河地球具有如图 8.6-1 所示的技术特色。

图 8.6-1　云河地球的技术特色

图 8.6-2　海量优质数据源

（1）海量优质数据源。云河地球内置了海量的优质数据源（图 8.6-2），包括黄河流域高清卫星影像、SRTM 30 米地形、ETOPO1 全球海底地形、黄河流域水利工程倾斜摄影模型、水利地图服务（基础地理数据、水利基础空间数据和水利业务专题数据等）和地理实体数据（政区、境界、道路、河流实体、房屋等实体的数据信息）等。

（2）高性能多源数据融合。云河地球支持卫星影像、数字高程模型、矢量图形、手工精模、倾斜摄影、BIM、粒子系统、动态水面、场数据等多源异构数据的动态融合与加载（图 8.6-3），利用具有专利技术的空间数据高性能调度管理算法，能够高效承载海量空间数据，为用户提供极佳的操作体验。

（3）全时空一体化管理。云河地球采用全时空一体化管理（图 8.6-4），从宏大开阔

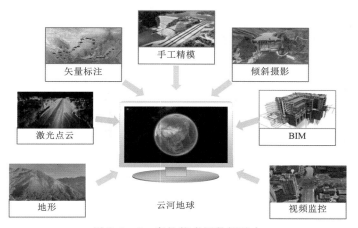

图 8.6-3　高性能多源数据融合

的流域场景，到设备零部件的局部细节，从室外到室内，从地上到地下，从历史回溯到实时仿真，再到未来预演，全都在一个场景中，具有多尺度时空场景的无缝融合渲染能力。

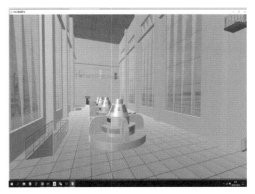

图 8.6-4　全时空一体化管理

（4）可视化地形编辑技术。可视化地形编辑技术是云河地球为满足水利业务需求开发的特色功能（图 8.6-5），通过矢量图形、画笔画刷等方式直观便捷地对地形进行编辑处理，可用于生成渠道、水库、大坝、大堤、湖泊、河流等工程，实现水利数字场景的快速构建。

图 8.6 - 5　可视化地形编辑技术

（5）水利数学模型动态可视化技术。云河地球支持洪水演进、水库联合调度、水资源管理等水利数学模型的交互式动态仿真，支持多形式水体仿真，包括逼真水面渲染、动态流场渲染、淹没信息等值面渲染等；支持多模型联动仿真，通过对水利数学模型的自定义编排，实现水利场景可视化的自由配置；支持实时交互式查询，可在仿真过程中实时显示任意点的水位、水深、流速等信息（图 8.6 - 6）。

图 8.6 - 6　水利数学模型动态可视化技术

（6）水利专业计算分析。云河地球具有针对水利行业应用的高精度量算工具，包括水位库容关系曲线、洪水淹没统计分析、水域边界提取等（图 8.6 - 7），能够以可视化的方式直接在数字化场景中进行量算分析。

图 8.6 - 7　水利专业计算分析

（7）可拓展渲染引擎技术。云河地球不仅具有从硬件图形接口自主研发的底层渲染引擎，而且能够将第三方渲染引擎以插件方式集成到云河地球中（图 8.6 - 8），实现 Unreal Engine、Unity、Cesium 等场景资源的无损导入，渲染效果一致，性能更加高效，将各引擎的优势集于一体。

集成第三方渲染引擎　　　　　　　　　　高品质渲染引擎

图 8.6 - 8　可拓展渲染引擎技术

（8）面向数字孪生应用的全工具链技术支撑。云河地球平台包括数据下载器、网络服务器、可视化场景编辑器、二次开发工具包等（图 8.6 - 9），提供从数据获取、数据处理，到场景编辑、二次开发、应用发布等全流程的产品服务，满足数字孪生应用的高效搭建与部署。

（9）跨平台场景及应用。云河地球支持桌面端、网页端、移动端等多终端一体化展示，提供跨平台通用的场景构建技术，一个场景，多端浏览与交互；提供跨平台一致的二次开发接口，一套代码，多端应用与服务（图 8.6-10）。

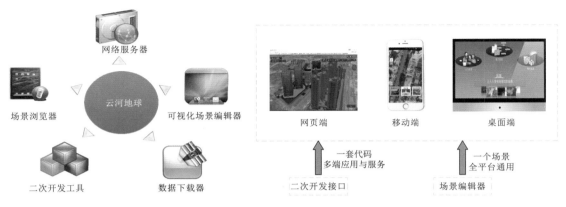

图 8.6-9 面向数字孪生应用的
全工具链技术支撑

图 8.6-10 跨平台场景及应用

（10）完全自主可控、任意功能定制。云河地球由黄河勘测规划设计研究院有限公司自主研发，具有完全自主知识产权，掌握底层核心技术，能够根据需求进行任意功能定制，实现应用的持续迭代升级。

8.6.2 基于云河地球数字孪生流域场景构建

云河地球采用 2000 国家大地坐标系（China geodetic coordinate system 2000，CGCS2000）椭球参数构建高精度数字孪生地球，与真实世界空间完全一致，可实现在数字空间下的精确仿真与空间分析；采用数字地球的方式组织管理水利大数据资源，可在普通计算机上流畅加载 TB 级别的影像、地形或矢量数据，形成一个分布式水利大数据应用管理平台。平台可集成 BIM、倾斜摄影、数学模型等功能，构建 GIS＋BIM＋VR＋数学模型的流域数字孪生环境。云河地球场景编辑平台如图 8.6-11 所示。

图 8.6-11 云河地球场景编辑平台

8.6.2.1 流域数字孪生场景构建

云河地球可以集成不同精度的数字底版，形成多分辨率无缝融合的全流域场景。如黄河流域数字孪生场景建设，全流域采用 L1 级数据底板，黄河干流、中下游主要支流等重点河段及东平湖滞洪区、水土流失严重地区、黄土高原侵蚀沟道集中分布区等重点区域 L2 级数据底板，龙羊峡、刘家峡、万家寨、小浪底、下游堤防、涵闸等重点水利工程采用 L3 级数据底板，形成满足不同需求的数字孪生场景。云河地球构建的水库工程、调水工程、下游堤防数字孪生场景如图 8.6-12～图 8.6-14 所示。

图 8.6-12 云河地球构建的水库工程数字孪生场景

图 8.6-13 云河地球构建的调水工程数字孪生场景

图 8.6-14 云河地球构建的下游堤防数字孪生场景

8.6.2.2　基于云河地球的水旱灾害防御场景构建

在数字孪生场景中实时接入水文、水资源、水土保持、水利工程等监测感知、视频监控数据、遥感监测数据和业务管理数据，共享流域内各省区居民点、人口、交通、能源等跨行业数据，形成满足不同业务需求的流域数字孪生业务场景。洪水灾害是一种严重威胁人民生命财产安全的自然灾害，如何在虚拟仿真环境下，对洪水演进进行数值模拟与可视化研究，能够直观反映洪水的动态淹没情况，为预警预报、辅助决策和防灾减灾提供技术支撑，具有重要的社会意义和经济意义。近年来，国内外学者对洪水演进可视化的研究取得了一定进展。美国 Memphis 大学通过构建城市模型，对城市洪水演进过程进行了二维可视化研究。房晓亮等以 Skyline 二次开发接口为基础并结合洪水风险图的特性，提出了一种三维洪水风险图可视化系统构建方法。田林钢等基于 SuperMap 软件设计开发了洪水演进动态可视化系统，能实时监测查询河道淹没点，淹没范围等情况。刘成塑等基于 OpenScene-Graph 搭建三维 GIS 环境，进而实现洪水过程的三维动态推演。Kilsedar 等在开源三维 GIS 平台 CesiumJS 中构建了城市三维建筑模型，并对城市洪水过程进行了可视化展示。

目前对洪水演进可视化的研究主要是对数值模拟计算结果的简单表达，表现方式不够直观、信息融合能力较弱、缺少实时交互查询。云河地球平台利用其高效的大场景三维动态渲染能力构建流域基础仿真环境，重点研究实现洪水演进多形式的动态可视化技术，直观、形象地展示洪水演进动态过程。

数字孪生防汛系统建设，首先要建设数字孪生防汛场景，核心是实现不同水流"四预"系统的建设，洪水演进可视化可以直观反映洪水的动态淹没情况，对防汛工作具有重要意义。基于云河地球的三维可视化技术，研发一套适于洪水演进动态展示的可视化仿真方法。通过逼真纹理渲染、动态流场渲染、淹没信息等值面渲染等多种表现形式，对洪水演进的时空变化特征进行可视化呈现与交互式表达，并在黄河中下游实时防洪调度系统中进行应用。结果表明，该技术能够形象逼真地表达洪水的动态演进过程、淹没范围、淹没水深等信息，为防洪决策提供直观可靠的参考。

8.6.3　云河地球应用展望

云河地球提出了一套适用于洪水演进动态展示的可视化仿真方法。利用云河地球平台构建基础地理环境，将洪水演进过程在虚拟仿真环境下进行建模和动态展示，能够更加直观高效地反映洪水动态过程和淹没损失情况。

基于云河地球研究了逼真纹理渲染、动态流场渲染、淹没信息等值面渲染等多种洪水表达形式，从不同角度对洪水演进的关键特征进行可视化表现。然后，针对洪水演进可视化中存在的主要问题（包括异分辨率场景融合、时空要素动态联动、实时交互查询等），提出了相应的技术方案。技术成果具有较好的通用性和可扩展性，能够适用不同的河网水动力演进模型，可以表现任意时间、任意区域的洪水演进。将云河地球应用于黄河中下游实时防洪调度系统中，实际应用结果表明，云河地球可视化方法表达直观、运行高效稳定，可为洪水灾害的预防和抢险救灾提供理论依据和决策支持。

第9章

智慧防汛系统研发及应用

9.1 研究现状

"十四五"期间水利系统高质量发展的主要目标是建设数字孪生流域，建设"2+N"水利智能业务应用体系，建成智慧水利体系 1.0 版。防洪"四预"应用即流域防洪领域预报、预警、预演、预案四个方面的应用，数字孪生技术是防洪"四预"应用区别于传统水利信息化应用的重要技术手段之一，也是近些年来各个领域研究的热门技术之一。数字孪生技术在防洪领域已经有了初步的应用，也是防洪"四预"应用的重要支撑技术，因而对相关技术进行研究十分必要。但由于数字孪生技术是新兴技术，其涉及技术领域广，相关技术也正在同步快速发展，同时防洪"四预"应用领域的数字孪生技术研究也存在一定难度。目前来说，防洪"四预"应用领域的数字孪生技术还处于概念阶段，其内容框架、技术边界及建设标准尚待进一步完善，比如数字孪生流域建设的内容和标准还不够明确。另外，数字孪生技术在防洪"四预"领域的具体应用尚不充分，目前数字孪生技术在流域实时监测、洪水场景虚拟仿真方面有一定的应用，在调度控制、智能决策等方面的应用尚需进一步研究和发展。

黄委在国家防汛抗旱指挥系统和已建中下游数字孪生黄河数据底板的基础上，运用数字孪生、仿真模拟等信息技术，整合水情、沙情、雨情、工情、灾情等信息，定制中下游洪水灾害防御数字化场景，升级洪水预报与调度功能模块，初步建设预警功能模块，开展预演功能模块建设、数字化预案建设，支撑预案的智能化管理，实现了黄河中下游防洪"四预"功能；初步搭建了防洪"四预"业务平台（图 9.1-1）。根据降雨预报、洪水预报，调用生成的水库、蓄滞洪区调度方案，利用洪水演进模型计算结果进行预演，为黄委防汛会商工作提供从气象预报、预警、水雨情实时监测、水雨情预报、水工程调度、洪水演进、工程视频监视、工程出险抢险、物资保障、防汛工作部署等多维度会商内容等的交互和管理。

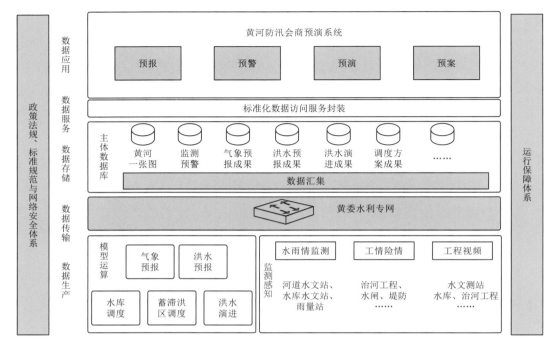

图 9.1-1　数字孪生黄河防汛"四预"平台架构

长江委按照数字孪生流域构建主要内容，结合长江流域水工程防洪联合调度现实需求及已有建设基础，以防洪调度为目标，数字孪生长江建设关键要素包括：数据建设、模型建设（即基于物理机理和数据驱动的模型开发）、知识平台建设（即工程调度规则及其引擎、多目标优化等知识的应用）、数字孪生平台建设（即标准组件式搭建及其流程技术）、基于 GIS+BIM 的 VR 动态展示技术等。数字孪生长江的构建充分利用流域机构已有气象水文预报决策支持平台和模型技术，重点补充其在数据、算力、智能等方面的短板。水工程防灾联合调度应用系统作为数字孪生长江的技术雏形，初步实现了智慧化模拟与精准化决策的功能，并在 2020 年流域性大洪水中发挥了重要技术支撑作用。以防洪为示范应用的数字孪生长江建设总体框架如图 9.1-2 所示。

淮河水利委员会结合流域防洪"四预"试点，探索了数字孪生流域的构建方法。融合集成遥感数据、高精度 DEM 数据、山洪灾害调查评价数据、小流域下垫面数据、经济社会发展数据等多源多尺度数据，结合王家坝闸等重点防洪工程高分辨率倾斜摄影数据制作BIM 模型，初步搭建了淮河正阳关以上区域数字孪生流域。采用 SpringCloud 微服务架构，研发了适用于 UOS 操作系统的淮河正阳关以上区域洪水预报调度一体化系统，实现了洪水"四预"的全链条在线协同、动态交互、实时融合和仿真模拟。基于最新高精度DEM 数据，采用 GPU、CPU 并行计算加速技术，整个区域模拟计算和展示时间可由先前数小时缩短至 2min 以内，大幅提升计算效率，基本实现了正阳关以上区域洪水实时预报和快速精细化演示。采用可视化示踪技术，对水流方向、流量大小变化过程进行了动态展示，在部分区域展现了数字流场的概念和视觉效果，直观反映了王家坝洪水态势及蒙洼

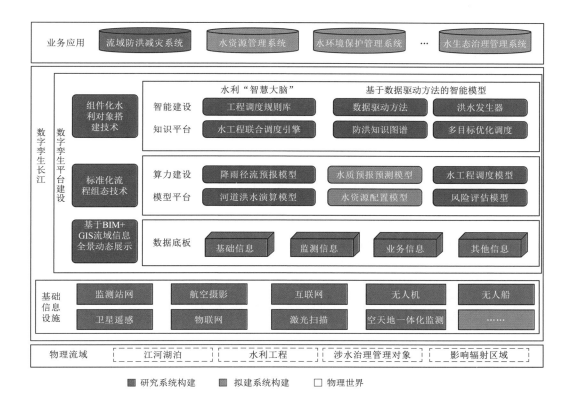

图 9.1-2　以防洪为示范应用的数字孪生长江建设总体框架图

蓄洪区分洪过程。但流域防洪"四预"业务功能有待完善，防洪调度决策方案自动化和智能化水平有待提高，需要不断补充完善方案、预案库和专家经验库，提升"四预"智慧化水平。

海河水利委员会组织技术人员，系统整编有关资料，开拓创新，采用最新技术方法推进永定河"四预"智慧防洪系统建设，在此基础上探索构建流域智慧防洪体系。永定河"四预"智慧防洪系统以"数字孪生、数据循环、场景可视、应用协同、智能模拟、精准防御"为目标，提出了依托"一数一码一孪生，一图一屏一流程"六大支撑体系，实现了数字化场景下的洪水模拟，建立了流域防洪"四预"工作模式，将智慧防洪技术应用于流域防洪工作中。永定河防洪"四预"系统技术路线如图 9.1-3 所示。

珠江水利委员会充分利用已开展的国产化改造成果，重点开展三维可视化、模型评价、知识图谱构建等关键技术研究和集成。在技术选取方面，优先考虑国产自有技术应用，充分发挥其扩展性强、部署灵活、跨平台等优势，探索大数据、AI算法、知识图谱等新技术在态势分析、风险预警、安全评估、防洪调度等业务场景中的深度应用。根据流域水利信息化建设成果和应用需求，选取西江干流大藤峡以下至思贤滘河段，围绕防洪抗旱、水资源管理与调配业务，探索数字孪生珠江先行先试工作，初步构建数字孪生平台和防洪"四预"（预报、预警、预演、预案）功能（图 9.1-4）。

松辽水利委员会建设了嫩江、第二松花江、松花江干流、东辽河、西辽河、辽河干

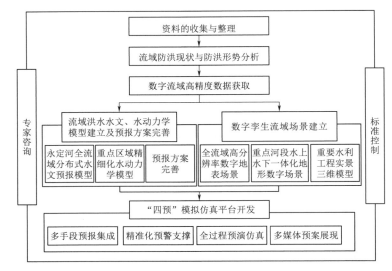

图 9.1-3　永定河防洪"四预"系统技术路线图

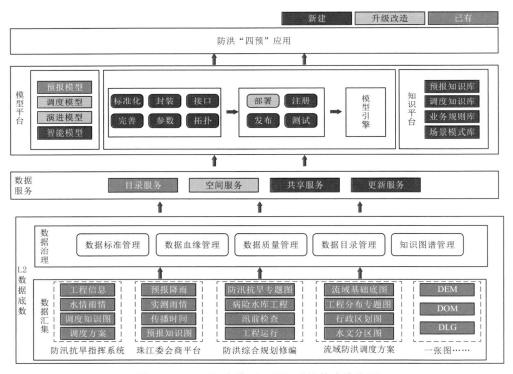

图 9.1-4　西江防洪"四预"系统技术路线图

流、浑太河和洮儿河等重要支流，以及胖头泡、月亮泡蓄滞洪区等重点区域的 L2 级数据底板；集成了尼尔基、察尔森、丰满、白山等重点水利工程和重点区域的 L3 级数据底板；整合了水文水资源、水灾害、水利工程、水生态等数据，共享气象、自然资源、经济社会、生态环境等流域相关数据，构建了松辽流域数字化场景。松辽流域防洪"四预"的实现是在松辽委国家防汛抗旱指挥系统二期工程、松辽流域国家水资源监控能力建设（二期）等现有资源的基础上，以数字孪生松辽平台为支撑，以水旱灾害防御为业务核心，建设具备预报、预警、预演、预案功能的综合业务平台（图9.1-5）。

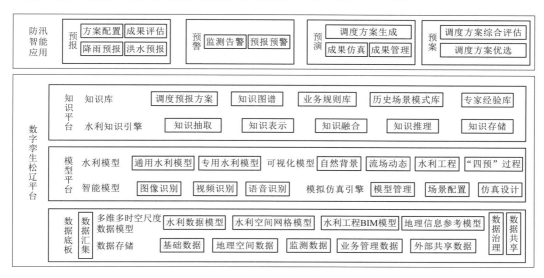

图9.1-5　数字孪生松辽防洪应用总体框架

9.2　小禹智慧防汛系统

小禹智慧防汛系统是人工智能、大数据、GIS、5G等技术在防汛业务中的成功探索，系统建设以防汛智能机器人应用为核心，针对防汛过程多变、决策复杂、管理任务繁重、涉及知识面广等特点，通过多源数据资源深度融合，结合实时监测、预警预报，深入挖掘水、雨、工情历史数据，研判汛情态势，预测灾害发展趋势，开发了基于情景分析、态势判别的智能决策支持系统，为防汛调度指挥提供了科学有效的决策支持服务。

9.2.1　系统架构

通过对海量多源数据的汇集分析，搭建了包含基础数据库、水情数据库、雨情数据库、工情数据库、空间数据库的防汛全域数据底座；通过集成语音识别、语义分析、数据挖掘、深度学习等人工智能技术，构建了包含语音服务、数据服务以及地图服务三个基础支撑平台；在此基础上，完成了以语音查询为核心交互手段，包含综合查询、智能预警、智慧分析等功能，面向手机、平板、智能机器人等多类型终端的小禹智慧防汛系统，系统总体架构如图9.2-1所示。

9.2.2　基础服务

9.2.2.1　语音服务

梳理水利防汛业务涉及内容，将专业词汇、防汛句式进行分类、提取、整理为能够满

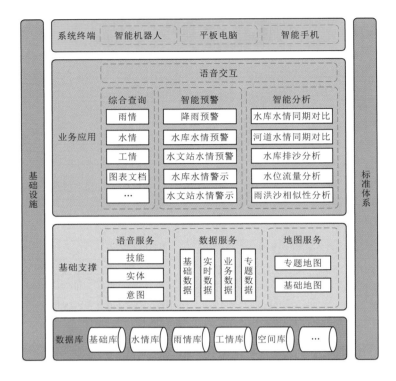

图 9.2-1 小禹智慧防汛系统总体架构图

足语音识别的知识源，形成语音知识图谱。在语音知识图谱的基础上，基于科大讯飞 AIUI 平台，根据黄河防汛业务特点，优化实体、意图、技能构建，实现模糊问、精确答的水利防汛语音智能问答体系。语音服务平台总体架构如图 9.2-2 所示。

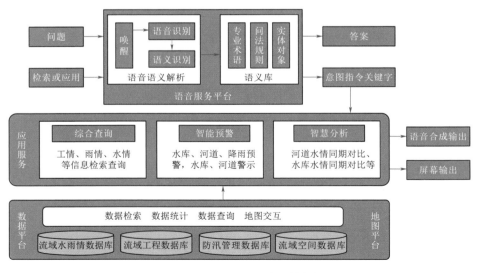

图 9.2-2 语音服务平台总体架构图

在语音服务平台总体架构的基础上，完成语音控制平台框架及流程的设计与实现，并提供语音唤醒功能，为系统的全功能智能问答提供语音服务基础支撑。

9.2.2.2　数据服务

搜集整理防汛相关数据资源，设计建设防汛基础数据库、实时数据库、业务数据库等专题数据库。设计开发满足语音问答、综合查询、预警警示、智慧分析等系统功能的各类数据接口服务，提升工程防汛数据支撑能力。数据服务平台功能架构如图 9.2-3 所示。

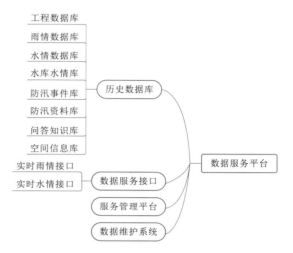

图 9.2-3　数据服务平台总体架构图

9.2.2.3　地图服务

结合防汛业务需要，接入或建设包括基础底图、专题地图等二维地图服务。

基础底图分为两种形式：全要素基础底图和图层可控基础底图。全要素基础底图指所有基础地理要素（包括居民地、交通、水系、地名点等）作为一张图切片发布，所有基础要素全部显示。图层可控基础底图是指根据要素类别，将要素按照等分类分层发布，用户可对图层进行开关，以实现图层自由组合显示。

专题地图是在基础底图的基础上通过叠加不同水利专题要素制作的不同专题的电子地图。专题地图可以根据需求进行定制，如水文站分布图、降雨等值面图等。

9.2.3　系统功能

9.2.3.1　语音问答

如图 9.2-4 所示，点击"话筒"图标，显示"小禹已唤醒"提示信息后即可进行语音问答。目前系统云端知识库已入库的知识类型包括水利知识、水库、河道、雨情、图表、文档等内容。

图 9.2-4　系统主界面—语音问答

1. 水利知识

语音问答例句："968 洪水（情况）？"

"（什么是）汛限水位？"

2. 水库

（1）基本情况。

语音问答例句："小浪底（水库）简介？"

"小浪底（水库）基本情况？"

（2）特征属性。

语音问答例句："小浪底（水库）特征属性？"

"小浪底（水库）汛限水位？"

（3）库容曲线。

语音问答例句："小浪底（水库）库容曲线？"

（4）水库水情。

语音问答例句："小浪底（水库）实时水情？"

"小浪底（水库）最新入库流量？"

"小浪底（水库）昨日出库流量？"

3. 河道

（1）基本情况。

语音问答例句："花园口（水文站）简介？"

"花园口（水文站）基本情况？"

（2）水文特征。

语音问答例句："花园口（水文站）水文特征？"

（3）设计洪水。

语音问答例句："花园口（水文站）设计洪水？"

（4）河道水情。

语音问答例句："花园口（水文站）实时水情？"

"花园口（水文站）当前流量？"

"花园口（水文站）昨日流量？"

4. 蓄滞洪区

（1）基本情况。

语音问答例句："东平湖（滞洪区）简介？"

"东平湖（滞洪区）基本情况？"

（2）水位库容曲线。

语音问答例句："东平湖（滞洪区）水位库容曲线？"

（3）蓄滞洪区图。

语音问答例句："东平湖（滞洪区）图？"

（4）蓄滞洪区水情。

语音问答例句："东平湖（滞洪区）实时水情？"

"东平湖（滞洪区）当前水位？"

"东平湖（滞洪区）昨日水位？"

5. 雨情

语音问答例句："（黄河流域）实时降雨情况？"

"黄河流域降雨情况？"

6. 图表

语音问答例句："黄河（流域）图？"

"小浪底工程布置图？"

"小浪底水库泄流曲线？"

语音问答正确识别后，系统自动打开所选图表内容（非"综合查询—图表文档"

模块）。

7. 文档

语音问答例句："（打开）小浪底（水库）调度方案。"

"（打开）小浪底（水库）调度运用计划。"

"（打开）防凌值班报告。"

"（打开）防汛抗旱动态。"

"（打开）会议纪要。"

语音问答正确识别后，系统自动打开所选文档内容（非"综合查询—图表文档"模块）。

8. 文字搜索

当语音识别出现误差或未返回正确结果时，可以采用文字输入问答内容，进行关键词匹配搜索（图 9.2－5）。

9.2.3.2 综合查询

综合查询功能包括通过语音问答或触屏交互两种方式实现对防汛业务中所关注的雨情、水情、工情、水库、蓄滞洪区等各类工程的重要防汛特征指标、历史防汛数据、防汛图表、调度文档进行多源数据综合检索及统计分析。"综合查询"界面如图 9.2－6 所示。

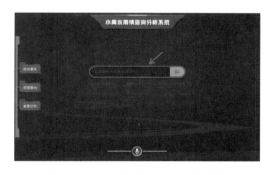

图 9.2－5 系统主界面—文字搜索   图 9.2－6 "综合查询"界面

1. 雨情

雨情查询通过 GIS 地图方式展示黄河流域实时降雨、全国实况降雨、全国降雨预报等相关信息。

（1）黄河流域实时降雨。通过 GIS 地图方式展示黄河流域累计 1h、6h、12h、24h、48h、72h 以及自定义段的降雨等值面及雨情统计信息。在 GIS 地图中，可选择并点击某个具体站点，查看该雨量站的详细降雨情况。

（2）全国实况降雨。通过后台自动抓取并展示中央气象台最近 1h、6h、24h 全国降水量实况图，并可采用轮播的方式动态展示降雨区域变化过程。

（3）全国降雨预报。通过后台自动抓取并展示中央气象台最新 24h、48h、72h、96h、120h、144h 全国降水量预报图。

2. 水情

河道水情查询主要通过 GIS 地图和列表两种方式展示黄河流域各河道水情断面的实

时水情和历史水情等相关信息。在 GIS 地图和列表中可选择某个具体的河道站进入河道站详情页面。河道站详情页面内的功能如下：

（1）基本情况。水文站基本情况包含：水文站简介、水文特征、设计洪水和历史洪水四类数据，如图 9.2-7～图 9.2-10 所示。

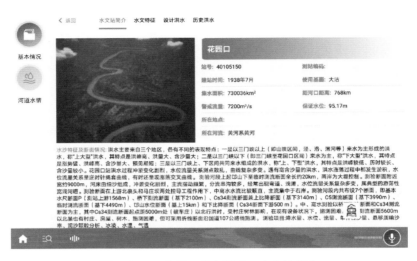

图 9.2-7　水情—基本情况—水文站简介

图 9.2-8　水情—基本情况—水文特征

历史洪水—历史套汇可根据历史发生洪水的年份对多站进行历史套汇展示（图 9.2-11）。

（2）河道水情。河道水情包括实时水情、近期水情、多站流量、历年洪峰四部分内容。

3. 工情

工情界面标记了险工、控导、防护坝、堤防、涵闸在地图上的位置，可以通过点击地图上各个数据位置查看其详细信息（图 9.2-16）。

图 9.2 – 9　水情—基本情况—设计洪水

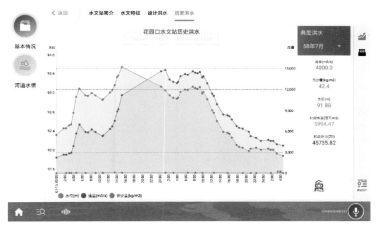

图 9.2 – 10　水情—基本情况—历史洪水

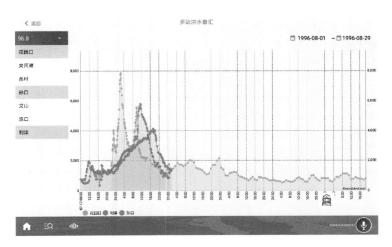

图 9.2 – 11　水情—基本情况—历史洪水—历史套汇

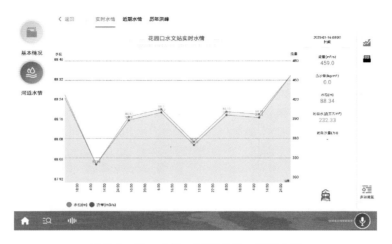

图 9.2-12　水情—河道水情—实时水情

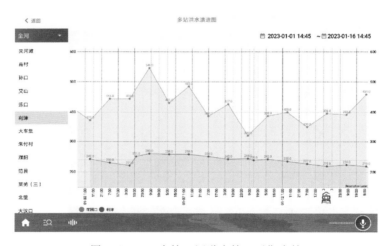

图 9.2-13　水情—河道水情—近期水情

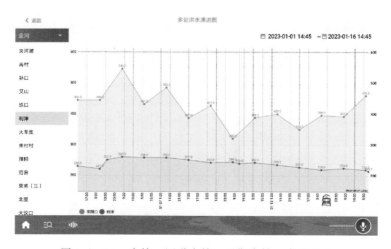

图 9.2-14　水情—河道水情—近期水情—多站流量

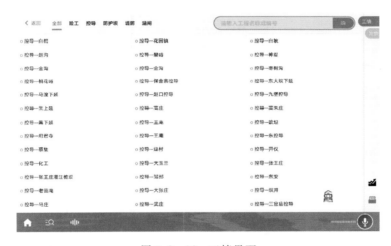

图 9.2 - 15　水情—河道水情—历年洪峰

图 9.2 - 16　工情界面

4. 水库

水库查询主要通过 GIS 地图和列表两种方式展示黄河流域主要水库工程相关信息。在 GIS 地图和列表中可选择某个具体的水库进入水库详情页面。水库详情页面内的功能如下：

（1）基本情况。基本情况包括水库简介、水库特性、库容曲线，如图 9.2 - 17～图 9.2 - 19 所示。

（2）水库水情。水库水情包括实时水情、历史水情、历年特征（极值），如图 9.2 - 20～图 9.2 - 22 所示。

5. 蓄滞洪区

蓄滞洪区查询主要通过 GIS 地图和列表两种方式展示黄河流域蓄滞洪区相关信息。在 GIS 地图和列表中可选择某个具体的蓄滞洪区进入详情页面。蓄滞洪区详情页面内的功能如下：

图 9.2-17 水库—基本情况—水库简介

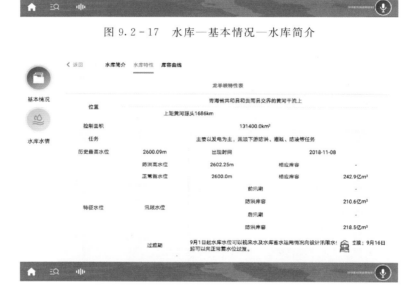

图 9.2-18 水库—基本情况—水库特性

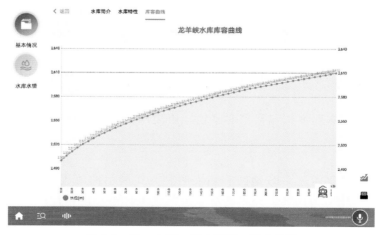

图 9.2-19 水库—基本情况—库容曲线

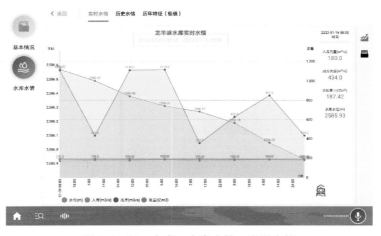

图 9.2-20　水库—水库水情—实时水情

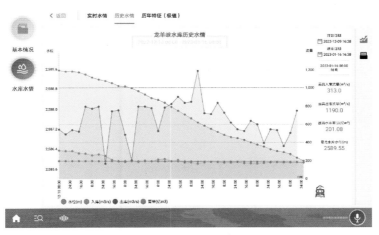

图 9.2-21　水库—水库水情—历史水情

年份	最高水位		最大入库		最大出库	
	时间	水位(m)	蓄量(亿m³)	时间	流量(m³/s)	时间	流量(m³/s)

龙羊峡水库历年极值　　　　　　　　按年份

年份	最高水位			最大入库		最大出库	
	时间	水位(m)	蓄量(亿m³)	时间	流量(m³/s)	时间	流量(m³/s)
2023	2023-01-01 08:00	2587.33	192.64	2023-01-02 08:00	190	2023-01-12 08:00	1115
2022	2022-01-01 08:00	2595.11	222.88	2022-07-25 08:00	1300	2022-04-26 08:00	1200
2021	2021-01-01 08:00	2598.3	235.83	2021-07-04 08:00	1800	2021-09-04 08:00	1100
2020	2020-10-27 14:00	2600.9	246.61	2020-07-10 08:00	0	2020-07-04 14:00	2620
2019	2019-10-19 14:00	2600.34	244.27	2019-12-31 08:00	0	2019-07-08 17:00	3297
2018	2018-11-08 08:00	2600.09	247.32	2018-12-31 08:00	0	2018-07-07 02:00	2868
2017	2017-11-28 08:00	2591.5	215.51	2017-12-31 08:00	0	2017-12-31 08:00	0
2016	2016-11-22 08:00	2578.28	170.56	2016-12-31 08:00	0	2016-12-31 08:00	0
2015	2015-01-01 08:00	2586.94	195.4	2015-12-31 08:00	0	2015-12-31 08:00	0
2014	2014-11-03 08:00	2589.85	209.57	2014-05-23 08:00	545	2014-05-23 08:00	616
2013	2013-01-01 08:00	2592.79	220.17	2013-12-23 08:00	204	2013-12-23 08:00	598
2012	2012-11-04 08:00	2596.3	233.08	2012-12-31 08:00	0	2012-12-31 08:00	0
2011	2011-11-19 08:00	2588.06	203.24	2011-12-31 08:00	0	2011-12-31 08:00	0
2010	2010-01-01 08:00	2591.47	215.4	2010-12-31 08:00		2010-12-31 08:00	

图 9.2-22　水库—水库水情—历年特征（极值）

（1）基本情况。基本情况包括蓄滞洪区简介、水位库容曲线、蓄滞洪区图，如图9.2-23和图9.2-24所示。

图9.2-23 蓄滞洪区—基本情况—蓄滞洪区简介

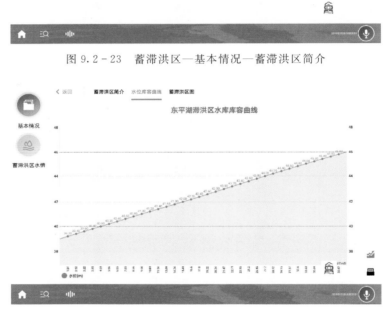

图9.2-24 蓄滞洪区—基本情况—水位库容曲线

（2）蓄滞洪区水情。蓄滞洪区水情包括实时水情（图9.2-25）、历史水情。

6. 防汛部署

防汛部署信息分为会商纪要、明传电报、防汛简报、调度指令、防汛抗旱动态五大类（图9.2-26），点击信息分类可查看文档信息列表及文档详情。

7. 预案方案

预案方案信息分为国家级方案、委级预案、委属单位预案、水库预案、历史预案、基础资料六大类图9.2-27，点击信息分类可查看文档信息列表及文档详情。

8. 图表文档

图表文档信息分为工作用图、历史洪水、防汛知识三大类（图9.2-28），点击信息分类可查看文档信息列表及文档详情。

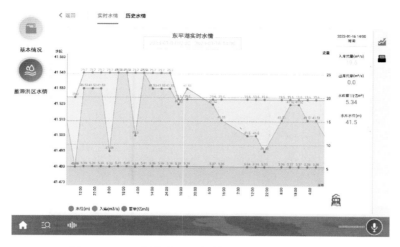

图 9.2 - 25 蓄滞洪区—蓄滞洪区水情—实时水情

图 9.2 - 26 防汛部署

图 9.2 - 27 预案方案

图 9.2-28　图表文档

9.2.3.3　预警警示

　　采用 GIS 地图结合列表方式，实现黄河流域雨情、水库及水文站水情信息的实时监视、变幅警示、超限告警及汛情分析；按照其相关区域不同的阈值进行后台自动对比判断，并将水库预警、河道预警、水库警示及河道警示信息实时推送到用户端展示。

　　预警警示实现相关区域内降雨、水库及河道水位流量的实时监视、变幅警示及超限告警；按照其相关区域不同的阈值进行计算判断，将降雨预警、水库预警、河道预警、水库警示及河道警示信息结果定时推送到机器人 App 应用，并且可以让用户查看近期的预警警示信息，如图 9.2-29 所示。降雨预警、水库预警、河道预警、水库警示及河道警示功能均采用 GIS 图和列表两种方式对预警警示站点进行综合展示。

图 9.2-29　智能值班功能展示

1. 河道预警警示

　　该功能针对黄河流域内的河道水文站进行预警，一般情况下是在实时流量、水位超过水文站警戒流量、警戒水位的时候进行告警，在水文站水位、流量变幅过大时进行警示。该功能可以展示出各个河道水文站的水情信息，其中包括河道水文站的实时流量、实时水位、超警戒流量、超警戒水位等信息，并且在 GIS 地图上展示各个预警水文站的基本信息和闪烁的图标。

2．水库预警警示

该功能是针对黄河流域内的水库水情进行预警，水库一般情况下是在实时水位超过水库汛限水位的时候进行预警，实时水位变幅过大时进行警示。该功能可以展示出各个预警水库的水情信息，其中包括水库实时水位、汛限水位、超过汛限水位等信息，并且在 GIS 地图上展示各个预警水库的基本信息和闪烁的图标。

9.2.3.4 智慧分析

系统提供水库水情同期对比、河道水情同期对比、雨洪沙相似性分析等智慧分析功能。系统可根据历史、实时或预报结果，通过空间分析、指标筛选、情景匹配、机器学习等方法，从庞大的历史过程中查找到最符合当前情况的降雨、洪水和水库运用过程实例，并将信息推荐给决策者，辅助决策者在极短的时间内提出科学有效的应对方案。系统同时还支持任意范围、任意历史过程的相似情景的分析，为防汛决策提供高效的支撑。智慧分析功能如图 9.2 - 30 所示。

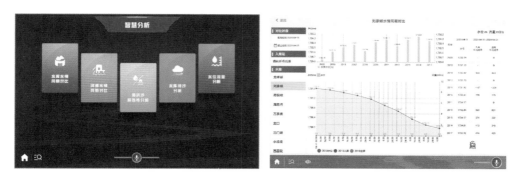

图 9.2 - 30　智慧分析功能展示

1．河道水情同期对比

河道水文站、水位站、潮位站的水位、流量是反映河道实时水情的最重要指标。采用数理统计法统计当年与历史不同年份中对比时段内水文站、水位站、潮位站的水位、流量等指标的均值，并以柱状图和表格方式进行展示，同时还可将选定年份与当前年份水位、流量变化过程线进行绘制以对比分析。通过对比分析近期与历史不同年份相同时期的水位、流量指标，可以反映河道水情与历史同期系列相比的丰枯变化情况，可以筛选出水情相似年份，为当前防汛抗旱形势的分析提供支撑，为水库、闸泵等水工程调度方案的制定提供参考。

2．水库水情同期对比

水库的库水位、入库流量、出库流量是反映水库实时水情的最重要指标。采用数理统计法统计当年与历史不同年份中对比时段内水库水位、入库流量、出库流量等指标的均值，并以柱状图和表格方式进行展示，同时还可将选定年份与当前年份水位、流量变化过程线进行绘制以对比分析。通过对比分析近期与历史不同年份相同时期的库水位、入库流量、出库流量指标，可以反映水库水情与历史同期系列相比的丰枯变化情况，可以筛选出水情相似年份，为水库的当前防汛抗旱形势的分析提供支撑，为水库调度方案的制定提供参考。

3. 雨洪相似性分析

暴雨洪水演变过程中的规律，往往是以相似性的特征在历史场次洪水资料中重复出现。在防洪调度的各个阶段，有效利用历史上相似场次暴雨洪水的发生、发展和演化信息，研究相似性暴雨洪水的特性并进行快速有效的分析表达，对指导实时洪水的预报和调度具有重要意义。

雨洪相似性分析功能根据实时或预报结果，通过空间分析、指标筛选、情景匹配、机器学习等方法，从庞大的历史过程中查找到最符合当前情况的降雨和洪水过程实例，并将信息推荐给决策者，让决策者在极短的时间内提出科学有效的应对方案。同时还支持任意范围、任意历史过程的相似情景的分析，为防汛决策提供高效的支撑。

9.2.4　系统特色

（1）集成了语音识别、语义分析、深度学习等人工智能技术，针对防汛专业词汇及日常句式进行了有针对性的优化训练，构建了水利特征语音库，针对防汛业务所关注的各类问题搭建了防汛问题意图识别知识库，建立了基于防汛业务的语音问答系统，实现了防汛水文数据、空间数据、工程数据等信息的快速查询和智能问答，具有模糊问精确答、回答形式多样化、语音调用外部系统的特点。

（2）基于空间知识图谱、大数据分析、图形识别技术，建立了雨洪沙相似性分析系统。采用全要素信息的空间拓扑关系，引入人脑渐进性思维方式，应用距离系数法对暴雨特征指标进行匹配分析，首次提出应用图像识别技术对降雨图斑数据进行相似性分析，从海量历史数据中挖掘与当前降雨相似的历史暴雨洪水信息，实现了对当前汛情发展趋势的预估。

（3）基于防汛知识数据挖掘和规律分析，研发防汛相关数学模型库，构建了黄河防汛云知识平台，实现了防汛业务功能的智慧分析。采用面向服务和动态知识构建的设计理念和智能管理模式，研发了适用于防汛智能机器人等多终端、多用户的防汛专业应用。

9.2.5　应用情况

小禹智慧防汛系统目前已在黄委水旱灾害防御局、三门峡水利枢纽管理局等部门部署应用。在 2021 年防御黄河新中国成立以来最严重秋汛洪水期间，通过本系统实时跟踪雨水情势、分析不同量级洪水河道演进规律，实现了防汛信息快速精准查询、汛情智能分析推送，大大提升了工作效率，让整个调度方案的形成更加便捷、高效，防汛智能化应用取得初步成效。

9.3　小禹雨洪沙相似分析系统

9.3.1　系统架构

通过深入整合长序列的降雨和水文数据，小禹雨洪沙相似性分析系统构建了一个全面而精细的数据底座，包括降雨数据库、河道水情数据库、测站基本信息库以及空间拓扑关系库等关键信息。在此基础上进一步建立了 GIS 服务、数据服务及样本数据管理服务等一系列基础服务，基于 GIS 空间雨量分布和产汇流关系，构建多维属性的指标体系，集成基于图像处理、机器学习以及图像检索的雨洪沙相似性分析技术，研发了基于降雨特征参数的相似性分析模型和基于雨量图斑学习的相似性分析模型，实现伊洛河、沁河等黄河流域 13 个支流的实时暴雨洪水与历史暴雨洪水的智能化相似性分析，推选出与实际暴雨洪水条件相似的流域历史场次暴雨洪水，并将过程在空间环境下进行直观的表现，为防汛抗旱工作提供有力的数据对比和参考。小禹雨洪沙相似性分析系统按照业务功能分类主要包括实时监测、历史分析、样本库管理三个子功能，系统总体架构图如图 9.3-1 所示。

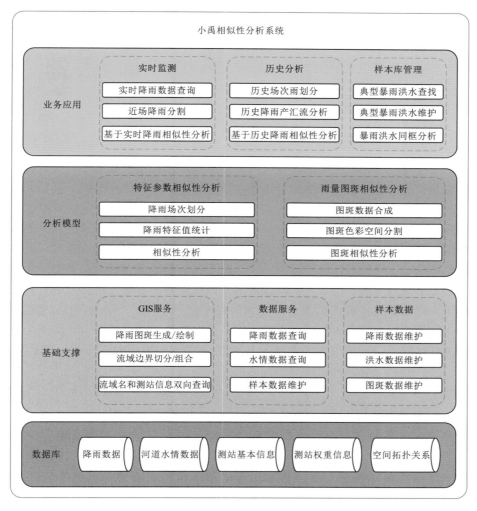

图 9.3-1　小禹雨洪沙相似性分析系统总体架构图

9.3.2　业务流程图

在小禹雨洪沙相似性分析系统中，数据预处理和数据分析是两个至关重要的核心流程。这两个模块共同负责将业务库中记录的原始数据进行有效处理，通过将这些数据传输给不同的模型，并经过各个模型的精细处理，从而获得多样化的数据结果，整个数据交换过程紧密相连，每个环节都起着至关重要的作用。

1. 数据预处理

数据预处理是确保雨水情数据库中降雨数据能够准确转化为场次降雨数据的关键步骤。

在此过程中，用户首先可从系统预置的黄河流域的流域列表中选定需要分析的流域对象，GIS平台将自动确定所选流域内所辖的雨量站点，并通过对各站点空间位置关系及基本信息的深入分析计算，为每个站点分配相应的权重系数。对于所选流域，系统已预设了模型计算的默认参数，用户也可根据实际情况或个人经验对模型参数进行手动调整，以满足特定分析需求。这些可调整的参数包括场次雨间隔、降雨阈值、相似雨总雨量容差等。其中，场次雨间隔是模型判断降雨开始和结束的重要依据。例如：当此参数设置为"1"时，模型将认为降雨开始或结束前后1天无降雨的情况即为一场降雨的结束；若参数为2，则模型将认为降雨的开始和结束时间间隔为2天，以此类推。降雨阈值则是模型用于判定降雨等级的关键指标。例如：当此参数设置为10.0时，模型仅将雨量站所记录的逐日降雨数据中大于或等于10.0mm的数据视为满足模型计算条件的降雨数据。相似雨总雨量容差决定了模型在判定相似雨的条件时，原形雨与待比较的场次雨之间的总雨量相对差值范围。此参数的设定将直接影响相似雨场次的查找结果，为用户提供了更加灵活和精确的分析手段。通过这一系列的参数设置和调整，数据预处理能够确保降雨数据得到精确且有效的处理，为后续的数据分析提供可靠的基础。

当模型计算所需的数据源和相关参数准备完毕后，通过相似性分析模型，可以精确地得出指定流域在给定时间范围内的降雨场次。对于每一场降雨，模型都会提供详尽的计算结果，包括降雨持续时间、面雨量、时段降雨量以及降雨中心等关键特征参数，这些由模型计算得出的降雨数据将被传输至GIS平台。在GIS平台中，平台将利用先进的算法和技术，为每场降雨生成降雨等值面的影像数据。这些影像数据直观展示了降雨的空间分布和强度，为后续基于降雨图斑的相似性分析提供了重要的模型输入数据，具体流程见图9.3-2。

2. 数据分析

数据分析功能是在数据预处理的基础上，对GIS平台基于相似性分析模型输出的场次降雨的降雨等值面形成的雨量图斑数据进行深入分析。用户可选择某一场特定的场次降雨作为分析对象，此时，模型会利用前期数据预处理生成的降雨图斑，与降雨图斑库中的数据进行详尽比选。通过这一比选过程，模型能够最终识别出与选定场次雨在降雨图斑上较为相似的历史降雨情况。这一功能为后续对选定降雨的雨情分析或降雨后的产汇流分析提供了历史上发生的真实参考数据。通过参考这些相似的雨水情过程，用户可以更全面地了解选定降雨的特征和可能产生的影响，为相关决策提供有力支持。同时，这也为深入研究降雨规律、优化防洪减灾措施等方面提供了重要的科学依据，具体流程见图9.3-3。

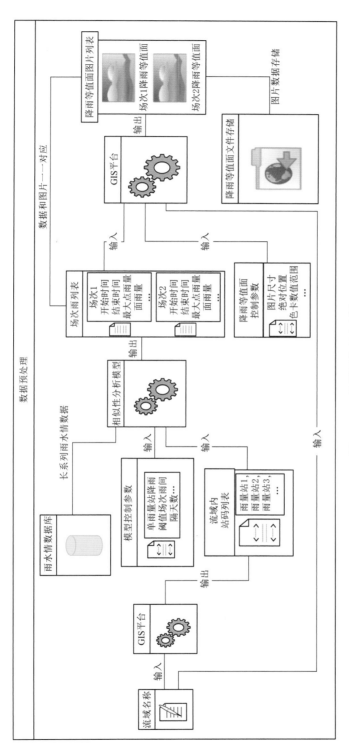

图 9.3 - 2 数据预处理流程图

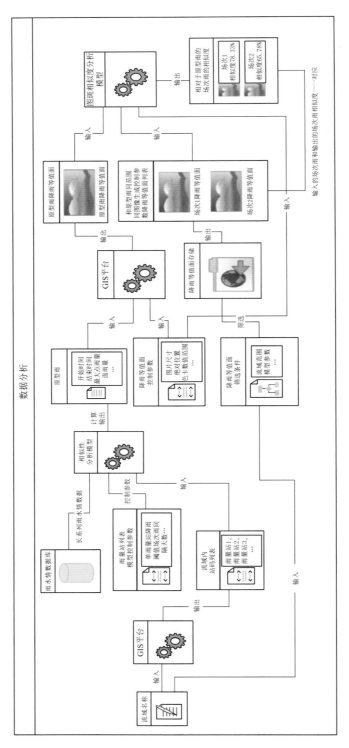

图9.3-3 数据分析流程图

9.3.3　系统功能

9.3.3.1　实时监测

1. 模块功能

实时监测模块是后台伺服模块，系统默认在后台不断进行降雨形势判断，如果符合降雨条件自动进行相似性分析，最终把确定的结果推送给用户。功能包括数据实时获取与整编、定时触发、自主分析计算、结果动态展示、消息实时推送五个部分，系统自动触发时间为每天上午 10 时。实时监测模块主要作为后端服务运行，无须用户干预，即可定期针对当前实时滚动降雨信息进行相似性分析计算，然后自动向用户发送预警结果。

2. 主要流程

首先获取 13 个支流的实时雨量数据，然后通过后台系统判断目前的降雨形势是否满足系统运行的触发条件，如果满足就自动确定降雨范围，提取该范围的当前时间段的降雨场次，并以该场次降雨为原型降雨，进行相似性分析计算，根据计算结果自动筛选最相似的降雨过程，并展示出该场降雨的产洪和产沙过程，流程如图 9.3 - 4 所示。

（1）实时数据获取与更新。根据提供的雨量站实时降雨接口，通过每天定时触发的更新程序进行数据更新和整编入库。

（2）在线分析触发条件设置。根据黄河流域上中下游降雨特性设置在线分析触发条件，可设置多组，如：

雨量：100mm；面积：5000km^2；时段：24h。

雨量：200mm；面积：5000km^2；时段：48h。

雨量：……；面积：……；时段：……。

（3）时段暴雨区域触发。若时段暴雨区域多处满足条件，则根据降雨面雨量的大小进行顺序计算。

（4）确定相似性分析区域范围。时段暴雨区域 1 处于子流域 A 范围内，则相似性分析区域 1 范围为子流域 A；时段暴雨区域 1 与子流域 A、子流域 B、子流域 C 均相交，则相似性分析区域 1 范围为子流域 A＋B＋C。

注：如时段暴雨区域 1 与子流域 C 相交面积／时段暴雨区域 1 面积小于 5％时，则相似性分析区域 1 范围为子流域 A＋B。

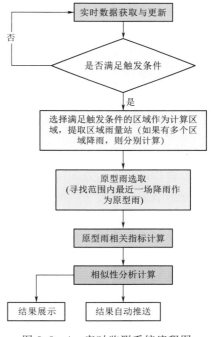

图 9.3 - 4　实时监测系统流程图

检查相似性分析区域 1 与时段暴雨区域 2 是否相交，如不相交则相似性分析区域 1 不变；如相交（且相交面积／时段暴雨区域 2 面积大于 5％），则扩展相似性分析区域 1，包含时段暴雨区域 2 及其相似性分析区域 2。

同步骤（3），检查相似性分析区域 1 与时段暴雨区域 3 是否相交。

注：如时段暴雨区域 2 已包含在相似性分析区域 1 中，则时段暴雨区域 2 不需要再次计算；如时段暴雨区域 3 未包含在相似性分析区域 1 中，则时段暴雨区域 3 需要单独计算。

（5）计算本场次降雨及特征值。在确定的相似性分析区域范围内，找到当前降雨场次，并统计场次降雨特征值信息。

（6）执行相似性分析过程。

粗筛：在确定的相似性分析区域范围内，根据总雨量、面积、暴雨中心位置等特征值信息，初步筛选历史相似降雨场次。

精筛：在粗筛结果范围内，调用相似性分析算法，对历史相似降雨场次进行二次筛选。

（7）结果推送。根据计算结果，选择最相似的降雨过程，并将结果推送给用户。

推送模板实例：×××月×××日至×××月×××日，（流域/区域）发生降雨，累计雨量×××mm，最大点雨量×××mm（×××站）。（主雨区把控站）洪峰流量×××m^3/s，总洪量×××万 m^3；（一级支流把口站）洪峰流量×××m^3/s，总洪量×××万 m^3；（干流控制站）洪峰流量×××m^3/s，总洪量×××万 m^3。

×××年×××月×××日至×××月×××日降雨过程与此相似，累计雨量×××mm，最大点雨量×××mm（×××站）。（主雨区把控站）洪峰流量×××m^3/s，总洪量×××万 m^3；（一级支流把口站）洪峰流量×××m^3/s，总洪量×××万 m^3；（干流控制站）洪峰流量×××m^3/s，总洪量×××万 m^3。

9.3.3.2　历史分析

1. 模块功能

实现查询特定流域（区域）历史上某个特定时间区间内某场降雨的情况，从整个历史过程中查找最相近的降雨过程。主要功能包括历史降雨场次自动划分、历史降雨相似性分析、分析结果动态展示、消息实时推送四个部分。

2. 主要流程

在获取实时数据后，通过后台系统判断目前的降雨形势是否满足系统运行的触发条件，如果满足就自动确定降雨范围，提取该范围当前时间段的降雨场次，并以该场次降雨为原型降雨，进行相似性分析计算，根据计算结果自动筛选最相似的降雨过程，并给出该场降雨的产洪和产沙过程。历史分析系统流程如图 9.3-5 所示。

9.3.3.3　样本库管理

1. 模块功能

实现对黄河流域历史上百余场洪水数据进行存储、读取及展示等，包括黄河流域降雨分区划分，洪峰流量选择，降雨开始、截止日期选定，洪水详细数据信息展示等功能。

2. 主要流程

首先选定黄河流域降雨分区，然后选择洪峰流量和降雨区间，再通过后台系统找到满足选定条件的场次洪水历史样本，最后通过选定洪水编号进行结果展示。样本库管理系统流程如图 9.3-6 所示。

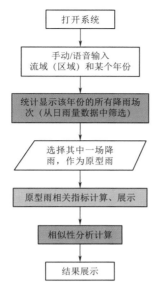

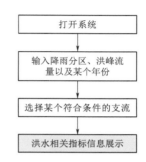

图 9.3 - 5　历史分析系统流程图　　　图 9.3 - 6　样本库管理系统流程图

9.4　黄河中下游"四预"系统

9.4.1　系统架构

该系统基于黄河勘测规划设计研究院有限公司自主研发的水利三维时空服务平台进行建设，集成了监测物联领域优势产品，以及黄河预报调度一体化平台，补充开发了空天地、云雨水工灾情监测预警功能，实现了预报、预警、预演、预案全流程全方位演算和展示。

在信息共享和融合方面，系统初步耦合了信息中心一张图数据资源，但因为若干原因，目前仅是采用页面调用方式，并未直接调用地图服务接口。此外，由于开发平台不同，水文局、信息中心在役系统，如水情查询系统、工情险情会商系统、防汛 App 等，采用页面链接方式进行整合。

在充分考虑黄委现有防洪信息化资源的基础上，结合黄河勘测规划设计研究院有限公司技术优势，融合新的建设理念，进行归纳和整合，搭建了系统的架构（图 9.4 - 1）。系统的思路和流程均已梳理清晰，但细部的功能点尚未完全实现。后期将根据黄委统一部署，结合相关项目契机，对系统的功能、流程进行逐步完善，以期达到预期目标。

9.4.2　业务流程图

黄河中下游防洪"四预"主要业务流程是：调用预报模型，通过实时雨情、水情、工情、灾情、洪水预报、防洪工程现状信息，判断当前防洪形势，得出防洪形势分析结果；根据当前防洪形势，设定水库群调度目标及调度的主要水库，设定各水库运用方式；根据调度启用的水库，通过设计洪水过程或预报的各水库入库、区间洪水过程，调用防洪调度

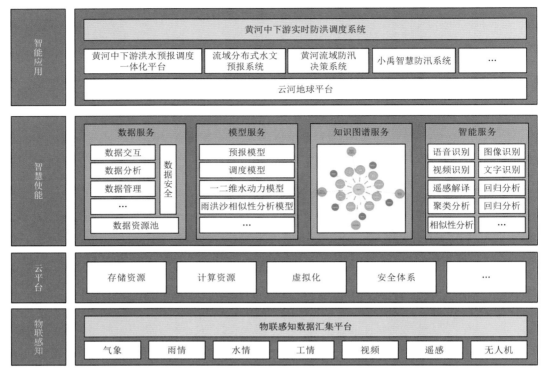

图 9.4-1 系统架构图

模型和河道水沙演进模型，进行水库群调洪计算、河道洪水演进计算，得到各水库调度预案结果和实时调度结果，以及主要防洪控制断面洪水过程结果；进行调度方案的对比分析与评价对不同方案的防洪工程运行情况、运行效果、洪灾损失进行比较；对计算完成的方案进行管理，对调度方案进行可视化展现。业务流程如图 9.4-2 所示。

在可视化展现方面，通过集成基础地理数据、水利专题数据、社会经济数据和洪水风险专题数据等信息，对流域自然背景、工程设施、流场动态等要素进行了可视化展示，初步构建了黄河中下游洪水灾害防御数字化场景。在数字化场景中，整合雨情、水情、工情、灾情等基础信息，对洪水预报水文模型、洪水泥沙演进模型等水利专业模型进行集成耦合，对洪水演进过程进行模拟计算。将历史方案、预报方案或实测洪水在流域的实际演进情况，通过三维化、动态化、形象化的展示形式，在数字化虚拟场景中进行展示，直观反映场次洪水条件下河道沿线重要保护对象的动态淹没（包括淹没范围、深度、持续时间等）情况，进而根据场景化预案关联的具体对象的阈值进行预警，初步形成黄河中下游防洪"四预"业务平台。

9.4.3 系统功能

黄河流域"四预"系统主要包括监测监视、预报调度、综合预警、方案预演、历史预案和指挥决策四项功能。

1. 监测监视

实现空天地、雨水工多源实时数据在线监测和告警。

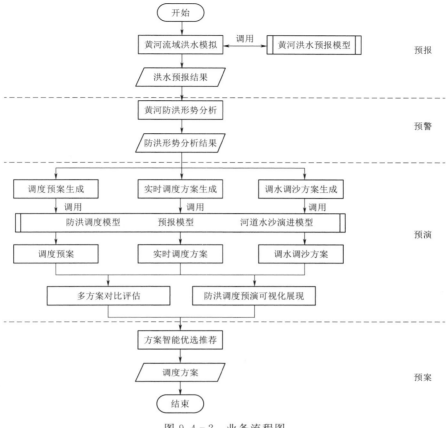

图 9.4-2　业务流程图

（1）在线监测。实时气象、降雨信息取自中央气象台，通过外部链接可以直接进入中央气象台网站查询详细信息。实时水情信息展示水库入出库流量和水位信息、河道流量、水位信息，数据取自水情查询会商系统，通过外部链接可以直接进入该系统。视频监测信息可以实时获取各个控导险工等工程点布设的摄像头信息，获取布设的物联监测设备如塌岸监测、沉降监测、渗漏监测、淤地坝变形监测的监测数据。

（2）实时告警。根据实时信息以及预警指标和不同告警级别的判别标准，通过模型计算并结合告警指标、阈值等自动判断给出包括雨情、水情、灾情、工情的告警提示。

2. 预报调度

（1）预报。支撑潼关—利津洪水预报方案计算，可查询多种来源如中央气象局、黄河水利委员会水文局气象、降雨预报信息，根据黄河水利委员会水文局降雨预报结果，实时获取最新一次洪水滚动预报计算结果，并自动判断给出水情、灾情预警提示。

（2）预报预警。根据实时信息和预报成果，根据预警指标和不同预警级别的判别标准，通过模型计算等并自动判断给出雨情、水情、灾情预警提示。

（3）调度。提供多场景、多模式调度方案计算，辅助会商，包括多方案设置、多方案计算、洪灾初步评估（成果预演）、结果比较、方案推荐等。

（4）调度预警。根据实时信息、预报成果、调度成果，根据预警指标和不同预警级别的判别标准，通过模型计算等自动判断给出雨情、水情、灾情预警提示。

3. 综合预警

提供基于当前时刻、预报结果、调度结果三种情景下，雨情、水情、工情、灾情四种要素预警信息。

（1）雨情。基于实时监测的流域雨量站日降雨数据，通过模型计算结果和雨强等级，判断并渲染流域不同降雨等级的笼罩面积、所在区域及点雨量最大的站点。根据预报的降雨数据同样采用渲染降雨等值面的方式警示流域各区域降雨强度和笼罩面积。

（2）水情。根据流域水文站实时水情、预报水情及工程调度后的水情数据，结合各水文站点流量、水位预警指标和不同预警级别的判别标准，自动判断给出实况、预报及调度后的水情预警提示。

（3）工情。根据水库实时工情、预报工情及调度方案实施后的入库、出库、水位过程数据，结合各水库的特征水位、水位变幅、出库流量变幅等指标预警指标和不同预警级别的判别标准，自动判断给出实况、预报及调度后的水库工情预警提示。

（4）灾情。根据流域实时灾情、预报灾情及工程调度后的水库水位、防洪控制点流量等指标，结合水库、滩区等防洪风险区的人口、耕地等判别指标的不同预警级别的判别标准，自动判断给出实况、预报及调度后的灾情预警提示。

4. 方案预演

可实现调度结果的三维动态展示，直观掌握下游水流演进过程和灾情发展过程，辅助会商和指挥决策。范围包括：潼关至入海口区间干支流的水库、滩区、滞洪区等。功能包括：在三维场景中模拟展示中游水库群入库、出库、水位等调度过程，以及库区蓄水淹没情况、下游河道流场变化、滩区淹没过程及淹没损失等；以图表形式对比展示多预演方案的水库入库、出库、水位、排沙、库区蓄水淹没及库区沿程冲淤等过程和特征值；对比展示各预演方案的花园口流量过程、洪水组成等，以及孙口等下游重要水文站的流量过程。

5. 历史预案

查阅不同级别历史预案，辅助会商和指挥决策，并智能生成预案推送至相关业务系统。方案智能推送是根据系统获取的监测、预报数据和预演确定的调度方案，智能识别下游洪水风险点及可能造成的淹没损失，自动匹配防汛应急响应等级和应对措施，最终生成结构化预案文档推送到相关业务系统。

6. 指挥决策

跟踪水库调度结果，辅助评估灾情，支撑防汛部署、调度指挥。

9.4.4　实时洪水预报子系统

黄河中下游实时洪水预报范围为潼关至利津，包含伊洛河、沁河，涉及 29 个水文节点，除集成前文所述伊洛河分布式洪水预报系统外，还集成了黄河流域作业预报常用模型。

（1）黄河三花间预报模型。黄河三花间流域面积较大，自然地理条件比较复杂，加之降雨时空分布很不均匀，因此该区建立的是综合分散性模型，即将全区分块，每块又划分为若干单元，进行产汇流计算。采用的产流模型是霍顿入渗模型，单元汇流模型采用经验单位线，采用边演边加的非线性演进，河道汇流模型采用变参数马斯京根演算。此外，还有一些特殊问题处理模型（如三花间中小水库群的处理、伊洛河夹滩、沁南沁北滞洪区处理、水库调洪演算等）。

（2）黄河下游漫滩洪水预报模型。黄河下游两岸有大堤约束，大堤内有大小不一的滩地，滩地边缘有生产堤围护，一般洪水由主槽排泄，较大洪水则出槽漫滩，因此黄河下游6站建立的是基于马斯京根河道演进模型的漫滩洪水预报模型。

预报模型通过 DLL 形式集成在系统中，模型的主要输入为三花间的降雨、潼关站的流量过程、土壤含水量及相关的参数信息。三花间模型计算的步长为 2h，花园口以下模型计算的步长为 8h。实时洪水预报预警界面见图 9.4-3。

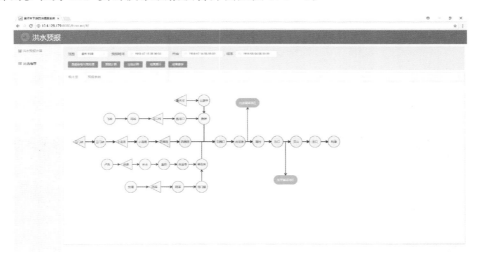

图 9.4-3　实时洪水预报预警界面

系统通过设置洪水预报的时间，从数据库中读取实时及未来水雨情信息，并对数据进行标准化的预处理。在预报参数中，可为每个水文节点设置相应的计算参数，如图 9.4-4 所示。点击"预报计算"按钮，按照水文节点的空间拓扑关系依次计算，计算完毕后，结果存储在数据库中，并以图表的形式展示。

9.4.5　实时洪水调度子系统

实时洪水调度子系统可根据预报的洪水过程进行量级分析，统计洪峰、洪量等特征指标，判别其洪水量级的大小。

在场次预判功能菜单中，可以对结合对预报洪水量级的分析，调算与预报洪水量级相当的历史典型洪水、频率洪水和相似洪水，判别当前的防洪形势，如图 9.4-5 所示。

实时洪水调度模型基于黄委设计院的五库联合调度模型，并补充了基于人工干预的水库调度模型，共包含 5 种调度方式，分别是规则调度、完全自由敞泄、维持汛限水位敞泄、泄流过程控制、规则调度。通过对水库设置调度和相应的参数进行调洪计算，如图 9.4-6 所示。

调洪的多方案成果可以以图表的形式进行比较，并人工选定最终的调度方案，如图 9.4-7 所示。

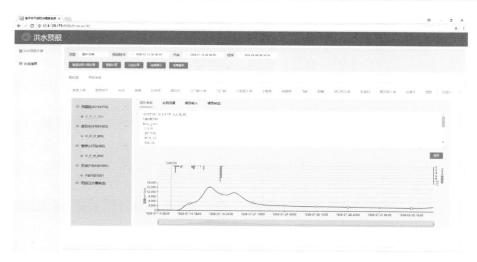

图 9.4-4 实时洪水预报参数设置

图 9.4-5 预报洪水场次预判界面

9.4.6 应用案例

选择 1958 年历史大洪水在黄河中下游"四预"系统中进行预演。

9.4.6.1 实时雨水工情监测监视

根据中央气象台当日全国降水实况信息，×月×日黄河上游局部降小雨。接收到黄河流域 2202 个雨量站信息，×月×日发生降雨站点 300 个，24h 累计点雨量 35mm。小浪底水库当前水位 233m，蓄量 13.0 亿 m³，花园口流量 1670m³/s。各水库运行正常，水库、河道、工程未出现预警。

9.4.6.2 实时洪水预报预警

1. 气象、降雨预报

根据气象预报，7 月 11—15 日太平洋高压中心经朝鲜移向黄海南部，此时，5810 号

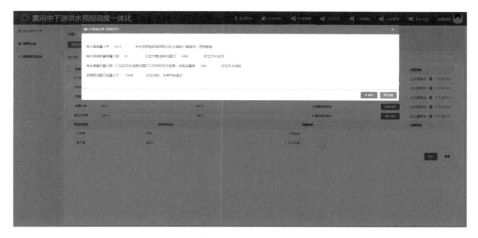

图 9.4-6　调度规则设置界面

图 9.4-7　调度结果比较界面

台风在福建沿海登陆，增加了东南暖湿气流向东南沿西北顺坡上爬，造成黄河下游相继连降暴雨和局部特大暴雨。

未来 24 小时三花干区间、伊洛河中下游发布大暴雨预警。未来 7 天黄河三花间、龙三间、渭河上游发生较大降雨，降雨呈南北向带状分布，预报 5 天降雨量达 100mm，笼罩面积达 10 万 km²，主雨区在三花干区间和伊洛河中下游。

2. 洪水实时在线滚动预报

根据最新一次滚动预报结果，预估潼关站 7 月 16—19 日流量维持在 7000m³/s 左右；花园口站 7 月 18 日 10 时前后出现 22300m³/s 左右的洪峰流量。白马寺流量达到洪水蓝色预警，潼关流量达到洪水黄色预警，高村流量达到洪水橙色预警，花园口流量达到洪水红色预警。

3. 洪水作业预报

预报作业人员进入实时洪水预报子系统，根据前期三花间洪水模拟结果，伊洛河流域面上水库、橡胶坝工程等面上工程运行情况，开展预报作业及会商，发布洪水预报预警。

预报作业人员在参数设置界面，对需要调整的水文节点如宜阳、白马寺、黑石关等进行参数调整，如图 9.4 - 8 所示。点击预报计算按钮，按照水文节点的空间拓扑关系依次计算，计算完毕后，结果存储在数据库中，并以图表的形式展示计算结果，如图 9.4 - 9 所示。根据最新一次滚动预报结果，预估白马寺站 7 月 17 日 14 时前后出现 2100m³/s 左右的洪峰流量，龙门镇站 7 月 17 日 12 时前后出现 1420m³/s 左右的洪峰流量，武陟站 7 月 18 日 20 时前后出现 350m³/s 左右的洪峰流量，花园口站 7 月 18 日 10 时前后出现 15700m³/s 左右的洪峰流量。河口村水库超汛限，白马寺流量达到洪水蓝色预警，潼关流量达到洪水黄色预警，高村流量达到洪水橙色预警，花园口流量达到洪水红色预警，下游滩区预估淹没面积 3633km²，影响人口 129 万人。

图 9.4 - 8　实时洪水预报参数设置（1958 年洪水）

图 9.4 - 9　实时洪水预报结果展示（1958 年洪水）

1954 年、1958 年、1982 年、1996 年历史洪水预报结果见表 9.4 - 1。

表 9.4 - 1　　　　　　　　　　历 史 洪 水 预 报 结 果

水文站	洪峰流量/(m³/s)			
	1954 年	1958 年	1982 年	1996 年
潼关	7680	8790	4760	7400
黑石关	3517	2990	5022	2009
武陟	977	351	4000	1912
花园口	7882	15703	17608	7660

9.4.6.3　实时洪水调度及预警

1. 洪水实时在线滚动调度计算

根据自动调度结果,按照今年发布的洪水调度方案调度,1958 年洪水预演背景下,小浪底水库最高水位 247.79m,最大出库流量 9886m³/s,拦蓄洪量 20.16 亿 m³;三门峡水库最高水位 309.24m,最大出库流量 7467m³/s,拦蓄洪量 1.36 亿 m³;陆浑水库最高水位 317m,最大出库流量 708m³/s,拦蓄洪量 0 亿 m³;故县水库最高水位 531.5m,最大出库流量 952m³/s,拦蓄洪量 0.7 亿 m³;河口村水库最高水位 238m,最大出库流量 378m³/s,拦蓄洪量 0 亿 m³。白马寺洪峰流量 2444m³/s,龙门镇洪峰流量 1420m³/s,武陟洪峰流量 351m³/s,花园口洪峰流量 9999m³/s,孙口洪峰流量 9167m³/s。三门峡、小浪底、故县水库超汛限,白马寺流量达到洪水蓝色预警,潼关流量达到洪水黄色预警,高村流量达到洪水橙色预警,花园口流量达到洪水橙色预警,下游滩区预估淹没影响人口 92.39 万人。

2. 实时洪水调度方案编制

调度作业人员进入实时洪水调度子系统编制实时调度方案,根据未来降雨形势、水库运用情况、河道水情及地方上报灾情信息,编制实时调度方案,提供会商决策。

系统自动统计预报洪水洪峰、洪量等特征指标,与历史实测典型洪水、设计洪水比较,判别其洪水量级的大小,识别出即将发生洪水过程与 1958 年大洪水相似如图 9.4 - 10 所示,洪水量级大致为 5～10 年一遇洪水。

结合当前的防洪形势、常规调度方案结果,拟定小浪底水库提前预泄、254m 以下保滩运用的应急调度方案,比较应急方案与常规方案水库蓄水、下游洪水情况(图 9.4 - 11、图 9.4 - 12),推荐选用应急调度方案运用方式。应急调度方案情况下,1958 年洪水预演背景下,小浪底水库最高水位 251.68m,最大出库流量 4000m³/s,拦蓄洪量 41.4 亿 m³,较常规方案多拦蓄 7.13 亿 m³ 水量。花园口洪峰流量 5740m³/s,孙口洪峰流量 4166m³/s,较常规方案减少 4259m³/s、5001m³/s,可保障下游洪水不上滩,有效减少滩区淹没损失。三门峡、小浪底、故县水库超汛限,白马寺流量达到洪水蓝色预警,潼关流量达到洪水黄色预警,高村流量达到洪水蓝色预警,花园口流量达到洪水蓝色预警。

1954 年、1958 年、1982 年、1996 年历史洪水不同调度方案调度结果见表 9.4 - 2。

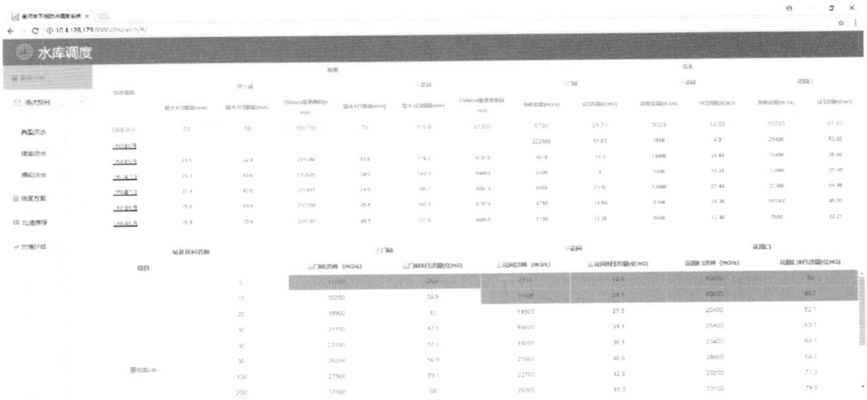

图 9.4 - 10　预报洪水量级分析（1958 年洪水）

图 9.4 - 11　调度结果过程线对比界面（1958 年）

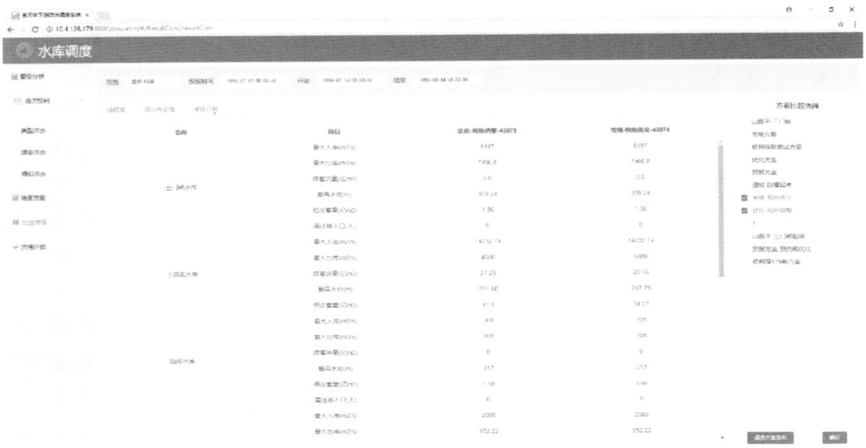

图 9.4 - 12　调度结果特征值对比界面（1958 年）

表 9.4-2　　　　　　　　　历史洪水不同调度方案调度结果表

名称	项　　目		常规调度方式				应急调度方式			
			1954年	1958年	1982年	1996年	1954年	1958年	1982年	1996年
潼关	洪峰流量/(m³/s)		7680	8790	4760	7400	7680	8790	4760	7400
小浪底	滞蓄洪量/(×10⁸m³)		10.78	20.16	15.75	0	11.47	27.29	19.75	9.16
	最高水位工况	库容/(×10⁸m³)	26.1	34.27	31.07	15.32	26.79	41.4	35.07	24.48
		水位/m	242.9	247.79	245.94	238	243.34	251.68	248.24	241.86
黑石关	洪峰流量/(m³/s)		2387	3273	4421	2057	2387	3273	4421	2057
武陟	洪峰流量/(m³/s)		977	351	4000	1636	977	351	4000	1636
花园口	洪峰流量/(m³/s)		5601	9999	10148	7385	5590	5740	9455	5514

9.4.6.4　调度方案预演

对选定的几组调度方案进行预演，在三维地球上直观查看水库入出库流量及水位变化过程、库区淤积变化过程，黄河下游水流演进及漫滩过程，任意位置水深、流速及流场变化情况。查看下游滩区水深淹没情况、各行政区淹没情况及预警信息（具体到村），支撑会商决策。调度方案预演示意图如图 9.4-13～图 9.4-16 所示。

图 9.4-13　方案预演—水库运用及灾情变化情况

9.4.6.5　调度方案生成

根据系统获取的监测、预报数据和预演确定的调度方案，将制定方案所依托的实时雨水工险情、预报、水库调度过程等数据以图表和文字的形式自动生成结构化文档，并根据调度方案结果自动识别库区影响人口及下游滩区淹没损失，智能匹配并启动防汛应急响应及相应的应对措施，将以上全要素内容自动生成可编辑文档，经过多轮人机交互最终形成满意、实用的预案。生成的调度方案共分为四个板块。

1. 实时雨水工险情

根据预演方案制定时所依据的流域降雨实况，关键水文站水情实况，干支流骨干水库

图 9.4-14　方案预演—水库仿真

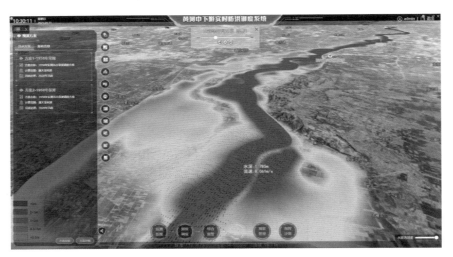

图 9.4-15　方案预演—下游洪水仿真

水位、蓄量、剩余防洪库容等水库水情实况，以及当前堤防出险等工险情实况信息，结合模型算法和判断逻辑，以图表和文字的形式在结构化文档中自动组织、生成和展示实时雨水工险情信息，如图 9.4-17 所示。

2. 预报

根据预演方案制定时所依据的流域降雨、洪水预报数据，以文字、降雨等值面图、水文站流量过程线等方式，展示未来 3 天流域降雨预报、分区面平均雨量预报及重要水文站和小花间未来 7 天的日均流量过程预报，如图 9.4-18 所示。

3. 调度方案

根据监测、预报雨水工情信息，系统通过算法智能推荐中游五库的调度原则，并以表格形式呈现在推荐调度方案下中游水库群的入库、出库、水位及蓄量变化过程，以及关键防洪控制点花园口的流量过程，如图 9.4-19 所示。

图 9.4-16 方案预演—基于遥感解译的灾情淹没情况

图 9.4-17 预案智能生成—实时雨水工险情

4. 调度结果及应对措施

根据推荐的调度方案，智能生成对各个水库调度期内最高水位及最高水位与汛限水位等特征水位比较结果的文字描述，以快速、全面地掌握调度期内水库的水位表现，鼠标在过程线图上滑动可显示相应时刻的入库、出库和水位（图 9.4-20）。调度结果还包括下游防洪控制点花园口在调度期内的流量过程。结合河南、山东两省的滩区运用预案，还能自动识别河南、山东两省可能出现的滩区漫滩、村庄淹没、迁移安置滩区群众等情况，并对河南、山东两省工情、险情做出预测，例如河势可能发生较大变化、部分河道可能发生险情等，辅助评估灾情，支撑防汛部署、调度指挥。

图 9.4-18　预案智能生成—预报

图 9.4-19　预案智能生成—调度方案

图 9.4-20　预案智能生成—调度结果及应对措施

第10章

黄河流域水工程防灾联合调度系统

10.1 系统概述

黄河流域水工程防灾联合调度系统是智慧水利建设的有机组成部分，旨在通过防灾联合调度系统的建设，推进智慧水利建设进程。在智慧水利总体框架下，实现在防洪、抗旱两项业务上，促进新技术应用，深化水利系统内的资源整合和行业内外的数据共享，完善系统功能，提高水旱灾害监测、预报、调度与抢险技术支撑能力和智能化水平，强化预警、蓄滞（分）洪区管理、洪水影响评价、洪水模拟与风险分析，构建旱情监测评估结果校核体系，推进水旱灾害防治体系和防治能力现代化，并为水利其他业务的智慧能力提升提供示范。

10.1.1 建设目标

系统建设目标是在智慧水利建设总体框架下，按照"需求牵引、应用至上、数字赋能、提升能力"的要求，有效利用相关系统成果，完善优化业务流程和功能，深度融合水利业务与信息技术，采用预报调度耦合、水工程联合调度、云计算和大数据等技术，达到全流域洪水预报、工程调度成果的自动计算、生成和输出、比选，实现各类水工程联合调度和预报调度一体化、灾情评估实时化和会商、方案模拟实景化；基本实现水利大数据分析处理和挖掘应用；实现流程优化和水旱灾害业务的智能应用，在数字化映射中实现"预报、预警、预演、预案"，为流域防灾调度管理提供技术支持，提升流域水旱灾害防御科学调度决策支持能力。

10.1.2 建设范围

系统建设以干流、主要支流重要河段等为重点，重要水工程为龙头，具体实施按照先干流后支流、先重要后一般的顺序逐步推进。建设空间范围包括干流龙羊峡以下至河口河段，其中防洪调度还包括湟水、洮河、无定河、渭河、伊洛河、沁河等 6 条重要支流，应急水量调度在以上基础上增加泾河、北洛河 2 条重要支流。系统涵盖联合调度的水库、蓄滞洪区、涵闸、泵站、引调水等水工程 111 座，监测监控节点 711 个，预报节点 202 个，调度目标节点 175 个。联合调度水工程范围如图 10.1-1 所示。

10.1.3　建设任务

系统依据智慧水利总体框架进行建设，拟在原国家防汛抗旱指挥系统的基础上，对比已有系统功能和防灾业务目标需求，秉承"继承性发展"的总体思路，以"数字化场景、智慧化模拟、精准化决策"为路径，在数字孪生流域中实现"四预"。建设任务包括扩展基础设施、建设防灾数据底板、建设调度模型库和知识库，建设数字孪生流域，实现"四预"的智慧调度应用等。

1. 基础设施建设

新增国产资源池服务器、GPU 服务器及相应虚拟化、云管理授权，补充扩容块存储、NAS 存储容量，扩容本地备份及异地数据备份存储能力，纳入黄河云平台及黄委数据存储管理体系统一管理，建立健全智能运维监控系统，完善机房基础运行环境，为水工程防灾联合调度建设提供稳定、高效、安全的基础设施运行环境。

2. 防灾数据底板建设

满足不同类型数据存储管理的异构数据库及其一体化管理系统、多维多时空尺度的黄河流域防灾数据模型、初始数据建设、防灾数据汇聚与治理、防灾数据资源管理与服务以及旱情评估基础数据和评估模型建设。

3. 模型平台建设

建设流域防灾调度专业模型，包括水文、水力学、泥沙动力学、防洪调度、应急水量调度等防灾调度专业模型，以及流域专有模型等。升级应用支撑平台。应用支撑平台主要为水利业务应用提供基础性的统一服务，是水利应用的综合集成环境，实现大量应用基础组件和公共服务能力，以"水利一张图"为智慧水利应用提供地理信息平台和空间展示框架。

4. 知识平台建设

建设流域调度规则库、历史案例库、专家经验库、方案预案库。建设防灾智慧调度引擎。围绕防灾业务需求，开展流域模拟、调度计算、风险分析等所需通用模型及数据挖掘、机器学习、知识图谱等算法工具建设，通过数据挖掘、知识运用、业务建模、融合分析、规则应用等手段，进行智能防灾决策的开发与能力输出，支撑水工程防灾联合调度的智能应用。

5. 开发智慧调度应用

围绕水情旱情监测预警、水工程防洪抗旱调度、应急水量调度、防御洪水应急抢险技术支持等重点工作，提升水工程联合调度和流域防洪工程联合调度能力，构建流域模型，提升洪水预报精细化水平、预报调度一体化和工程联合调度能力；加强数据共享完善全国抗旱基础数据体系，完善旱情综合分析建设全国旱情监测预警综合平台，提升旱情预报预警和综合评估能力。

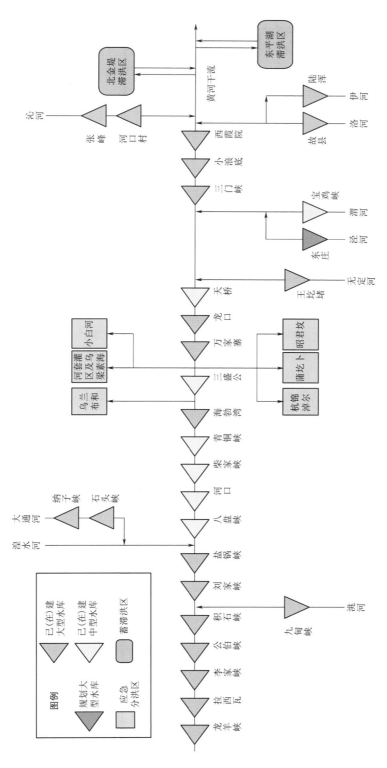

图 10.1-1　联合调度水工程范围

结合上述要求，本书智慧防灾应用包括流域模拟、防洪调度、防凌调度、应急水量调度、监视与评价、防灾联合调度会商等应用。

（1）预报（流域模拟），是水工程防灾联合调度的基础性工作，为专业调度和监视与评价提供各专业要素的背景场。主要根据水旱灾害防御调度提供的调度对象节点、调度目标节点，确定所需的模拟范围及预报节点，配置预报方案、开发预报模型及流域模拟功能模块等工作。

（2）预警（前期形势分析、监视与评价），包括：指定区域洪水演进计算及洪水演化趋势预测、黄河流域干支流主要大型灌区的供需平衡计算；评估指定区域防洪、防凌、旱情形势；实现历史情景对比及重演。

以集成后的数据库为数据支撑，围绕流域防洪、防凌、应急水量、泥沙与应急等业务领域，针对实际监测信息、现场监视信息、预测预报信息、演变趋势信息、调度效果评价信息，借助"水利一张图"等技术手段进行直观可视化表达，同时根据预设的告预警阈值指标，采用屏幕闪烁、声音警报、手机短信等多方式对实况监测与预报信息进行在线动态告预警，为及时启动调度会商决策、采取调度操作措施、评价调度执行效果等提供信息支撑服务。

（3）预演（防洪调度、防凌调度、应急水量调度）。

1）防洪调度。根据防洪调度管理的特点，以干流和重要支流防洪调度方案等为基础，结合流域实际情况完善应急防洪调度系统。研发实现水工程智能调度的核心——防洪调度规则知识库，其是调度系统实现组件式、可扩展式开发的重要专业要素；根据流域特点，建设水库洪水调度模型、排涝泵站运用模型、闸坝调控模型、蓄滞（分）洪区应用模型等防洪调度模型；根据防洪调度业务流程，开发洪水调度方案生成、洪水调度成果仿真展示、调度方案综合评估、防洪调度方案管理等功能。

2）防凌调度。根据防凌调度管理的特点，建立防凌调度系统。根据流域特点，建设水库及应急分洪区的联合防凌调度模型，冰凌洪水河道演进模型等防凌调度模型；根据调度业务流程，开发调度方案生成、调度成果仿真展示、调度方案综合评估、调度方案管理等功能。

3）应急水量调度。根据应急水量调度管理的特点，以干流和重要支流应急水量调度方案等为基础，结合流域实际情况建立应急水量调度系统。以流域模拟业务功能中提供的相关预报为边界，以水量调度模型为基础，建立水量调度规则库，提升水量调度模型功能。开发应急水量调度方案生成、水量调度模拟仿真、应急水量调度方案评估、应急水量调度方案管理等功能。

（4）预案（方案优选及推荐）。包括水工程调度方案推送、有关各级各类方案管理。实现不同级别、单位的推送；管理已经批复的各级各类方案（国家、流域、省区、水工程管理单位等），方便查阅。

10.2　总体架构

系统架构自下而上分为基础设施（运行环境和智能感知）、智能中枢（防灾数据底板、模型平台和知识平台）、智慧防灾应用（防洪、防凌、应急水调等业务的预报、预警、预演、预案"四预"工作应用）等，系统总体架构如图 10.2-1 所示。

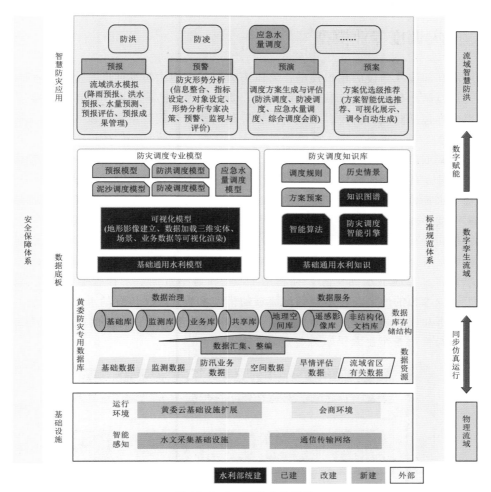

图 10.2-1　系统总体架构

1. 基础设施

以流域已建黄河云和国产化运行环境为基础，基于国产化技术路线的弹性云架构，在整合利用现有资源前提下，为满足系统需求，扩展建设计算、存储和网络服务能力，以满足防灾调度计算、存储资源需求，并根据需要完善水文监测设施和会商环境。

2. 数据底板

本书智能中枢建设主要目标是将物理流域及其影响区域映射到数字空间，建设包括防灾数据底板等内容组成的数字孪生流域，与物理流域同步仿真运行、虚实交互、迭代优化，支撑流域智慧防灾业务的预报、预警、预演、预案。

3. 智慧防灾应用

智慧防灾应用系统建立在智能中枢的基础之上，依托应用支撑环境，实现流域防洪、防凌、应急水调等业务的预报（洪水、水量模拟及水情预报）、预警（监视与评价、防灾形势分析）、预演（调度方案生成与评估、洪水风险分析、防灾联合调度会商）、预案（方案优选级推荐）等"四预"工作应用。

10.3　防灾调度专业模型

利用水利部统一建设的预报模型、防汛形势分析模型、防洪调度、应急水量调度等模型，补充建设国产化环境下流域特色的预报、防洪调度、防凌调度、泥沙调度等模型。

建设内容包括防洪、防凌、水量与泥沙等节点预报参数数据库建设（水文、水力学），水库、引调水工程、重点区域、泵站涵闸等水工程调度参数数据库建设，防洪、防凌、水量、泥沙等调度目标节点规则数据库建设。考虑到黄河流域空间跨度大，流域范围广，涉及不同的气象条件和地质条件，横跨极端干旱区、半干旱和干旱区、半湿润和湿润区，水源包括融雪水补给、降水补给、地下水补给等，需要选取重点断面、重点区域、重点流域开展防灾调度专业模型开发研究。模型需针对不同区域的水文地质条件展开研究，分析其产汇流机理和特征，根据流域特点选取合适的模型，如流域集水面积较小、气象监测站点不足的区域，可以选择集总式水文模型；对于流域集水面积较大，涉及山区和平原区的，需要考虑地表水与地下水的交互，且利用 DEM 和遥感数据，选择合适的分布式水文模型；对于缺少参数的地区，可借鉴邻近流域的模型参数；除了传统的水文模型之外，需利用大数据分析和机器学习方法，分析降雨-径流相关关系，建立合适的径流预测模型。模型防汛抗旱调度业务作业流程如图 10.3－1 所示。

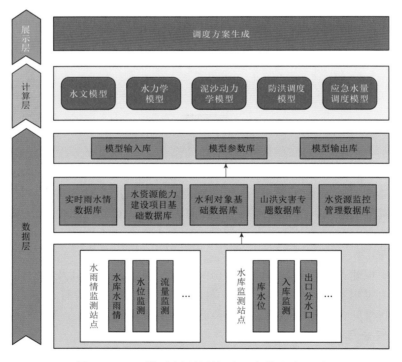

图 10.3－1　模型防汛抗旱调度业务作业流程图

10.4　防灾调度知识库

利用水利部统一设计的调度规则库、历史情景库、方案预案库的表结构，对相关内容进行信息收集、整理、电子化、质检入库等。

10.4.1　调度专用知识库-调度规则

根据黄河流域管理、防灾减灾需求，联合调度方案编制，以防洪调度和应急水量调度为主要目标，兼顾水安全等调度应用，覆盖纳入联合调度控制性水工程，需要开展调度规则库建设。水工程防洪调度规则库是构建防洪智慧图谱的关键支撑，是不同类型水工程在不同水雨工情下洪水调度方式的集合。通过建立联合调度规则库，使其以服务的形式开发、发布规则库、调用、转移、升级、查询等一系列维护和应用工具集，实现不同类型水工程调度规则的可视化配置管理。通过建立联合调度规则库，在实际调度过程中达到根据实时水雨工情，快速实时匹配洪水调度方式的目的。

调度规则知识库的建立，通过收集黄河干流上中下游及主要支流防洪重点工程（水库、蓄滞洪区）标准内洪水条件下，以及超标准洪水条件下的运用方案，进一步利用信息化技术进行电子化转录，通过光学字符识别（optical character recognition，OCR）及文本校正，生成可编辑的数字文字组合以建立相关知识表示。知识表示是基于固定的表示框架对现实重点防洪工程知识的一种描述方法，通过知识表示框架对知识进行有效的组织。确立以防洪重点工程（水库、蓄滞洪区、重点河道）为核心的调度规则知识体系，对可编辑文本进行知识实体抽取。为了规则库的共建共用，需要对规则库进行封装，开发调用、转移、升级、查询等一系列维护和应用工具集，并将其以服务的形式发布。

对防洪重点工程运用相关的知识实体进行知识关系抽取，如控制及决定工程启闭的上下游控制水文站、水位站，工程下游防洪重点保护对象等。对知识实体临近上下文的知识实体属性进行抽取，抽取的数据来源主要包括结构化数据、半结构化数据和非结构化数据。面向不同结构的数据源，从中抽取构建知识库所需的实体、属性、关系，充分实现对知识库相关实体属性的完整刻画。

对箭矢、箭尾中的知识实体进行知识实体消歧和知识实体共指消解，如小浪底（水库）和小浪底（水文站），以及花园口站和花园口水文站等。实现防洪重点工程和工程启用条件、来水情况、控制对象、控制需求、运行方式间调度规则知识库的建立。调度规则知识库构建流程如图 10.4 - 1 所示。

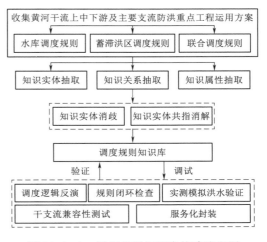

图 10.4 - 1　调度规则知识库构建流程图

10.4.2　调度专用知识库-历史场景

基于标准化的存储架构体系，针对性提出调度知识库驱动引擎开发方案，对历史情境模式及对应专家经验进行封装，实现不同历史情境下气象水文信息、调度决策信息（内含专家经验）、工程运行过程、控制对象状态以及涉及的调度效果。解析不同历史情境下气象水文信息、调度决策信息及专家经验、工程运行过程、控制对象状态以及涉及的调度效果等要素间的因果关系，完成历史情境模式调度前提、过程及结果的解析，实现其逻辑化及数字化表达。基于非关系数据库，对齐调度规则知识库中的有关知识实体，以历史调度情境模式和调度过程中的专家经验知识为主，补充完善非关系知识库中的调度逻辑关系，实现水工程调度规则的分布式存储和直观式表达，方便历史情景模式和专家经验的增、检、更、删等操作。历史案例库的建立主要包括以下两个部分。

1. 构建历史典型洪水/干旱模拟分析相关工具

梳理历史典型洪水/干旱条件下黄河流域重要水工程的实际调度情况，据此分析实际的预报调度策略，形成实际调度案例库。案例库存储需构建专用数据库，数据库类型包括历史气象数据、历史洪水/干旱数据、历史工程调度或模拟调度数据等。依据搭建的历史典型洪水模拟分析环境，基于流域现状水文气象预报有效预见期及预报水平，从实时预报调度层面，针对防洪、防凌、泥沙、应急水量调度目标，考虑风险可承担度，设置不同的调度原则和策略（起调水位、最高库水位、拦蓄量、削峰率等），开展典型洪水/干旱模拟预报调度，并与典型洪水/干旱重构得到的天然过程进行对比分析。

2. 重构典型历史洪水/干旱

收集整理黄河流域历史典型洪水/干旱基础资料，包括气候背景、天气形势、水雨情、水利工程调度、灾情等。以现状流域产汇流规律为基础，采用相应插值、水位流量转换、模拟计算等方法，从气候背景、天气形势、降水、控制节点洪水过程等方面，实现黄河流域历史典型洪水资料的全方位重构。

对可编辑文本进行知识实体、属性相关内容的抽取，形成以历史情景模式、专家经验为主的调度知识库。重点挖掘历史情境模式下防洪重点工程运用方案相关的知识实体，如控制气象站水文站气象水文信息（头）、工程调度决策信息及专家经验（干）、工程运行过程、控制对象状态以及调度效果（尾）。匹配调度规则防洪重点工程历史情景模式调度全过程知识库的建立。历史情景模式及专家经验调度知识库构建流程如图 10.4-2 所示。

历史案例库针对特定调度过程，以通用方式记录气象水文信息、调度决策信息、各水工程运行过程、控制对象状态以及涉及的各项调度效果，并研发针对历史案例库各项信息的增加、删除、修改、查询工具。针对暴雨、干旱、区域淹没等特定工况，提出合理有效的水工程应对措施，形成便于读取、可供参考的调度预案，将其采用统一格式存储为专家经验库。

3. 历史洪水遥感知识库

根据黄河流域历史洪水灾害的资料，采集获取典型历史洪水灾害遥感影像并进行数据预处理，解译获取典型历史洪水淹没信息，进行洪水灾害遥感评估分析。建设历史洪水遥感知识库，将采集的影像数据、解译获取的水面信息以及相关的分析资料进行存档入库。

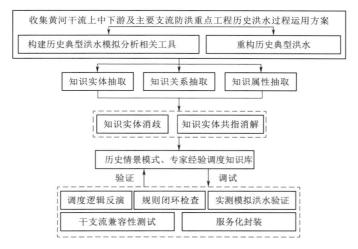

图 10.4-2　历史情景模式及专家经验调度知识库构建流程图

10.4.3　调度专用知识库-方案预案

针对实时调度场景普遍存在应用目标、决策任务、逻辑流程和使用习惯等多方面差异化需求，实现动态构建、数字化映射和自适应运行能力。包括建设调度目标节点相应信息的数据库建设，主要是新编及已编制的防御洪水方案、洪水调度方案、水库调度方案、应急调度方案、防汛抗旱应急预案、防汛抗旱知识等文档，按统一标准进行对外服务接口的开发。

10.5　防灾联合调度业务应用

结合实际工作习惯和经验开展各功能的应用场景设计，通过梳理并分析其业务流程，确定防灾调度决策的主题要素和信息关联方式，以重现调度决策者对防灾调度的认知过程，实现调度思维的连续性。

10.5.1　流程图

10.5.1.1　业务流程

防洪调度主要业务流程是：调用预报模型、防灾形势分析模型，通过实时雨情、水情、工情、灾情、洪水预报、防洪工程现状信息，判断当前防洪形势，得出防洪形势分析结果；根据当前防洪形势，设定水库群调度目标及调度的主要水库，设定各水库运用方式；根据调度启用的水库，通过设计洪水过程或预报的各水库入库、区间洪水过程，调用防洪调度模型和河道水沙演进模型，进行水库群调洪计算、河道洪水演进计算，得到各水库调度预案结果和实时调度结果，以及主要防洪控制断面洪水过程结果；进行调度方案的对比分析与评价对不同方案的防洪工程运行情况、运行效果、洪灾损失进行比较；对计算完成的方案进行管理，对调度方案进行可视化展现。

防凌调度的主要业务流程是：调用防灾形势分析模型、预报模型，通过实时雨情、水情、工情、灾情，凌情预报、工程现状信息，判断当前防凌形势，得出防凌形势分析结果；根据当前防凌形势，设定水库群调度目标及调度的主要水库，设定各水库运用方式；根据调度启用的水库，调用防凌调度模型，进行防凌调度方案计算，得到各水库调度预案结果和实时调度结果；对不同调度方案进行对比分析与评价，对计算完成的方案进行管理，对调度方案进行可视化展现。

应急水量调度的主要业务流程是：通过旱情形势分析，调用水文预报模型，得出供需形势分析结果；调用应急水量调度模型，进行黄河干流应急水量调度方案和重要支流应急水量调度方案计算；进行调度方案的可视化展现，对计算完成的方案进行管理。

防灾联合调度业务流程如图 10.5－1 所示。

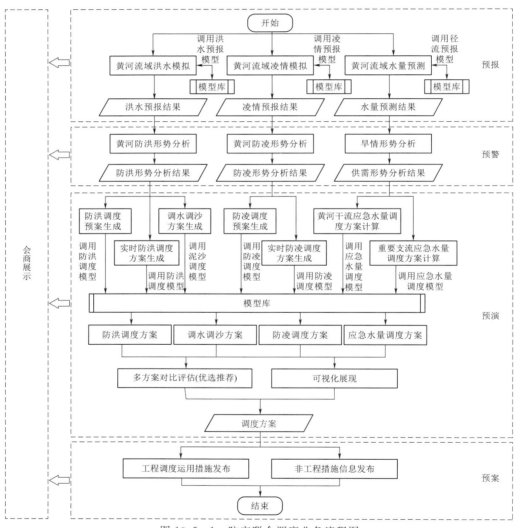

图 10.5－1　防灾联合调度业务流程图

10.5.1.2　数据流程

防灾联合调度业务应用系统的数据流程主要在预报、预警、预演、预案和会商展示之间，预报为预警、预演和会商展示提供洪水预报结果、凌情预报结果、水量预测结果，预警为预演和会商展示提供防灾形势结果和预警信息，预案为会商展示提供防洪调度方案、防凌调度方案、应急水量调度方案，预案为会商展示提供调度令。防灾联合调度业务应用系统数据流程如图 10.5-2 所示。

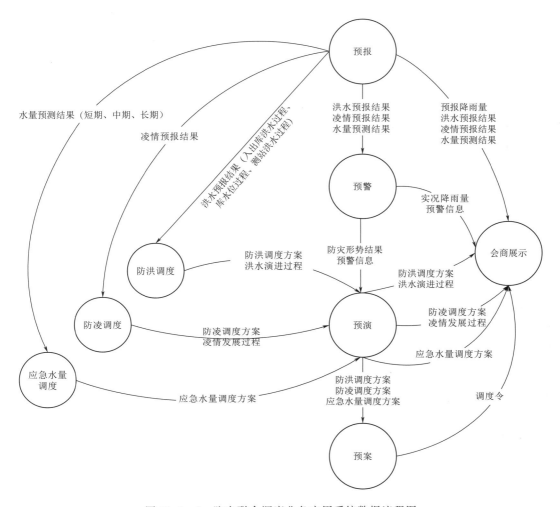

图 10.5-2　防灾联合调度业务应用系统数据流程图

10.5.1.3　预报调度一体化流程

1. 总体设计内容

随着流域内控制性水利工程的陆续建成与防洪工程体系的日趋完善，预报与调度互相依赖、互为支撑的关系日益紧密，原有预报、调度业务系统独立运行的模式将不再适应新形势下水工程联合调度的需求，因此需要构建流域性的、涵盖上中下游、干支流重要水库、水电站、蓄滞洪区等水工程的预报调度体系，实现预报调度一体化。

（1）改变当前预报、调度业务系统独立运行的模式，以数字流域为基础，将水文预报、水库调度集成到一个统一的应用软件平台。

（2）开发完善满足黄河流域预报调度需求的功能模块，包括水文预报模块、水库调度模块、调度方案评价比较模块、预报调度交互处理模块等，在对所有模型汇总和整合的基础上，形成预报调度模型库并形成统一的调用接口。

（3）通过该平台，可以方便地进行预报、调度软件的模型参数配置及数据交互，实现预报业务和调度业务的一体化。

2. 预报调度一体化流程

根据预报的初始洪水过程以及雨、水、工情初始条件，参照调度规则和已经设定的调度预案，进行水工程联合调度方案的计算，生成实时调度方案，在方案生成过程中，根据总体防洪形势和预报、调度作业的中间结果，反复进行预报调度作业的滚动分析计算，实现预报和调度结果的不断实时交互修正。

（1）依据流域内水雨情站点的实时雨水情信息，以及纳入的欧洲中心、日本和我国中央气象台等气象预报成果，选择多种模型、多种方案，以自动或交互模式制作预报，实现建设范围内水工程的入库洪水过程和区间洪水过程预报，其成果写入洪水预报结果库，作为水库调度的输入。

（2）根据需要制作调度方案的水工程属性自动从预报结果库中获取预报成果，依据调度规则和调度预案，设定防洪工程的运用参数，通过调度模型自动生成防洪调度方案，或在自动生成的调度方案基础上，经过专家经验判断和实时信息的综合分析，考虑水库、蓄滞洪区等水工程的不同调度运用情况，进一步修改水工程运用参数，设定不同的边界条件，按照自动、人机交互或优化调度模式，反复计算生成实时洪水调度方案，完成调度方案试算，生成一个或多个水工程的调度运用方案，输出出库流量过程，其成果写入调度成果库，作为下一步洪水预报的输入。

（3）根据单库调度最终结果或多库调度的中间结果，通过构建的预报演算河系进行河道洪水演进计算与区间洪水预报，按逐个调度节点反复进行预报调度作业的滚动交互，分区域从上游至下游，预报调度方案实施后主要控制站的流量过程，实现预报和调度结果的不断实时交互修正，对多种调度方案作对比分析和优选，并对洪水预报调度成果进行综合管理。

水工程群预报调度一体化流程如图 10.5-3 所示。

10.5.2　预报—流域洪水（区域径流量）模拟

10.5.2.1　模块功能

流域模拟功能模块包括降雨预报、洪水预报、水量预测、预报评估、预报成果管理、预报成果展示、交互式预报调度会商等。依托国家防汛抗旱指挥系统工程等项目，现有预报系统主要有黄河流域降水预报产品制作系统、黄河洪水预报系统、黄河上中游径流预报系统、黄河宁蒙河段冰情预报系统等。随着治黄工作的深入推进及受人类活动等因素影响，现有各预报系统的功能模块需要进一步扩充完善，预报模型需要进一步优化改进，系统架构需要适配国产化系统，预报方案的精度不能完全满足防洪调度需求；随着水工程联合调度工作的开展，预报覆盖范围需要进一步扩展。上述预报系统中的数据处理、结果展

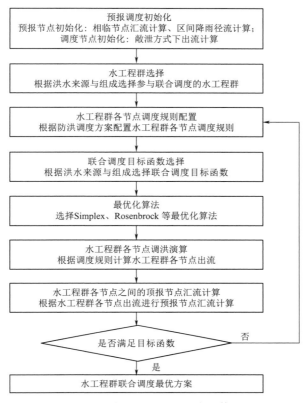

图 10.5 - 3　水工程群预报调度一体化流程

示等功能性模块在该系统可以直接复用，预报模型和预报方案需要升级扩展。流域模拟系统功能结构如图 10.5 - 4 所示。

1. 降雨预报

降雨预报主要包括短期、中期及长期降雨预报。短期降雨预报实现 1~3d 短期降雨预报，提供满足调度要求的不同时间尺度产品；中期降雨预报实现 3~7d 中期降雨预报，提供满足调度要求的不同时间尺度产品；长期降雨预报实现长期降雨预报，提供 7~30d 逐日（时间尺度为 24h）降雨预报产品，以及旬、月时间尺度产品。报告应提供产品类型和解决方案。

2. 洪水预报

洪水预报包括自动洪水预报及人工干预交互洪水预报两项功能。两种预报方式可以同时运行，预报结果可以进行比较；并可考虑预见期降雨成果的接入。最终成果根据需要进行数据库保存、表格输出、保存等。

自动洪水预报功能主要包括数据预处理、预报方案运行、预报结果展示等。数据预处理功能从实时雨水情数据库中读取数据，处理为可供预报方案直接使用的数据格式，并接入预见期降雨数据。预报方案运行功能将数据预处理结果作为输入，驱动预报方案运行。预报结果展示功能将预报方案计算结果以图表方式进行显式，统计洪水特征值，并将预报结果进行数据库保存。

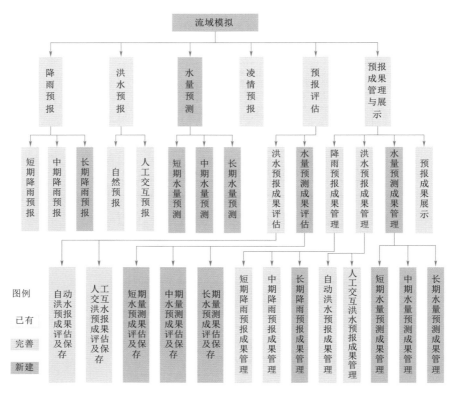

图 10.5 - 4　流域模拟系统功能结构图

　　人工干预交互洪水预报功能主要包括雨水情数据人机交互、模型参数人机交互、预报方案重新计算、多方案对比分析、最终预报结果数据库保存等。

　　3. 水量预测

　　水量预测功能主要包括数据预处理、预报计算、预报结果展示等。数据预处理功能从历史径流数据库中读取数据，处理为可供预报方案直接使用的数据格式。预报计算在满足输入条件的情况下，由系统自动识别调用适合模型进行预报计算。预报结果展示功能将预报方案计算结果以图表方式进行显式，统计预报径流的距平和历史排序等，并将预报结果进行数据库保存。预报作业提供自动、半自动和交互三种计算方式，其中人工干预交互洪水预报功能主要包括模型计算参数的人机交互预报方案重新计算、多方案对比分析、最终预报结果数据库保存等。

　　水量预测功能实现黄河八大来水区间及重要支流控制站的旬、月平均流量预报，11—6月径流总量预报和各月径流预报，花园口、华县和武陟断面年度天然径流量预报的制作、发布。

　　4. 凌情预报

　　凌情预报主要包括黄河宁蒙河段首凌日期、首封日期、巴彦高勒断面开河日期、三湖河口断面开河日期、包头断面开河日期、头道拐断面开河日期、宁蒙河段开河日期等，开河最大10d水量和凌峰流量；北干流河段首凌日期预报，以及下游河口河段首凌日期、首封日期、开河日期预报。

凌情预报的功能包括数据预处理、预报计算、预报结果展示等。其中，数据预处理包括通过实时雨水情系统中读入模型运行所需的初始条件、从气温预报模型读入气温预报数据。预报计算是在输入数据的驱动下，系统自主选择和识别模型进行预报计算。预报结果显示是把预报结果在 GIS 地图上显示，把相关站点或河段的预报结果通过图表形式展示出来。

5. 预报评估

预报评估主要包括洪水预报成果评估、水量预测成果评估、凌情预报成果评估等三项功能。

6. 预报成果管理

预报成果管理主要包括降雨预报成果管理、洪水预报成果管理、水量预测成果管理、凌情预报成果管理等四项功能。

降雨预报成果管理主要实现短期、中期及长期降雨预报成果的发布、查询、修改及保存功能。

洪水预报成果管理主要实现自动洪水预报与人工交互洪水预报成果的发布、查询、修改及保存功能。

水量预测成果管理主要实现流域水资源预测断面水量预测成果的发布、查询、修改及保存功能。

凌情预报成果管理主要实现宁蒙河段及下游河段凌情预报成果的发布、查询、修改及保存功能。

7. 预报成果展示

预报成果展示基于水利一张图，将水雨情监测信息、洪水超警信息、枯水告警信息、水雨情查询分析、水雨情预报信息及水雨情专题报告（指公报、简报等种类分析报告）等融合，以图表结合方式提供服务。

8. 交互式预报调度会商

交互式预报调度会商是指在一定调度范围内，根据由预报节点、调度节点组成的河道汇流拓扑结构，根据专家经验和实际需求进行预报调度方案的快速计算和会商。交互式预报调度会商由交互式预报调度和交互式预报调度会商两部分组成。

交互式预报调度是指在洪水预报（水工程敞泄调度方式）和防洪调度（水工程规则调度方式）结果的基础上，根据工程现状、河道现状等边界条件，快速在线计算多情景下的调度方案。交互式预报调度由预报调度情景设置、预报调度交互计算、预报调度成果分析三部分组成。

交互式预报调度会商是指在交互式预报调度成果的基础上，综合分析不同情景下的预报调度成果对调度节点和调度目标造成的影响，为会商决策提供科学依据。交互式预报调度会商由调度方案评价指标确定、调度方案优选两部分组成。

10.5.2.2 预报可视化展示

基于黄河流域一张图，依托三维可视化技术，将雨水凌情实时/预报信息、洪水/枯水超警信息、查询分析专题报告等融合，结合地图以三维动画、动态图表形式提供直观立体的可视化展示。主要包括以下几个方面：

（1）实时信息可视化展示。依据实时监测信息，以动态图层、图框、标注等形式在地图上显示流域天气、降雨、气温及河道水位、流量等信息，以过程线图表方式显示降水、水位、流量、含沙量等水文要素，以动态图形化方式显示测站断面冲淤变化、水位流量关系变化等信息，以主动查询方式显示视频监控信息。

（2）预报信息可视化展示。将预报信息与实时信息衔接，以过程线图表、动态图层等方式展示水文气象预报信息，实现预报信息、实时信息和历史信息的对比查询分析展示，预报信息可以声音、短消息、弹窗、预报对象闪烁等方式进行提醒。

（3）洪水/枯水超警信息可视化展示。根据设定的阈值，出现洪水/枯水超警时，以多种可视化形式进行告警。

（4）查询分析专题报告可视化展示。以实时滚动的方式，推送展示最新专题报告。

10.5.3　预警——防灾形势分析、监视与评价

10.5.3.1　防灾形势分析

1. 概述

防灾形势分析主要为防汛抗旱工作提供第一手信息，涵盖实时雨水情、工情、墒情、险情、灾情数据以及未来一段时期变化形势预测，为防汛抗旱决策和管理人员制定调度方案、实施调度管理提供全方位信息支撑。

根据雨水情、墒情、工情、灾情、遥感等多源信息现状及雨水情可能的变化态势，对照洪水和干旱（旱警水位或流量）预警指标体系，明确当前防汛抗旱面临的形势。分析当前的调度任务与目标，实现防洪（应急水量）调度需求，通过人工交互实现不同的洪水（应急水量调度）场景（历史典型洪水、实时洪水或降雨径流生成的洪水过程）选取、自动分析防洪（抗旱）形势。根据编制完善的防汛抗旱预警指标体系发布相关预警信息。

基于防灾前期的气象、水文、工程信息、河道的过洪能力，结合降雨、来水预报，研发防灾形势评估技术，开展防灾前期形势分析系统研发。基于多源信息，根据防汛、应急水量调度的不同需求，从天气系统发生发展的物理概念入手，结合专家经验，建立防灾形势分析指标体系，研发多模式动态形势评估技术，以适应不同时间、不同空间尺度下的防灾形势评估需求。在基于数字孪生黄河数字化场景下，进行防灾形势分析成果展示，辅助判别面临的防灾形势，指导下一步调度方案的编制工作。

防灾形势分析模块的流程如下：

（1）从数据库获取实时雨水情、工情、墒情、险情数据，以及预报信息，输入到模型中。

（2）根据水工程现状边界条件和调度原则，经概化计算，分析防洪现状及洪水演化趋势。

（3）选取的防洪形势分析对象和分析时段，调度管理人员从评价指标库中选择适宜的指标及评估方法，对防洪形势进行评估，输出防洪形势图表、防洪薄弱点等。

（4）筛查历史雨水情、工情、墒情、险情、灾情信息，按现状边界条件及调度规则进行重新调算，输出对比结果、防洪形势图表、防洪薄弱点等，为防汛管理人员实施调度管理、制定调度方案提供数据支撑，详见图 10.5－5。

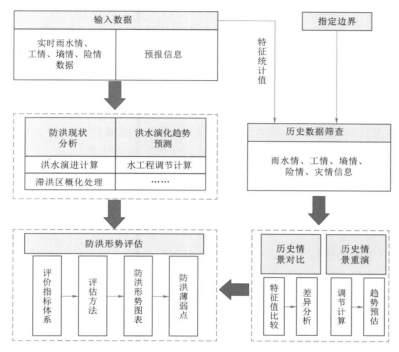

图 10.5-5 防灾前期防洪形势分析模块流程

2. 系统组成及功能

系统功能模块及主要建设内容如图 10.5-6 所示。

3. 模块功能

（1）评估指标设定。基于卫星遥感、天气雷达、水文气象站观测、工程情况、历史洪涝旱灾等多源信息，根据防洪调度、防凌调度和应急水量调度的不同需求，从天气系统发生发展的物理概念入手，建立防灾形势分析评估指标体系，以适应不同时间、不同空间尺度下的防灾形势评估需求，提供指标的入库管理和界面功能设定。

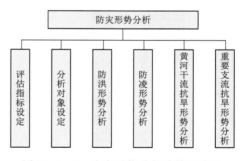

图 10.5-6 防灾形势分析功能组成图

（2）分析对象设定。通过多种交互方式设置前期形势分析的对象，包括重要水文控制断面（兰州、潼关、花园口等）、重要区间（三花间等）、重点水利工程（龙羊峡、刘家峡、三门峡、小浪底等）、重点区域（重点城镇、下游滩区等）等，以备防灾形势分析计算使用。

（3）防汛形势分析。提供不同的指标（参数）、分析模式让用户选择，根据信息的实时更新情况进行长期、中期、短期的形势分析。本部分分为防洪形势分析和防凌形势分析，其业务流程包括洪水演化趋势预测、防洪防凌形势预测、历史情景对比及重演。

1）洪水演化趋势预测。根据预报信息时间尺度和降雨洪水落区（或者用户需求），设定时间（如一场降雨、汛期、全年）、空间（如黄河上游、无定河、全流域）尺度，完成指定区域洪水演进计算。能够灵活地调取实时雨水情预报数据、水工程实时水位/蓄量数据，采用水工程常规调度规则，概化河道、滞洪区等边界约束条件，实现洪水演化趋势预测。

2）防洪防凌形势评估。以实时雨水情、工情、墒情、险情数据以及洪水演化趋势预测结果为输入，雨水情预警指标、河道警戒水位/流量、工程特征指标等作为评价指标（可根据实际情况选择适当的重点关注指标），评估指定区域防洪形势，输出防洪形势图表、防洪薄弱点等，为下一步制定调度管理、调度方案提供依据。

3）历史情景对比及重演。能够灵活地调取历史上指定时段（或自动筛选相似时段）的雨水情、工情、墒情、险情、灾情信息，实现与当前实时信息对比，并能按现状边界条件及调度规则进行重演。

（4）抗旱形势分析。提供不同的指标（参数）、分析模式让用户选择，根据信息的实时更新情况对旱情形势进行长期、中期、短期等不同时间尺度下的分析和研判，准确掌握农作物、林木、牧草、重点湖泊湿地生态和因旱人畜饮水困难等受旱情况。

本部分分为黄河干流抗旱形势分析和重要支流抗旱形势分析，其业务内容包括水情分析、灌区用水供需平衡计算、旱灾形势评估、历史情景对比及重演。

1）水情分析。包括流域年初水情分析、3—6 月来水预报和主要水库蓄水情况。

2）灌区用水供需平衡计算。对黄河流域干支流主要大型灌区进行供需平衡计算。

3）旱灾形势评估。在考虑流域年度供用水形势的基础上，结合当前水情和灌区需求分析，预判本年度可能出现的旱灾等级、旱灾影响范围，以及应对旱灾的水量需求和过程分析。

4）历史情景对比及重演。能够灵活地调取历史上指定时段（或自动筛选相似时段）的区域旱情发生、发展及应对过程，实现与当前实时信息对比。

10.5.3.2　监视与评价

以集成后的数据库为数据支撑，围绕流域防洪、水量、泥沙与应急等业务领域，针对实际监测信息、现场监视信息、预测预报信息、演变趋势信息、调度效果评价信息，借助"水利一张图"等技术手段进行直观可视化表达，同时根据预设的告预警阈值指标，采用屏幕闪烁、声音警报、手机短信等多方式对实况监测与预报信息进行在线动态告预警，为及时启动调度会商决策、采取调度操作措施、评价调度执行效果等提供信息支撑服务。监视与评价功能组成如图 10.5-7 所示。

该应用主要功能如下。

1. 实况监视与告警

以"水利一张图"为基础，依托空间信息展现技术，进行流域防洪、水资源、泥沙等常规实况监测信息的可视化与告警。

（1）水位监视与告警。以动态数值、值列表、过程线展示监视当前和长序列水位信息；对洪枯水分级预警指标、警戒水位、保证水位、最低水位、不同时间尺度水位特征值超标情况以屏幕闪烁、声音警报、手机短信等几种方式进行告警。本书在继承国家防汛抗旱指挥系统二期已有成果，扩展了节点范围和告警指标体系，丰富了告警提醒功能。

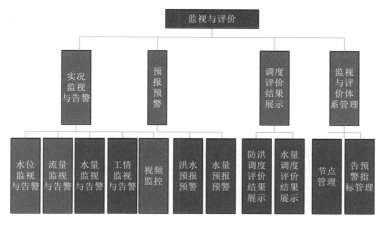

图 10.5－7　监视与评价功能组成图

（2）流量监视与告警。以动态数值、值列表、过程线展示监视当前和长序列流量信息；对洪枯水分级预警指标、最小下泄流量、不同时间尺度流量特征值等以屏幕闪烁、声音警报、手机短信等几种方式进行告警。

（3）水量监视与告警。以动态数值、值列表、过程线展示监视不同时间尺度水量控制目标信息；对洪枯水分级预警指标、最小下泄流量、不同时间尺度流量特征值等以屏幕闪烁、声音警报、手机短信等几种方式进行告警。

（4）工情监视与告警。以动态数值、值列表、工程模拟示意、工程三维模型等方式展示监视水库、涵闸、泵站、蓄滞洪区等主要运行状态指标；针对水库工程的汛期限制水位、正常高水位、设计洪水位、校核洪水位以屏幕闪烁、声音警报、手机短信等几种方式按需配置的超标告警。

（5）视频监控。以在线嵌入视频的方式实现实时视频或图像流的监视。

2．预报预警

以水利一张图为基础，依托空间信息展现技术，展示流域防洪、水量预报值；根据预警规则，对超标值进行预警，为综合调度提供基于预报值的信息查询、展示和预警。

（1）洪水预报预警。参考实况监视与告警子系统中水位、流量监视与预警模块功能和建设方式，展示水位、流量预报信息，预警超标信息；根据预报洪水值，结合工程设计指标，进行基于预报值的工程险情预报预警。

（2）水量预报预警。参考实况监视与告警子系统中水量监视与预警模块功能和建设方式，展示水量预报信息，预警超标信息。

3．调度评价结果展示

充分利用水利一张图的展示功能，以各专业调度应用评价分析为基础，集中展现各类调度应用中得出的调度评价结果，对超出评价指标阈值的进行提示。

（1）防洪调度评价结果展示。以动态数值、值列表、过程线等方式集中展示防洪调度对防洪安全，以及对供水、发电、航运等方面的影响等相关评价结果，并对超出评价指标阈值的进行告警。

（2）水量调度评价结果展示。以动态数值、值列表、过程线等方式集中展示水量调度对灌溉、供水等方面的影响等相关评价结果，并对超出评价指标阈值的进行告警。

4. 监视与评价体系管理

（1）节点管理。对调度对象节点、调度目标节点、预报分析节点及相关专业类别的节点基本信息进行增删改查管理，为其余系统和模块提供节点基础管理功能。

（2）告预警指标管理。依据长序列历史数据、设计或规划标准、行业规范等设置告预警事项类别、阈值、告预警级别、告预警方式等，为告预警展示提供基础管理功能。

10.5.3.3　防灾遥感监测预警

基于卫星、无人机等遥感技术获取的河势、洪水、凌情、旱情等遥感监测成果，开发防灾遥感监测预警功能，实现上中游内蒙古、小北干流河段汛前河势摸底，动态跟踪汛期河势变化，及时对不利河势及对工程影响进行预警；实现每日凌情封开河态势跟踪，动态分析清沟、堤防偎水、漫滩变化，为凌灾险情预警提供支撑。

1. 黄河上中游河势遥感应用

对上中游河势遥感监测影像进行遥感数据预处理，解译上中游河势等遥感信息，建设黄河上中游河势遥感监测应用，主要功能如下：

（1）开发河势分析功能，实现加载遥感监测获取的主溜线、心滩、水边线和工程信息，分析控导、险工、堤防等工程靠河位置与长度、靠溜位置与长度等情况。

（2）开发防洪工程河势影响变化分析与趋势预测功能，根据多期水边线、主溜线等河势遥感监测成果，针对单个工程、某一河段多个工程分析河势变化趋势，包括工程上提、下挫、靠河、脱河等情况，对河势发生严重变化影响工程安全的河段进行趋势分析。

（3）开发河势监测成果综合展示功能，基于河势遥感监测影像和解译成果，通过网络向黄委及黄河下游各级单位提供工程运行管理和防汛人员提供多期河势监测遥感影像、主溜线、心滩、岸线和工程信息等河势信息解译成果查询和展示服务，直观发现不同时期主溜线、心滩、岸线和工程信息等河势要素的变化情况。

（4）开发河势遥感信息移动应用，为河势查勘、防洪工程安全运行管理人员开展野外查勘巡检、现场事件处理等提供信息支持。

2. 黄河防洪减灾遥感应用

依据遥感监测成果，开发黄河重点区域洪水遥感应用功能，实现堤防偎水、堤防溃口和洪水淹没范围监测成果展示与变化对比，实时性或准实时性跟踪分析洪水发生、发展变化过程，进行洪灾分析和预估，为防洪减灾指挥调度提供信息支持。

3. 防凌遥感应用

建设防凌遥感应用，开发凌情跟踪监测与分析功能，实现每日遥感监测凌情封开河位置与长度等信息查询、展示与对比分析；开发凌情专题监测与分析功能，实现稳定封河期定期遥感监测的清沟、漫滩、堤防偎水等凌情专题信息查询、展示，近期与历史同期凌情变化趋势对比分析；开发凌情灾情险情监测与分析功能，实现冰塞冰坝、凌情溃堤等灾情险情遥感监测成果查询、展示与跟踪对比分析。

10.5.3.4　预警可视化展现

基于可视化模型服务，定制开发流域多维度、多时空尺度的预警数字化场景，提供预警信息实时的交互响应、稳定可靠的可视化展现专题。

1. 三维实体的可视化渲染

根据物理实体的几何、颜色、纹理、材质等本体属性，以及光照、温度、湿度等环境属性，实现实体的三维可视化渲染。

以 HTML5 富客户端技术、浏览器三维标准为基础，以地理信息三维交互可视服务为核心，对三维可编程渲染流程、GPU 高性能着色模型进行研究，在二维地图瓦片服务、空间要素查询服务的基础上，重点研究三维场景地图瓦片渐进式可视化、自定义预警专题数据精细可视化关键技术。

2. 应用场景可视化渲染

根据防汛抗旱业务需求、场景范围等条件，呈现具体场景渲染效果，主要包括超大场景动态缩放和加载渲染、自然现象的效果渲染等。动态缩放加载渲染可以根据距离加载不同层级的场景，以控制整体的渲染效果，每个场景区域可以独立动态加载。

根据防汛抗旱预警应用场景，对降水预警、洪水预警、洪水淹没过程进行模拟展现，实现断面查询、沿程信息显示、洪水方案模拟、防洪预案演示、等值线流场显示等功能。

预警可视化场景支持对各类预警场景的漫游与视点控制，可以更好地表现洪水淹没的细节。而且由于三维可视化系统具有高度信息，洪水淹没场景的显示不会只局限于俯视视角，从而有效地增强了洪水淹没过程的真实感。平台提供的地形建模、数据载入显示、场景操控等方法可以直接应用于洪水淹没模拟系统，一方面可以丰富洪水淹没模拟的功能，另一方面可以提供三维数字流域平台的适用性与可复用性，简化软件开发过程。

3. 业务数据可视化渲染

以黄河"一张图"为基础背景，展示最新黄河流域气象预警信息，可叠加流域降雨等值面、河道水情、水库水情（水库调令）、雨情、险情、工程视频、防汛物资仓库、防汛抢险队等信息。在黄河"一张图"上，按照预警级别，用不同颜色（由高到低分别是红、橙、黄、蓝四个级别）标注出水情预警水库名称、预警时间和洪峰值信息，点击水库可展示预警时间、水情超警发生的时间、洪峰值、预警描述文字、预警级别等信息。

用户通过"一张图"搜索定位关注地点、河流或工程关键字，或点击地图上的预警标注，地图可定位到搜索或预警发生的位置，同时页面周边展示固定地点附近或存在相互影响关系的相关信息，如受预警影响的河流、水库、堤防、水闸、险工控导、物资仓库、防汛抢险队、地区人口、经济产值等。

10.5.4　预演——调度方案生成及评估

10.5.4.1　防洪调度

1. 概述

黄河流域防洪调度在空间上分为上游水库（群）防洪调度和中下游防洪联合调度。主要是基于流域模拟提供的支撑服务，调用相关调度模型，建设防洪调度规则设置、防洪调度方案计算、防洪调度方案分析、调度效果仿真等功能，为防洪调度提供方案决策支持。

上游水库（群）防洪调度是在现有系统的基础上，增加干流梯级水库和重要支流水库节点，结合修订完善的《黄河上游水库（群）防洪调度方案》，建立相关调度模型，进行黄河上游水库（群）防洪调度演算。

在空间上考虑方案编制范围拓展，增加影响防洪调度的上游干流重要水库水电站，以及湟水、大通河等区间支流的重要水库，增加兰州至头道拐河段主要控制断面节点，纳入的水工程的范围主要包括干流龙羊峡至头道拐河段，支流大夏河、洮河、湟水，黄河干流龙羊峡、拉西瓦、李家峡、公伯峡、积石峡、刘家峡、盐锅峡、八盘峡、河口、柴家峡、青铜峡、三盛公、海勃湾，支流九甸峡、石头峡、纳子峡等水库，以及内蒙古河段应急分洪区等。

在功能上增加基于洪水预报的龙羊峡、刘家峡水库实时调度防洪调度、干支流水库群联合调度，对实时调度模块进行扩充及升级完善，通过调用洪灾前期形势分析模型、洪水预报模型、河道演进模型、洪灾评估等模型，对防洪形势分析、方案对比分析等模块进行整合、升级完善，构建黄河上游干支流水库群联合防洪调度模型，全面提高黄河上游防洪调度系统的完整性及表现力。

中下游防洪联合调度主要是扩展现有调度范围，在空间上考虑方案编制范围拓展，增加万家寨水库等调控模块以及中下游干支流主要控制断面节点；结合调水调沙，建立黄河中下游防洪联合调控模型，进行多方案黄河中下游防洪联合调度方案演算；考虑预报与调度相结合、中小洪水防洪调度与调水调沙相结合的方案优化完善，对水库调度模块、河道演进模块和蓄滞洪区分洪运用模块进行配套升级完善，构建黄河中下游防洪工程联合防洪调度应用体系。

此外，在功能模块开发技术上，由于国家防汛抗旱指挥系统一期的防洪调度系统（黄河中下游防洪调度系统）采用 C/S 模式，已不能满足总体框架要求；二期建设的防洪调度系统（黄河上游防洪调度系统）虽然采用 B/S 模式，但使用的是 .net 开发平台，无法迁移至新的技术应用体系。国家防汛抗旱指挥系统主要是为本次防洪调度应用的建设提供了系统设计思路和模型方法，功能模块的开发需要在空间拓展、功能增加的基础上，在新的总体技术架构上进行重新开发。

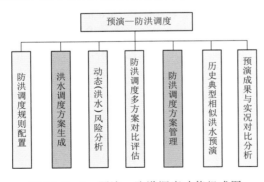

图 10.5 - 8　预演—防洪调度功能组成图

2. 系统组成及功能

系统功能模块及主要建设内容如图 10.5 - 8 所示。

3. 模块功能

（1）防洪调度规则配置。定义龙羊峡、刘家峡、拉西瓦、李家峡、公伯峡、积石峡、九甸峡、纳子峡、石头峡、盐锅峡、八盘峡、河口、柴家峡、青铜峡、海勃湾、三盛公等干支流水库及水电站，青海、甘肃、宁夏、内蒙古河段堤防运行边界条件，定义贵德、小川、兰州、下河沿、石嘴山、巴彦高勒、红旗、享堂等干支流防洪控制节点，防洪控制节点允许过流能力等重要参数。

梳理各调度目标节点的要求以及有关规划、调度方案的安排，数值化各防洪控制节点与上下游水利工程在空间和防洪调度任务的关联关系，包括防洪控制点与河道空间的关系，防洪控制点对水库防洪库容的预留要求，以及针对各种洪水类型、量级下具体防洪调度方式等。

梳理各水库调度运用方式，提取关键指标，建立单库调度、多库联调规则，参数化和模型化黄河上游防洪调度方案。

防洪调度规则库包括以下配置功能：

1）水利工程运行边界设置。包括水库防洪库容、汛期限制水位、防洪高水位、堤防最高水位、蓄滞洪区蓄洪容积等水利工程的运行边界条件。

2）防洪控制节点参数设置。包括防洪控制节点警戒水位、保证水位、所在地方最高水位，以及相应允许过流能力、水位流量关系曲线等重要参数。

3）防洪调度关联规则设置。解析防洪调度、水沙调控规则，建立规则库表，数值化各防洪控制节点与水库、堤防/河道的空间关联关系和调度响应关系。实时展示调度过程中水库蓄量/水位/泄流量与防洪控制节点水位的关系等。

4）规则辨识模块。按照当前水雨情及水利工程现状条件，辨识规则，运行方案。

（2）防洪调度方案生成。实现河道、水库、调度节点动态组合的水库调洪模型，实现基于调度节点目标调控的洪水调度方案反演，并按照调度指标排序，智能推送防洪调度方案。

1）防洪调度参数配置。基于调度需求，提供水库调度范围选择、水库调度防洪库容动用空间设定、动用次序设定、水库拦洪方式设定、河道洪水模拟模型（水文学、一维或二维水动力学等）、蓄滞（分）洪区运用次序、开口方式等。

2）防洪调度目标配置。实现调度节点目标交互式编辑，并提供多调度目标选择和设定功能；调度控制目标提供控制站水位/流量、水库运行水位、蓄滞（分）洪区运用与否等选项。

3）上游常规调度计算。包括各水库单库调度模块、龙刘水库联合设计防洪调度模块。实现单个水库或多个水库的常规调度。通过调取设计洪水过程，设定方案计算参数，调用黄河上游防洪调度模型，生成黄河上游防洪调度方案（预案），指导调度工作。

根据设计洪水过程及调度初始条件，参照已经设定的联合防洪调度运用方案，进行龙羊峡、刘家峡、李家峡等干支流水库的单库，龙刘两库联合，水库群联合调度方案的计算，生成黄河上游水库群的联合实时调度方案（预案）。

4）上游实时调度计算。包括龙羊峡、刘家峡水库实时调度模块，干流梯级水库群实时调度模块，干支流水库群联合实时调度模块。通过洪水预报模型计算出的预报方案，调用黄河上游防洪调度模型，生成黄河上游实时防洪调度方案，指导调度工作。

根据实测、预报的洪水过程以及调度初始条件，参照已经设定的联合防洪调度运用方案，进行龙羊峡、刘家峡、李家峡等干支流水库的单库，龙刘两库联合，水库群联合调度方案的计算，生成黄河上游水库群的联合实时调度方案，在方案生成过程中，能根据总体防洪形势和洪水预报作业的中间结果，反复进行滚动计算，实现预报和调度结果的不断实时修正。

5）中下游防洪与调水调沙相结合调度计算。开发中小洪水防洪调度与调水调沙相结合的调度模块，研究防洪调度与调水调沙调度相结合的控制指标、运用方式。

用水库调洪、河道洪水演进、河道汇流、河道及水库泥沙冲淤数学模型等进行分析计算，得出三门峡、陆浑、故县、河口村、小浪底水库实时水沙调度结果，五库库区淹没损失状况，三门峡、小浪底库区冲淤状况，花园口流量、洪量、含沙量等，再进行黄河下游河道洪水（水沙）演进和蓄滞洪区分洪模型等分析计算，获得黄河下游主要控制站水沙过程、下游河道冲淤状况、蓄滞洪区分洪调度过程等。

在方案计算中，结合流域模拟成果，进行预报调度一体化计算。开展预报信息的快速融合处理，在方案生成过程中，能根据总体防洪形势和水沙预报作业的中间结果，反复进行水沙调度作业的滚动计算，实现预报和调度结果的不断实时修正。

根据中游头道拐（河口镇）—花园口区间前期影响雨量、实测降雨和预报降雨及上游头道拐（河口镇）以上水沙过程进行产汇流计算和河道水沙演算，预报计算出潼关及三门峡水库入库水沙过程（洪水过程），伊河陆浑水库入库洪水过程，陆浑—龙门镇区间洪水过程，洛河故县水库入库洪水过程，故县—长水区间洪水过程，长水—宜阳区间洪水过程，宜阳—白马寺区间洪水过程，白马寺、龙门镇—黑石关区间洪水过程，河口村水库入库洪水过程，五龙口—武陟区间洪水过程，三门峡—小浪底区间洪水过程，小浪底—花园口区间（干流）洪水过程、沁河武陟站洪水过程。

（3）洪水动态风险分析。基于水力学模型，构建洪水淹没分析模型，输入实测或预报的降雨、水位、流量等水文信息和模型参数等，动态输出淹没范围、水深、流速、洪水到达时间、淹没历时等洪水淹没信息，结合社会经济资料，评估受灾风险影响，指导防洪规划、工程设计等防洪管理和灾害防御应急等应用。

按照系统需求和功能划分，动态演示功能主要包括方案计算和管理、基础信息管理、受灾风险影响评估分析、淹没信息管理 4 个主要模块。

1）方案计算和管理。方案计算和管理包括基于水力学模型进行的二维洪水淹没分析计算和对方案结果进行组织管理两部分内容。

方案计算包括受灾风险影响评估分析、洪水风险动态展示、避洪转移分析等。针对动态洪水分析方案开展模型计算，动态输出淹没范围、淹没水深、传播速度、洪水到达时间、淹没历时等洪水淹没信息，进行洪水动态时空模拟推演。针对洪水动态分析结果，结合社会经济资料数据，动态评估可能的受灾区域、受灾人口、社会经济损失、环境影响等，进行受灾风险影响评估分析。

计算过程主要是基于二维水力学模型，构建洪水淹没分析模型，与系统方案计算模型进行耦合集成。输入实测或预报的降雨、水位、流量等水文信息和模型参数等，动态输出淹没范围、水深、流速、洪水到达时间、淹没历史等洪水淹没信息，结合社会经济资料，评估受灾风险影响。

方案管理包括新建方案、删除方案、载入方案及关闭方案几个功能模块，主要对不同典型洪水黄河下游滩区的洪水淹没情况和洪水演进特性数据进行组织和管理。

2）基础信息管理。基础信息管理包括区内县乡、滩区、控导工程、生产堤、水文站、桥梁、大断面、村庄等重要相关信息图层的展示和管理模块，重要实景影像资料以及重要文档信息的组织和管理。

3）受灾风险影响评估分析。针对洪水动态分析结果，结合社会经济资料数据，动态评估可能的受灾区域、受灾人口、社会经济损失、环境影响等。

根据受灾风险影响评估因子，分为受灾区域评估分析、受灾人口评估分析、社会经济损失评估分析和环境影响评估分析。

4）淹没信息管理。淹没信息统计主要包括不同量级洪水总体淹没情况、不同水深淹没情况、不同行政区淹没情况、主要滩区淹没情况、村庄淹没预警信息等信息的分析统计功能。

（4）防洪调度多方案对比评估。实现多项调度方案指标对比分析，并对调度方案综合效益开展综合评估。具有防洪调度方案对比分析、防洪调度方案优选推荐等功能。

1）防洪调度方案对比分析。调度方案对比分析评价主要完成多种防洪调度方案成果、多种防凌调度方案成果的工程运用情况、运用效果（调度方案仿真结果）、灾害损失、方案成果可行性等方面的对比、分析和评价，以供决策者选择可行、满意的调度预案和实时调度方案。调度方案对比分析评价应包括单个方案成果分析评价和多个方案成果综合对比分析评价。

工程运用情况比较，主要是比较不同调度成果的水库、蓄滞（行）洪区等防洪工程的运用情况；运用效果比较，主要是根据调度成果，比较不同成果的运用效果，如控制站水位变化、控制站流量变化、削错峰效果、蓄滞（分）洪量、分洪流量等；灾害损失比较，主要是根据受影响区域及可能淹没水面线高程，计算和评估不同调度成果的人财物损失、对交通及城市重要工矿企业等的影响；方案成果可行性比较，主要是比较不同成果的迁移人口、工程运用准备；灾害损失比较和方案成果可行性比较，主要是比较社会经济、人口和交通等方面的灾害损失。

2）防洪调度方案优选推荐。实现基于防洪调度业务的方案优选及推荐功能。通过知识库中的调度规则、专家经验及方案预案，根据不同优选指标进行优劣判断和智能遴选，优选出最适合当下调度场景的方案。采用的主要优选指标包括逐项防洪调度目标的控制程度、洪（旱）灾损失大小、流域剩余防洪能力、工程运用情况、调度方案可行性等。

（5）防洪调度方案管理。防洪调度方案管理主要是实现遴选的调度方案入库，并编制模板，实时生成调度令，调用黄委综合办公系统接口进行调度令审核行文。并对计算得出的防洪调度成果（调度预案和实时调度方案）集进行统一、有效的管理，并与防洪形势分析、洪水预报建立关联关系，作为联合调度会商基础方案库。国家防汛抗旱指挥系统虽已有相关建设成果功能，但因开发平台不一致，无法在该基础上进行完善，需基于开发技术平台重新开发。

防洪调度方案管理包括防洪调度方案入库管理、防洪调度方案审核行文、调度成果检索、方案列表查询、方案详细信息查询、方案更新和删除、基础数据管理等。

1）防洪调度方案入库管理。经过方案评估后，用户选择满意的调度方案进行保存，调度方案按编号正式存入数据库，并与防洪形势分析、洪水预报建立关联关系，作为联合调度会商基础方案库。

2）防洪调度方案审核行文。根据模板，实时生成调度令，调用黄委综合办公系统接口进行调度令审核行文。

3）调度成果检索和方案列表查询。可根据用户的需求查询制定条件内的调度成果

（预案）基本信息集，其查询的条件基本覆盖方案基本信息表中的大部分字段。功能上，该模块将实现对文本条件的模糊查询、时间条件的定制查询等功能。

4）方案详细信息查询。将完成对前一模块检索到的方案详细信息并跳转调度成果可视化模块，具体查询结果包括对应的水库、水文站河道方案信息和数据分析成果。

5）基础数据管理。主要是对调度方案生成中涉及的流域概化信息、各种计算模型参数、调度方案参数等进行定制，以及对用户、单位、角色、权限和日志等信息进行统一管理。

（6）历史典型相似洪水预演。分析黄河流域多场历史典型洪水过程的特性，对不同洪水过程进行统计分析，研究不同洪水过程间相似程度对比分析的方法和主要指标，并对指标间的加权和博弈关系进行论证，提出洪水过程相似性的分析方法，并通过方案的计算和验证，对指标参数进行验证。确定符合流域特点的相似性分析方法。根据自动遴选的相似历史典型相似洪水进行洪水预演，分析预演结果。

（7）防洪预演成果与实况对比分析评价。实现对已执行的调度方案中各河道控制站流量、水库站水位过程及调度相关特征值等预演成果与实况的跟踪对比分析和评价，在此基础上提出调度精度评价结论和调度修正意见，指导后续调度工作。

（8）汛前调水调沙。实现对调水调沙历史资料、调度边界条件的快速查询、科学分析及有效管理，实现万家寨、三门峡、小浪底联合调水调沙调度模式下水库调度方案的自动生成，实现对不同调度方案的分析管理，支撑调水调沙生产运行。

1）调水调沙基础信息管理。包括调水调沙特征值、洪水传播时间、异重流特征值、洪峰增值、河道横断面、河道纵断面、淤积量、历年调水调沙预案报告等数据信息管理和查看功能。

2）调水调沙方案生成。包括调水调沙调度方案的生成，根据指令进行调度计算。可对传播时间、调控流量、水库水位降幅限制等调水调沙约束性指标进行设置和管理。

3）调水调沙方案管理。包括新建方案、打开方案、保存方案、方案设置、方案输出等功能。

10.5.4.2　防凌调度

1. 概述

防凌调度主要是结合黄河流域防凌调度方案，建立上游龙羊峡、刘家峡、海勃湾、万家寨（龙口）水库以及内蒙古应急分洪区的联合防凌调度模型、中游万家寨、龙口、天桥水库联合防凌调度模型，以及三门峡、小浪底水库联合防凌调度模型，实现黄河上游水库群防凌调度、内蒙古应急分凌区防凌调度、上游水库群及应急分凌区联合防凌调度、黄河中下游水库群防凌调度、全河水库群及应急分凌区联合防凌调度等业务应用。纳入的水工程的范围涵盖干流龙羊峡至河口河段，主要包括黄河干流龙羊峡、刘家峡、海勃湾、万家寨、龙口、天桥、三门峡、小浪底等水库，以及内蒙古河段应急分洪区等。

在功能模块开发技术上，由于国家防汛抗旱指挥系统一期未建设防凌调度应用模块，二期建设的防凌调度系统（上游防凌调度系统）虽然采用 B/S 模式，但使用的是 .net 开发平台，无法迁移至新的技术应用体系。国家防汛抗旱指挥系统主要是为本次防凌调度应用的建设提供了系统设计思路和模型方法，在功能模块的开发上需要在空间拓展、功能增加的基础上，在新的总体技术架构上进行重新开发。

2. 系统组成及功能

预演—防凌系统功能模块及主要建设内容如图 10.5-9 所示。

3. 模块功能

（1）防凌调度规则配置。定义干流龙羊峡、刘家峡、海勃湾、万家寨、龙口、三门峡、小浪底等水库，以及内蒙古河段应急分洪区等水利工程的运行边界条件，不同凌汛发展阶段防凌控制点流量、水位等重要参数；数值化各防凌控制节点与上下游水利工程在空间和防凌调度任务的关联关系。

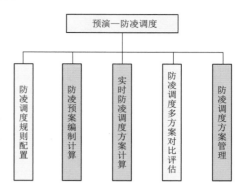

图 10.5-9　预演—防凌调度系统功能
模块及主要建设内容

根据水库、应急分凌区的防凌调度技术，拟定不同凌汛期不同边界条件水利工程的防凌调度方式并模块化，建立防凌调度规则库。主要模块功能如下：

1）流域防凌调度规则设置。将批复的流域水量分配方案、水量调度方案，预估的凌汛期各区间来水，各区间引退水计划，水库运用水位、下泄流量控制指标等存入规则库，作为防凌调度的约束条件。

2）水利工程防凌调度规则设置。包括水利工程的调度规程、上游水库群防凌调度方案、应急分凌区防凌调度方案、黄河中下游水库群防凌调度方案、全河水库群及应急分凌区联合防凌调度方案等。建立相关的计算模块，可供系统计算时调用。

3）防凌调度关联规则设置。包括控制断面、河段、水利工程之间的水利拓扑关系及调度关联关系。具体表现为河段与控制断面的划分关系、控制断面凌汛期各阶段适宜流量需求与水利工程下泄流量的关系，以及水利工程与来水、用水的对应关系等。

（2）防凌预案编制计算。包括上游水库群防凌调度方案计算、上游水库群及应急分凌区联合防凌调度方案计算、黄河中下游水库群防凌调度方案计算、全河水库群及应急分凌区联合防凌调度方案计算。

1）防凌调度参数配置。基于调度需求，提供水库调度范围选择、水库调度防凌库容动用空间设定、水库群动用次序设定、水库防凌方式设定、分凌区调度方式设定、分凌区运用次序、河道水动力学和热学效应的冰水输移演进方式和参数、水库及分凌区联合调度运用方式等。

2）防凌调度目标配置。实现调度节点目标交互式编辑，并提供多调度目标选择和设定功能；调度控制目标提供控制站水位/流量、水库运行水位、蓄滞（分）洪区运用与否等选项。

3）防凌预案编制计算。根据预估凌汛期的来水分析，考虑电力调度、水量调度等部门的意见，以及计划引水数据，进行适宜封河流量方案计算，包括各水库出库流量、水库控制库水位计算，通过计算生成水库、应急分凌区的调度预案。

（3）实时防凌调度方案计算。包括上游水库群防凌调度方案计算、上游水库群及应急分凌区联合防凌调度方案计算、黄河中下游水库群防凌调度方案计算、全河水库群及应急分凌区联合防凌调度方案计算。

针对黄河上游和中下游河段凌汛期特点，结合凌情的实际发展情况，根据冰凌洪水的预报或预估结果，对水库实时防凌调度方案进行分析修正计算，提出实时调度方案供防凌决策者参考。遇紧急凌情，通过河道冰凌洪水演进计算分析或借助水文经验方法计算分析，确定应急分凌区防凌调度运用方案。

1）实时防凌调度参数配置。基于调度需求、河道封冻和冰凌预报，提供水库调度范围选择、水库调度防凌库容动用空间设定、水库群动用次序设定、水库防凌方式设定、分凌区调度方式设定、分凌区运用次序、河道水动力学和热学效应的冰水输移演进方式和参数、水库及分凌区联合调度运用方式等。

2）实时防凌调度目标配置。实现实时防凌调度节点目标交互式编辑，并提供多调度目标选择和设定功能；调度控制目标提供控制站水位/流量、水库运行水位、蓄滞（分）洪区运用与否等选项。

3）实时防凌调度方案计算。根据凌汛期的来水分析预报，考虑电力调度、水量调度等部门的意见，以及计划引水数据，进行适宜封河流量方案计算，包括各水库出库流量、水库控制库水位计算，通过计算生成水库、应急分凌区的实时防凌调度方案。

（4）防凌调度多方案对比评估。实现多项防凌调度方案指标对比分析，并对调度方案综合效益开展综合评估。具有防凌调度方案优选推荐、防凌调度方案对比分析、防凌调度方案综合评估等功能。

1）防凌调度方案优选推荐。实现基于防凌调度的方案优选及推荐功能，包括逐项防凌调度目标的控制程度、洪灾损失大小、流域剩余防凌能力、工程运用情况、调度方案可行性等多项指标。

2）防凌调度方案对比分析。调度方案对比分析评价主要完成多种防凌调度方案成果的工程运用情况、运用效果（调度方案仿真结果）、灾害损失、方案成果可行性等方面的对比、分析和评价，以供决策者选择可行、满意的调度预案和实时调度方案。调度方案对比分析评价应包括单个方案成果分析评价和多个方案成果综合对比分析评价。

工程运用情况比较，主要是比较不同调度成果的水库、蓄滞（行）洪区等防洪工程的运用情况；运用效果比较，主要是根据调度成果，比较不同成果的运用效果，如控制站水位变化、控制站流量变化、削错峰效果、蓄滞（分）洪量、分洪流量等；灾害损失比较，主要是根据受影响区域及可能淹没水面线高程，计算和评估不同调度成果的人财物损失、对交通及城市重要工矿企业等的影响；方案成果可行性比较，主要是比较不同成果的迁移人口、工程运用准备；灾害损失比较和方案成果可行性比较，主要是比较社会经济、人口和交通等方面的灾害损失。

3）防凌调度方案综合评估。结合流域综合调度需要，评价方案对生态、发电等方面的影响，并对调度方案进行防凌风险分析。一方面评价方案对生态、发电等方面的影响；另一方面对调度方案进行防凌风险分析，提升预警评估能力。

（5）防凌调度方案管理。防凌调度方案管理主要是对计算得出的防凌调度成果（调度预案和实时调度方案）集进行统一、有效的管理。实现遴选的调度方案入库，并编制模板，实时生成调度令，调用黄委综合办公系统接口进行调度令审核行文。并对计算得出的防凌调度成果（调度预案和实时调度方案）集进行统一、有效的管理。国家防汛抗旱指挥系统二期虽已有相关建设成果功能，但因开发平台不一致，无法在该基础上进行完善，需基于开发技术平台重新开发。

防凌调度方案管理包括防凌调度方案入库管理、防凌调度方案审核行文、调度成果检索、方案列表查询、方案详细信息查询、方案更新和删除、基础数据管理等。

1）防凌调度方案入库管理。经过方案评估后，用户选择满意的调度方案进行保存，调度方案按编号正式存入数据库，并与防凌形势分析建立关联关系，作为联合调度会商基础方案库。

2）防凌调度方案审核行文。根据模板，实时生成调度令，调用黄委综合办公系统接口进行调度令审核行文。

3）调度成果检索和方案列表查询。可根据用户的需求查询制定条件内的调度成果（预案）基本信息集，其查询的条件基本覆盖方案基本信息表中的大部分字段。功能上，该模块将实现对文本条件的模糊查询、时间条件的定制查询等功能。

4）方案详细信息查询。将完成对前一模块检索到的方案详细信息并跳转调度成果可视化模块，具体查询结果包括对应的水库、水文站、封冻河道的方案信息和数据分析成果。

5）基础数据管理。主要是对调度方案生成中涉及的流域概化信息、各种计算模型参数、调度方案参数等进行定制，以及对用户、单位、角色、权限和日志等信息进行统一管理。其中，对用户、单位、角色、权限和日志等信息的管理在一个应用中开发后，可重复使用模块功能，不需重新开发。

（6）防凌预演成果与实况对比分析评价功能。完成对已执行防凌调度方案中各河道控制站流量、水库站水位过程及调度相关特征值等预演成果与实况的对比分析和评价，提出防凌调度精度评价结论和调度修正意见。

10.5.4.3　综合调度会商

1. 概述

综合调度会商系统是一种以计算机为工具，应用决策科学及风险分析理论与方法，以人机交互方式辅助决策者解决半结构化和非结构化决策问题的信息系统。在辅助决策指挥过程中，应采用风险分析理论，从水文、水利工程、经济、政策、环境和社会等方面分析重大和突发主题会商的风险因子及影响方式，依据风险因子分类和分级的原则，初步评价各类风险，提出减小或转移各类风险的措施。

2. 系统组成及功能

综合调度会商系统结构如图 10.5-10 所示。

3. 模块功能

（1）综合信息展现。综合信息服务系统功能定位是实现对各专题信息以及各应用系统处理后的成果查询和统计。结合水工程防灾工作具体需求，将综合信息服务查询内容划分为工程基础信息，气象、雨情、水情、工情、水质、水生态等流域实况信息，水文、泥沙、水质、水生态等预测预报信息。

水工程防灾联合调度综合信息展现利用黄委综合管理资源整合与共享搭建的统一门户

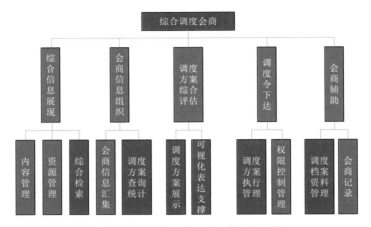

图 10.5 - 10　综合调度会商系统结构

组件，在系统集成的基础上，构建服务于各级领导和业务工作人员的综合信息展示专题，包括实时雨情、水情、工情、墒情、险情信息，以及预报成果信息、流域模拟信息、前期形势分析成果、洪水分析、调度模拟、调度方案等信息，结合黄河一张图通过图表、数据或者三维进行动态展示。

综合信息展现模块包括内容管理、资源管理、综合查询、综合信息汇聚、洪水调度预演等功能。内容管理实现调度会商各专题信息的内容采集、发布、样式、模板等管理；资源管理实现各会商专题信息资源、来源管理；综合查询实现各专题信息服务的综合查询、检索服务；通过报送、接入、抓取、智能交互等手段实现综合信息汇聚可视化展示，按照主题分类持续智能关联、汇总事态相关信息，实现对突发事件动态、应急体系管理动态、应急响应、资源调度、监测预警、专业研判、救援进展、总结评估等信息的可视化展示。

利用已建立的物理黄河及其影响区域的数字化映射，对流域洪水防御进行模拟演练，实现从降水预报、洪水预报到调度方案比选、水工程防洪调度、决策指挥、灾情险情全过程的二维图形及三维场景展示，实现防洪调度模拟预演功能，根据降雨和洪水预报，模拟水库调度、洪水演进、工程出险及滩区淹没情况。

（2）会商信息组织。

1）会商信息汇集。在最短的时间内，实现信息的汇集。从各个业务应用中抓取有用的信息，形成汇报文档并展示。会商一般采用多媒体技术，融合二维/三维地图、图形、影像、视频、动画、图片、文字、声音等各种常用的汇报演示方式表现，对水量调度、工程安全、工程运行与维护管理、水情监测、水质监测、水文气象、调水效益经济指标等各方面情况进行科学的分析，为决策管理者提供及时、准确、科学的辅助决策依据。

2）调度方案查询统计。系统根据各调度应用生成的调度方案的相关数据，提供调度方案统计查询结果展示等功能。

在统计查询的基础上实现决策辅助功能，利用多源数据融合、大数据关联分析、机器学习、案例推演等技术，结合法律法规、标准规范、事件链、预案链、事故案例、资源需求、专业知识等信息，建立面向各类事故灾害的辅助决策知识模型，分析各类事故灾害发生特点、演化特征、救援难点等内容，提出风险防护、应急处置等决策建议，为高效化、专业化救援提供支撑。

（3）调度效益综合评估。

1）调度方案展示。在会商现场对提前进行的水量调度、工程安全等主题计算成果在工程 2D/3D 全景图上进行展现。系统调用在不同情境下水量调度、工程运维、安全等模型计算、分析、评估出的结果，对不同方案可能对水量调度、工程运维和工程安全造成的影响做出影响评估。

在会商过程中，在会商环境的支持下，将经过组织处理的会商信息、案例、模拟结果以简洁、明确、形象的方式，将数字信息、图像信息、文本表格信息、遥感影像信息、视频信息等会商所需的各种类型的丰富信息，在二、三维数字平台及视频会议的支持下进行动态展示，供现场会商决策参与者进行讨论，做出决策。

根据突发事件的应急处置流程，再现应急过程，建立各类突发事件处置评估模型，实现对应急处置过程的时效性、有效性等综合效果的总结评估，为应急指挥能力提升提供支撑。主要包括过程再现、事件评估、评估模型管理、总结评估报告、应急能力评估等功能，总结分析处置情况，开展事件全过程跟踪，提出今后重点改进和加强的方面，提高应急能力。

2）可视化表达支持。系统的查询方式和展现方式总体要突出查询结果的可视化表达，要充分利用应用支撑平台中的图形化、GIS 组件，即以图形、图像、专题图、专题地图和全景可视化等易为人们所辨识的方式展现数据间的复杂关系、潜在信息以及发展趋势，以便能够更好地利用所掌握的信息资源，实现图形、地图、文字、表格等可视化输出和简约表达，形成专业信息图与专业信息思维导图，让数据会说话。

实现应急协同会商功能，通过整合现场监控图像、单兵设备、移动终端和视频会议等多媒体手段，建立数据传输、语音通话、视频接入的融合通信系统，基于 GIS "一张图"开展各类信息综合关联分析，实现前后方和相关部门的音视频会商、协同标绘、文件共享等功能。

（4）调度令下达。

1）调度方案执行管理。向各业务系统下达调度方案，并对执行过程进行监督。针对突发事件，快速启动应急预案，并根据预案迅速指挥与执行工作，组织调度人员与物资，开展应急的专业处理与相关配合工作。同时根据反馈情况，动态评估事件的发展情况，根据事件情况调整措施。根据各部门应急管理体系和应急响应职责，结合事故灾害和应急预案，智能关联相关应急处置人员，建立应急指挥人员专业通信群组，实现快速查询、一键通信、群组管理、信息交互等功能。

2）权限控制管理。根据不同信息级别的预案设置不同的权限，相应的预案在不同级别的调度信息中有不同的操作措施。

（5）会商辅助。

1）调度档案资料管理。对调度的发生、方案制定、执行监督和实际效果等全过程回顾总结并进行档案整理，提供根据会商的主题、发布人员、时间段来查询相关资料和调度方案等。提供工程调度相关水资源、水环境、水生态和工程管理、工程运行等相关预案、档案、法律法规信息的查询。

2）会商记录。在会商过程中将领导意见、讨论结果随笔记录下来，方便会后的资料整理和调度方案收集。支持语音转文字记录。

10.5.4.4　预演可视化展现

1. 概述

针对预演功能涉及的防洪调度、防凌调度、应急水量调度等信息，借助数字孪生流域可视化场景等技术手段进行直观表达，为启动调度会商决策、对比调度方案、采取调度措施、评价调度效果等提供信息支撑服务。

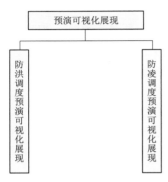

图 10.5-11　预演可视化展现系统功能结构

2. 系统组成及功能

预演可视化展现系统功能结构如图 10.5-11 所示。

3. 模块功能

（1）防洪调度预演可视化展现。基于数字孪生黄河，以黄河流域数字化场景为基础，重要防洪调度节点为边界，调用模型平台中的可视化模型和数据模拟仿真引擎，构建面向黄河流域重要防洪区域的洪水推演场景，实现推演结果的三维可视化表达。

三维可视化表达包括渲染模式和淹没信息两大类表现方式。其中，渲染模式包括真实水面和流向示意图两种表现模式，真实水面采用动态纹理构建叠加真实光影效果，逼真地表现洪水淹没过程，流向示意图采用箭头效果真实反映水流的流向和流速，为研究局部水流形态和冲刷情况提供清晰直观的展现；淹没信息包括最大淹没水深、洪水到达时间、淹没历时、最大流速等洪水指标的三维展示。

水库（群）调度过程是水工程联合调度过程情景展示的核心部分，主要根据调度方案的成果，直观模拟展示水库的蓄量变化过程、水位变化过程、入出库情况等水库调蓄以及防灾运行过程。特别是在三维环境下水库群的动态模拟展示过程，是系统建设的重点内容。采用的模拟展示方式如下：

1）多角度多镜头的过程展示。在调度方案中，水库蓄量和水位随时间的变化不是非常剧烈，且在三维环境下，特别是顶视图和侧视图的情况下，水库的变化过程非常细微，在近距离、有参照对象的环境下观看才能获得比较好的效果，但如此就只能微观地表现单个水库，无法进行多水库群联动的方案效果。基于此，系统考虑采用顶视图（侧视图）结合剖面图，以及多镜头的组合的方式，进行水库调度过程的展示。

2）调度过程模拟。根据调度方案结果，对调度结果进行线性坦化，使调度模拟过程平稳，减少跳跃，并设立多个死水位、正常蓄水位、汛限水位等虚拟刻度线，让调度的变化过程更加清晰。

3）基于调度方案的水流演进过程模拟。实时、快速、形象地以三维仿真水流、图形图表的方式展示河道的洪水过程或凌汛过程的淹没情况和风险分析情况。

洪水淹没过程模拟计算：构建河道演进二维计算网格，依据水库出库过程，进行洪水过程演进模拟，并根据生成的洪水过程计算结果，在三维平台下，构建河道演进模型节点，进行洪水过程和淹没过程的动态展示。

洪水过程的动态调用和信息查询：依据调度方案，选择对应的预设关键断面，进行调度方案成果在各个动态的展示。在信息查询过程，能够根据断面查询调度方案和演进方案数据。

根据洪水模拟推演对象，本部分建设内容如下：①重点河段行洪仿真，针对重要的防洪河段，模拟其水流演进过程和行洪状态，并基于三维可视化场景，展现洪水演进结果与水位涨落过程，包括某一时刻滩区淹没水面的静态显示及滩区水面涨落随着时间推移而引起的淹没范围的动态仿真。②重要水工程运用仿真，针对小浪底等典型水工程，将参与防洪调度方案中各水库的泄洪建筑物闸门开启运行方案进行三维演示，并能够在演示过程中手动查询和自动显示各水电站各时刻各泄水建筑物的闸门开度、下泄流量，以及上下游水位，统计防洪调度造成的经济损失等信息。③下游滩区淹没仿真，主要针对黄河流域下游滩区。在发生大洪水情况下容易受灾的滩区，结合三维可视化场景，集成黄河下游二维水沙演进数学模型的计算结果，动态表现洪水演进过程、淹没区域等场景。

（2）防凌调度预演可视化展现。以流域数值模拟为基础，调用数字孪生黄河数字化场景，构建面向黄河流域的水量调度仿真体系，实现防凌调度过程的可视化表达。

调度成果可视化将成果通过直观、简明和形象化的信息表达，通过全流域数字化场景，实现黄河防凌调度成果在三维场景中的静态和动态显示。

主要包括如下子功能模块：

1）水工程防凌调度仿真。开展防凌调度模拟计算，利用三维场景进行刘家峡、海勃湾等重点防凌工程的调度仿真，采用可视化展示，显示实时水库入出库流量、水位、蓄量等调度过程信息。

2）河段凌情仿真。根据区间引退水、断面流量推演等计算结果，利用三维场景进行内蒙古等重点防凌河段的调度仿真，采用可视化展示，显示巴彦高勒—头道拐等区间槽蓄水量等过程信息。

10.5.5　预案——调度预案措施管理

1. 概述

依据预演确定的水利工程运用次序、时机、规则，以及非工程措施进行预案信息发布报送，并对预案的组织实施情况等进行管理。

2. 系统组成及功能

调度预案措施管理系统组成及功能如图 10.5-12 所示。

3. 模块功能

（1）工程调度运用措施发布。根据预演确定的方案，考虑水利工程最新工况、经济社会情况，发布各类水利工程的具体运用方式，包括各类水利工程的运用次序、时机、规则等。

（2）非工程措施信息发布。发布包括值班值守、物料设备配置、查险抢险人员配备、技术专家队伍组建及受影响人员转移等应对措施信息。

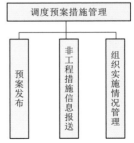

图 10.5-12　调度预案措施管理系统组成及功能

（3）预案组织实施情况信息管理。对预案组织实施过程的情况信息进行管理，包括水利工程调度运用、物料设备调配、查险抢险、人员转移等措施信息。

第11章

结 论 与 展 望

11.1 结论

面对日益频繁的自然灾害，建设智慧防汛工程，以科技赋能水灾害防御愈发迫切。随着信息化技术的突破性发展，防汛信息化迎来广阔的发展和应用前景。本书在分析我国防汛信息化建设现状的基础上，充分吸收利用5G、云计算、人工智能、数字孪生等新一代信息技术，紧贴防汛业务需求，围绕防汛模型研究、三维孪生仿真平台研发、智慧防汛系统研发等方面开展了深入研究，为流域智慧防汛、科学减灾提供更多智慧化手段。

（1）数学模型是实现"智慧化模拟、精准化决策"的核心，要加快推进新一代模型研发，突破水利智慧化模拟"卡脖子"难题，为加快构建具有"四预"功能的智慧防汛体系提供模型支撑。

本书提出了综合考虑地形、土壤、植被等多因素的分布式洪水预报模型，同时结合GPU-CPU异构并行计算加速技术，实现对流域洪水的精细化模拟和快速实时预报；洪水预报模型与水工程联合调度模型要相互耦合，以水文站、水库等水文节点的空间拓扑关系为依据，通过水系、节点编码的方式生成动态的水系、节点拓扑关系，引导洪水预报模型与水工程联合调度模型根据上下游、干支流的拓扑关系形成计算顺序，依序进行计算，洪水预报模型与水工程联合调度通过建立统一、规范的接口进行数据交互和模型互馈，形成预报调度一体化系统。并以业务为主线，以预报调度为核心，以云河地球为底座，突出实用性、先进性，通过整合现有数据资源和应用系统，构建了黄河中下游实时防洪调度系统，服务监测监视—预报预警—水工程调度—决策指挥全过程。

（2）三维孪生仿真是"数字化场景"的表达，加强防汛数据资源的规划和数据治理，开展防汛业务通用需求的标准化建设，在此基础上，建设便捷的三维孪生仿真平台。

利用BIM、倾斜摄影、激光点云、物联网、虚拟现实、人工智能等技术，构建一个多时空、多尺度、多层次描述现实物理世界的虚拟地球仿真环境，具有全要素表达能力、时空多维度数据可视化能力、场景虚拟化能力、空间计算和叠加分析能力、仿真模拟能力、远程控制能力、虚实融合能力等，可实现对流域的数字化管理和智能决策，加速推动流域治理、防洪抗旱等水利行业创新发展。项目通过将近10年攻关，从底层搭建了三维孪生仿真平台——云河地球，平台搭载了国内2m影像与30m地形、黄河流域0.5m影像图与5m地形等，深度整合了多尺度、多种类、多空间、多时态时空数据，构建了GIS＋BIM＋VR＋数学模型的数字孪生环境，可为防汛减灾、水资源调度、工程运行管理等提供全空间、全过程、全要素、智能化的决策支持环境。

（3）加强防汛智能化、智慧化研发应用。

"智能"即具有一定的"自我"判断能力，能够根据多种不同的情况做出许多不同的反映。"智能化"是指事务在计算机网络、大数据、物联网和人工智能等技术支持下，所具有的能满足人的各种需求的属性。从感觉到记忆再到思维这一过程称为"智慧"，"智慧化"是指具有高级创造思维和解决复杂问题的能力，是升级版的"智能化"。

本书以防汛智能机器人为核心，建设基于人工智能和大数据分析的水利防汛大脑，通过多源数据资源深度融合，结合实时监测、预报预警，深入挖掘水情、雨情、工情历史数据，研判汛情态势、隐患风险，预测灾害发展趋势，科学制定调度方案，开创基于情景分析、态势判别的智能决策支持系统，旨在解决防汛工作强度大、防汛知识范围广、防汛指挥决策难等多方面问题，为防汛调度指挥提供决策服务。相关团队经过近三年的探索研发，初步搭建了包含雨情、水情、工情以及知识文档的防汛大数据服务平台和防汛语音服务平台，研发了面向手机、平板、智能机器人等多终端的小禹智慧防汛系统和雨洪沙相似性分析系统，并已在2020—2022年汛初黄河防御大洪水实战演练、2021年黄河秋汛洪水防御、汛期防汛管理等工作中投入应用，防汛智能化应用取得了初步成效。

11.2　展望

我国水灾害频发，信息化技术对提升水灾害防御能力作用突出。随着信息化技术的突破性进展，防汛信息化建设面临着前所未有的机遇和挑战。面对当前信息化建设存在的问题，要围绕"数字化场景、智慧化模拟、精准化决策"，以防汛职责、业务需求为目标实施建设，充分吸收利用5G、云计算、人工智能、数字孪生等新一代信息技术，提升防汛智能化、智慧化水平。同时也应该清醒地认识到，防汛信息化向智能化、智慧化的转变与提升，还有很长一段路要走。智慧防汛工程的建设要始终贴近防汛业务需求，勇于技术创新，加强防汛模型库规划，按照"标准化、模块化、云服务"的要求，集成水文模型、水动力模型、调度模型等防汛模型，并与数据底板进行耦合联动；加强共建共享，注重信息化资源整合与共建共用，纵向实现行业内水管单位的数据共享，横向实现与应急、国土、气象等部门的资源交换；加强以提高精度、延长预见期为主的核心算法技术攻关，在水文预报、河道演进等算法上，采用并行计算、分布式计算、边缘计算等技术，实现精准的实时推演计算；要进行孪生平台国产化，聚焦水利应用特点，解决"卡脖子"问题，提升仿真引擎国产化程度，提高主流系统开发架构兼容性，实现关键技术可控、关键数据可管；此外，要加强跨界合作，善于博采众长，积极参与和助力国家智慧防汛工程建设，以科技赋能水灾害防御能力提升，以高水平、高质量的信息化引领水灾害治理体系和治理能力现代化。

参 考 文 献

［1］ 李国英. 集聚推动新阶段水利高质量发展的奋进力量［J］. 中国水利，2021（14）：1－3.

［2］ 蔡阳，成建国，曾焱，等. 大力推进智慧水利建设［J］. 水利发展研究，2021，21（9）：32－36.

［3］ 李国英. 推动新阶段水利高质量发展 为全面建设社会主义现代化国家提供水安全保障——在水利部"三对标、一规划"专项行动总结大会上的讲话［J］. 水利发展研究，2021，21（9）：1－6.

［4］ 李国英. "数字黄河"工程建设"三步走"发展战略［J］. 中国水利，2010（1）：14－16，20.

［5］ 水利部参事咨询委员会. 智慧水利现状分析及建设初步设想［J］. 中国水利，2018（5）：1－4.

［6］ 蔡阳. 智慧水利建设现状分析与发展思考［J］. 水利信息化，2018（4）：1－6.

［7］ 水利部黄河水利委员会. 黄河流域水工程防灾联合调度系统可行性研究报告［R］，2022.

［8］ 蔡阳，成建国，曾焱等. 加快构建具有"四预"功能的智慧水利体系［J］. 中国水利，2021（20）：2－5.

［9］ 林祚顶，刘志雨. 加快构建雨水情监测预报"三道防线"工作思考［J］. 中国水利，2023（12）：5－10.

［10］ 安新代. 关于国家防汛抗旱指挥系统建设的若干思考［J］. 中国防汛抗旱，2018，28（9）：2－4.

［11］ 张金良，张永永，霍建伟，等. 智慧黄河建设框架与思考［J］. 中国水利，2021（22）：71－74.

［12］ 娄保东，张峰，薛逸娇. 智慧水利数字孪生技术应用［M］. 北京：中国水利水电出版社，2022.

［13］ 吴海燕. 5G＋智慧水利［M］. 北京：机械工业出版社，2022.

［14］ 赵军，刘康，何世柱，等. 知识图谱［M］. 北京：高等教育出版社，2018.

［15］ 汤国安. 我国数字高程模型与数字地形分析研究进展［J］. 地理学报，2014，69（9）：1305－1325.

［16］ 王旭东，蒋云钟，赵红莉，等. 分布式水文模拟模型在流域水资源管理中的应用［J］. 南水北调与水利科技，2004（1）：4－7.

［17］ 许继军，蔡治国，刘志武，等. 基于分布式水文模拟的三峡区间洪水预报（Ⅱ）——雷达测雨应用［J］. 水文，2008（2）：18－22.

［18］ CAMPBELL G S. A simple method for determining unsaturated conductivity from moisture retention data［J］. Soil Science，1974，117（6）：311－3141

［19］ 谷军霞，师春香，潘旸. 天气雷达定量估测降水研究进展［J］. 气象科技进展，2018，8（1）：8.

［20］ 李梦迪，戚友存，张哲，等. 基于雷达—雨量计降水融合方法提高极端降水监测能力［J］. 大气科学，2022，46（6）：1523－1542.

［21］ DUAN Q，SOROOSHIAN S，GUPTA V. Effective and efficient global optimization for conceptual rainfall-runoff models，Water Resour. Res.，1992，28（4）：1015－1031.

［22］ STRICKER A M A，ORENGO M. Similarity of Color Images［J］. Proceedings of SPIE-The International Society for Optical Engineering，1970（2420）：381－392.

［23］ 王浩，王旭，雷晓辉，等. 梯级水库群联合调度关键技术发展历程与展望［J］. 水利学报，2019，50（1）：25－37.

［24］ SCHULTZ G A，PLATE E J. Developing optimal operating rules for flood protection reservoirs［J］. Journal of Hydrology，1976，28（2）：245－264.

［25］ WINDSOR J S. Optimization model for the operation of flood control systems［J］. Water Resources Research，1973，9（5）：1219－1226.

[26] GUO S，LI Y，CHEN J．Optimal flood control operation for the Three Gorges and Qingjiang cascade reservoirs [J]．IAHS－AISH publication，2011，350：743－748.

[27] 李安强，张建云，仲志余，等．长江流域上游控制性水库群联合防洪调度研究 [J]．水利学报，2013，44 (1)：59－66.

[28] 张金良，罗秋实，陈翠霞，等．黄河中下游水库群－河道水沙联合动态调控 [J]．水科学进展，2021，32 (5)：649－658.

[29] 吴泽宁，胡彩虹，王宝玉，等．黄河中下游水库汛限水位与防洪体系风险分析 [J]．水利学报，2006，37 (6)：641－648.

[30] 周研来，郭生练，刘德地，等．三峡梯级与清江梯级水库群中小洪水实时动态调度 [J]．水力发电学报，2013，32 (3)：20－26.

[31] 钟平安，李兴学，张初旺，等．并联水库群防洪联合调度库容分配模型研究与应用 [J]．长江科学院院报，2003 (6)：51－54.

[32] 马光文，刘金焕，李菊根．流域梯级水电站群联合优化运行 [M]．北京：中国电力出版社，2008.

[33] 陈进．长江流域大型水库群统一蓄水问题探讨 [J]．中国水利，2010 (8)：10－13.

[34] 钟平安，孔艳，王旭丹，等．梯级水库汛限水位动态控制域计算方法研究 [J]．水力发电学报，2014，33 (5)：36－43.

[35] SIGVALDSON O．A simulation model for operating a multipurpose multireservoir system [J]．Water Resources Research，1976，12 (2)：263－278.

[36] 王俊．长江流域水资源综合管理决策支持系统研究 [J]．人民长江，2012，43 (21)：10－14.

[37] 方洪斌，王梁，李新杰．水库群调度规则相关研究进展 [J]．水文，2017，37 (1)：14－18.

[38] 慎利，徐柱，李志林，等．从地理信息服务到地理知识服务：基本问题与发展路径 [J]．测绘学报，2021 (9)：50.

[39] 罗强，胡中南，王秋妹，等．GIS 领域知识图谱进展研究 [J]．测绘地理信息，2023，48 (1)：60－67.

[40] 黄梓航，蒋秉川，王自全．一种结合地理知识的遥感影像目标实体关联方法 [J]．测绘通报，2022 (10)：28－36.

[41] JIAN C，ARLEEN A H，LENSYL D U．A GIS-based model for urbanflood inundation [J]．Journal of Hydrology，2009，393 (1/2)：184－192.

[42] 房晓亮，张阳，张云菲．基于 Skyline 的洪水风险图三维可视化系统构建 [J]．科技创新与应用，2018，(33)：21－23.

[43] 田林钢，魏暄云，王素云．Supermap 组件式开发在洪水演进中的应用研究 [J]．水利与建筑工程学报，2020，18 (6)：223－227.

[44] 刘成堃，马瑞，义崇政．3DGIS 支持下的洪水风险三维动态推演 [J]．长江科学院院报，2019，36 (10)：117－121.

[45] 李国英．推进我国防洪安全体系和能力现代化 [J]．求是，2024 (17).

[46] 黄河勘测规划设计研究院有限公司．水利数字孪生技术研究与实践 [M]．北京：中国水利水电出版社，2022.